MANUEL COMPLET

DU

MAITRE DE FORGES,

OU

TRAITÉ THÉORIQUE

ET PRATIQUE

DE L'ART DE TRAVAILLER LE FER;

PAR M. L. LANDRIN,

Ingénieur civil, Membre correspondant de la Société
Linnéenne et de plusieurs Sociétés savantes.

Ouvrage orné de Planches.

TOME PREMIER.

PARIS,

A LA LIBRAIRIE ENCYCLOPÉDIQUE DE RORET,

RUE HAUTEFEUILLE, AU COIN DE CELLE DU BATTOIR.

1829.

PRÉFACE.

EXAMEN CRITIQUE DES OUVRAGES QUI ONT ÉTÉ PUBLIÉS SUR LE TRAVAIL ET LA NATURE DU FER.

Les personnes qui se rappellent l'effet qu'a produit le bel ouvrage de Karsten, lorsque M. Culman a rendu à notre pays le service de le traduire en français, témoigneront quelque surprise à l'annonce de celui-ci : il semble en effet que toutes les difficultés ont été vaincues par cet habile métallurgiste, et qu'il ne reste plus à faire qu'une œuvre de compilation.

Avant toute publication, un auteur devrait toujours s'assurer que son ouvrage est nécessaire; car les sciences technologiques ne souffrent point de superflu. Une fois cette certitude acquise, il lui reste un devoir à remplir : c'est celui d'en convaincre le public qui doit le juger, et, pour arriver à ce but, il n'a rien de mieux à faire que de passer en revue tous les ouvrages qui ont été publiés snr la même matière avant lui, et de prouver l'insuffisance des théories qu'on y a développées.

Nous venons remplir ce devoir. Pour mettre de la méthode dans l'examen que nous allons faire, nous suivrons l'ordre chronologique; mais, à l'exemple de M. Culman, nous ne nous attacherons qu'aux ouvrages généraux, qui peuvent nous faire connaître l'histoire chimique du fer, et en déterminer la marche progressive et théorique; heureux si nous pouvons contribuer à y jeter quelque clarté à notre tour, et si nous parvenons à remplir la lacune qui existe dans la théorie actuelle.

Nous ne trouvons chez les anciens naturalistes aucun ouvrage sur l'art de fabriquer le fer; Pline, Aristote, Diodore de Sicile, Plutarque, ne nous entretiennent que du traitement de l'acier, encore est-ce d'une manière fort incomplète.

Agricola (1) nous a laissé un long ouvrage sur l'art d'extraire les mines et d'en obtenir les métaux; mais il dit fort peu de choses sur le fer. Cet écrivain méthodique paraît avoir considéré ce métal comme étant le plus souvent mélangé avec d'autres métaux (2) dont il importe de le séparer. Du reste, il est facile de se faire une idée du peu de connaissances qu'il possédait sur ce sujet; mais on ne voit pas

____

(1) *De re metallicâ*, in-fol. 1556.
(2) *Liber nonus.*

sans surprise l'état dans lequel était déjà, de son temps, la science métallurgique.

En 1722, Réaumur publia ses *Mémoires sur l'art de convertir le fer forgé en acier et d'adoucir le fer fondu* (1); il constata que l'acier devait ses caractères à des substances charbonneuses qui peuvent se convertir en charbon pendant l'opération; il reconnut l'augmentation de poids dans l'acier, et le retour du protocarbure à l'état de fer par des chaudes successives; il détruisit le préjugé sur les qualités de telles ou telles eaux pour la trempe, et annonça, pour la première fois, que la couleur de la fonte, dans sa cassure, variait suivant la dose de charbon employée dans le haut-fourneau. Les explications de ces phénomènes au moyen des soufres et des sels, sont tels qu'on pouvait les attendre de l'état peu avancé de la chimie; mais les faits d'expérience que nous venons de rapporter suffisaient déjà pour faire pressentir la véritable théorie du fer.

Swedenborg publia en 1734 son *Regnum subterraneum* (2), dans lequel on retrouve

---

(1) *Art de convertir le fer forgé en acier, et Art d'adoucir le fer fondu, ou de faire des ouvrages de fer fondu aussi fins que du fer forgé.* Paris, 1722.

(2) *Emmanuelis Swedenborg regnum subterraneum, sive minerale de ferro,* etc. *Dresdæ* et *Lipsiæ,* 1734.

toutes les idées de Réaumur, appuyées par de nouvelles expériences. Suivant lui, le fer pur est un métal dégagé des matières étrangères qui nuisent à sa qualité; un métal enfin plus plein des parties métalliques qui constituent son être. L'acier est un corps qui se trouve combiné avec les parties salines et sulfureuses, dans une proportion précise, etc. On trouve dans Swedenborg une profondeur d'esprit et une sagesse d'observation peu communes, mais non cette sagacité laborieuse et cette précision analytique qui ont conduit Réaumur à la découverte de sa belle théorie.

Bergman (1) pensait que le fer pur se combinait avec trois substances : la plombagine, qui est, suivant lui, formée d'air fixe et de phlogistique ; le phlogistique, et la chaleur. Le fer forgé était, d'après cela, composé de fer combiné avec un peu de plombagine et une plus grande quantité de phlogistique et de chaleur; l'acier contenait plus de plombagine et moins des deux autres principes; dans la fonte enfin, la plombagine était au maximum, tandis que les autres substances diminuaient au contraire progressivement. La fonte grise (fullsatt) est, suivant lui, celle dans laquelle

____

(1) *De analysi ferri*, 1781. *De causâ fragilitatis ferri frigidi*, tome III *des Opuscules physiques et chimiques.*

la proportion de phlogistique est parfaite ; la
fonte noire (nodsatt) est surchargée de phlogistique ; la fonte blanche (bardsatt) n'en contient pas suffisamment. Ces idées sont loin d'a-
voir la justesse de celles de Réaumur, et la
théorie de Bergman n'était pas propre à faire
faire un pas à la science. Il est cependant le
premier qui ait remarqué que le fer cassant à
froid différait du fer ductile par la présence
d'un précipité blanc obtenu par la dissolution
dans l'acide vitriolique, précipité qui fut appelé *sydérite*.

En même temps que Bergman, c'est-à-dire
en 1782, le savant suédois Rinmann écrivait
son *Histoire du Fer* (1), et donnait, de la théorie de Réaumur, une explication plus conforme
à la chimie d'alors, mais plus éloignée de sa
simplicité et de sa clarté primitive : la plombagine, ou substance charbonneuse, était
changée, par lui, en un phlogistique grossier,
capable de convertir le fer en acier ; mais il
conservait en même temps le phlogistique élémentaire de Sthall, l'une des grandes erreurs
de l'ancienne chimie, mais en même temps
l'erreur la plus profitable à la science, dont
elle a rassemblé les matériaux épars. Depuis
le fer forgé jusqu'à la fonte la plus grise, la

____

(1) *Swen Rinmann, fœrsœk till jœrnets historia*, et
Versuch eines Geschichte, etc., 1785.

dose du phlogistique grossier allait augmentant en raison inverse de celle du phlogistique élémentaire ; l'acier et la fonte blanche se plaçaient entre ces deux extrémités.

Ainsi s'avançait lentement et avec hésitation la théorie explicative des phénomènes que présentait le travail du fer. La chimie, livrée à des incertitudes, forcée de se créer un agent universel qu'elle ne pouvait expliquer, mais à l'aide duquel elle voulait expliquer tout, marchait sur un terrain meuble, et entraînait la métallurgie dans une route peu sûre, lorsque apparurent à la fois Macquer, Bucquet, Cavendish, Priestley, Delaplace, Meunier, Monge, Berthollet, Vandermonde, Fourcroy, Vauquelin et Seguin, cette noble phalange qui marchait à la découverte de la vérité sous un chef digne d'elle, notre illustre Lavoisier. Tandis que Cavendish découvrait la nature de l'eau, Lavoisier traçait les lois de la combustion ; l'empire du phlogistique tomba : la science secoua ses erreurs, et le monde savant rendit hommage à son véritable interprète.

Alors fut publié le *Mémoire* de Berthollet, Vandermonde et Monge (1), sur les différens états du fer. Des analyses exactes, des faits

---

(1) Histoire de l'Académie des Sciences, 1786.

conformes aux découvertes récentes, des expériences dignes des hommes qui les avaient entreprises, modifièrent l'ancienne théorie du fer, et firent réfléchir, sur la nouvelle, une partie de l'éclat récent de la chimie. Le fer doux fut un régule dans son plus grand état de pureté ; un peu de charbon le réduisait en acier ; la fonte retenait une portion d'oxigène, caché sous le nom d'*air déphlogistiqué*, et cette dose d'oxigène était en raison directe de la couleur blanche de l'acier. Ainsi, la production de la fonte grise demandait une plus forte quantité de charbon, et celle de la fonte blanche une plus grande portion d'oxigène.

Enfin, « le charbon, après avoir été tenu « en dissolution par la fonte ou par l'acier dans « l'état de fusion, et se trouvant abandonné « par le métal au moment du refroidissement, « sort de la combinaison, en retenant tout le « fer qui peut lui rester uni. Ce charbon, sa- « turé de fer, est alors de la plombagine qui « se sépare du métal, et qui, lorsque le refroi- « dissement est lent, vient nager à la surface, « où on peut alors la recueillir ; mais, lorsque « le refroidissement est rapide et que l'état « pâteux du métal s'oppose à cette dépuration, « la plombagine, abandonnée, reste dissémi- « née dans la masse et lui communique les « qualités aciéreuses. Ainsi, dans l'état de « refroidissement, l'acier doit être considéré

« comme le résultat d'une dissolution troublée ;
« et le charbon qu'il contient ayant été d'abord
« tenu en dissolution, puis abandonné en vertu
« du refroidissement, n'est autre chose que de la
« plombagine très divisée, éparse et non com-
« binée. »

C'est d'après cette théorie, et admettant,
comme les savans académiciens, la présence
de l'oxigène dans la fonte, que M. Hassenfratz a réuni, sous le titre de *Sidérotechnie* (1),
les faits disséminés qui constituent l'art de
traiter les minerais de fer pour en obtenir de
la fonte, du fer ou de l'acier. Cet ouvrage,
le plus complet qui eût paru sur les forges,
écrit avec une rare méthode et une profonde
connaissance de l'art qui y est traité, n'est
cependant regardé que comme une riche compilation, et ne porte point le caractère de ces
œuvres originales que l'homme de génie lance
quelquefois au milieu de l'industrie, comme
un guide qui doit éclairer sa marche. La plus
sévère critique du travail d'Hassenfratz résulte
du peu de progrès de la fabrication du fer dans
les dix années qui ont suivi son apparition.

Pendant que la chimie faisait des pas immenses et laissait bien en arrière le travail
remarquable d'Hassenfratz, un savant illustre

----

(1) *La Sidérotechnie*, 4 vol. in-4. 1812.

recueillait péniblement les faits nouveaux, accumulait les expériences et frayait à la sidérurgie une route nouvelle. M. Karsten, qui avait fait faire des progrès rapides aux usines-modèles de la Silésie, publia, en 1826, une *Théorie du Fer* (1), que l'Allemagne adopta immédiatement. Il avait préludé à ce travail par des traductions d'anciens métallurgistes, et entrait dans la lice armé de toutes les connaissances acquises jusqu'à lui, fort de ses propres essais, et soutenu de douze années de pratique et d'enseignement. Il créa un système complet.

Cependant, l'immense savoir de ce métallurgiste distingué n'a pu le préserver de quelques erreurs; malgré le talent developpé dans son ouvrage, on arrive à un résultat tout autre que celui qu'il semblait promettre; il reste encore des doutes, et un semblable travail laissait l'espoir de les voir tous se dissiper. C'est ainsi que M. Karsten, en faisant disparaître de la fonte l'oxigène que Berthollet, Vandermonde et Monge avaient cru y entrevoir, en montrant comment le carbone formait deux combinaisons avec le fer, son carbure et son graphite, explique la formation de la fonte blanche et de la fonte grise par des

---

(1) *Manuel de la Métallurgie du Fer*, traduit en 1824, par M. Culman.

hypothèses qui ne satisfont pas l'esprit. On ne retrouve pas, d'ailleurs, dans cet ouvrage, la méthode qui distingue Hassenfratz; il y règne une certaine diffusion, et, quoique les maîtres de forges y puissent recueillir des connaissances très positives, il n'offre cependant aucun appas à la lecture. C'est une chose remarquable, disons-le en passant, que les ouvrages des savans français se font toujours lire avec plaisir par les étrangers, et que les travaux scientifiques de ceux-ci ont, au contraire, une aridité et une sécheresse qui en rend la lecture pénible.

M. A. Muller, de l'administration des Mines de Prusse, chercha, dans ses *Mémoires* (1), à corriger le point faible de la *Théorie* de Karsten; il en fit une critique approfondie : il montra que le graphite n'avait pas besoin de la plus haute température du fourneau pour se produire; qu'il fallait distinguer deux espèces de fonte blanche, l'une qui était chargée d'une moindre dose de carbone, l'autre dans laquelle un corps étranger empêche la formation du graphite.

Ces *Mémoires* semblaient devoir compléter la *Théorie du Fer*. Cependant, il restait encore

____

(1) Mémoires sur différens points importans du traitement du fer.

bien des incertitudes. On était parvenu à expliquer, d'une manière satisfaisante, la différence du fer, de la fonte et de l'acier; mais quelles étaient les causes de la fragilité du fer? Pourquoi le fer cassait-il à froid, et quelquefois à chaud? Quel agent inconnu donnait à ce métal une texture si différente, des grains, des lames, des *fibres?* Outre une infinité de petits doutes, il restait deux questions principales à résoudre : la première, relative à la différence de qualité à toutes les températures; la seconde, relative au changement de texture de l'étoffe.

C'est dans cet état de la question que Samuel Roger de Risca, métallurgiste aussi éclairé que modeste, rédigeait, en Angleterre, son *Traité du Fer* (1), dans les usines mêmes, où il ne craignait pas de manier le doli du pudleur. Il y exposait avec clarté et simplicité les principes scientifiques de la sidérurgie; montrait qu'on pouvait extraire le fer à l'état de pureté de toutes les matières dans lesquelles il était combiné, avec tous les combustibles qui avaient le carbone pour principal élément, et faisait voir à quelles substances le fer devait sa propriété de devenir cassant; il annonçait que c'était principalement à la silice : c'est ce

---

(1) *An elementary treatise on Iron making*, 1819.

que Bergman avait dit, avant lui, du précipité blanc, appelé *sydérite*. Ainsi, un des côtés de la question se trouvait éclairci.

Cet ouvrage devait faire la matière de trente lettres in-folio, dont Roger fit imprimer les deux premières, afin de se procurer des souscripteurs. A l'annonce de cette publication, et à la lecture de l'introduction, dans laquelle le plan en était savamment développé, la terreur s'empara des maitres de forges anglais : ils craignirent que le savant chimiste ne portât la lumière dans une carrière où ils avaient soin d'entretenir l'obscurité ; ils résolurent d'étouffer ce beau génie, et accoururent en foule dans le Monmouthshire pour racheter, au prix de l'or, un monopole qui allait leur échapper. Roger eut la faiblesse de céder aux offres de ces avides Bretons, et ses élucubrations restèrent enfouies dans les cabinets de trente personnes, intéressées à les cacher à tous les yeux.

Tel est le sentier battu jusqu'à ce jour, et dans lequel se sont succédé des savans illustres, des ingénieurs célèbres et des métallurgistes distingués. L'ouvrage que nous donnons au public rassemblera tous les faits disséminés dans ces livres, il en formera comme un faisceau. Nous tâcherons d'y joindre quelques expériences que nous avons faites nous-même, et essaierons d'éclaircir l'autre côté de la question que Roger a laissé intact, et que ses prédécesseurs ont négligé.

Notre *Manuel* sera divisé en trois parties distinctes : la théorie chimique du fer, la connaissance des matières premières et le travail métallurgique. Nous y joindrons une quatrième partie, destinée à donner une esquisse rapide des diverses manipulations auxquelles le fer est soumis dans les arts. Cette dernière partie complétera les connaissances nécessaires au maître de forges.

Nous nous sommes attaché particulièrement à donner, sur les nouveaux procédés anglais, des détails qui nous manquent généralement en France. L'affinage anglais, la finerie et la pudlerie n'ont pas encore été décrits d'une manière satisfaisante; le travail des laminoirs est peu connu, et le calcul de leurs cannelures était encore à donner. Nous avons essayé de remédier à ces lacunes, en nous attachant particulièrement à la partie pratique. Nous espérons que ces articles pourront être compris facilement par les ouvriers les moins instruits, et qu'ils mettront quelques conducteurs de travaux à même de diriger avec plus de connaissance de cause les nombreux pudleurs de nos ateliers.

Dans tout le cours de cet ouvrage, nous

avons essayé de donner les procédés les plus nouveaux, ceux qui sont le plus généralement adoptés en Angleterre. Nous livrons notre *Manuel* au public, avec la conscience d'avoir fait tous nos efforts pour remplir le devoir que nous nous étions imposé.

INTRODUCTION.

L'histoire du fer et de ses progrès ne présente pas seulement un appas à la curiosité ; elle a encore un but d'utilité que la science sait mettre à profit. Il est digne, sans doute, de la philosophie et de la haute économie politique, de comparer les développemens de la métallurgie avec la marche de la civilisation des peuples manufacturiers ; mais une semblable étude trouve une application plus immédiate chez l'administrateur, le savant et l'industriel.

Le premier apprécie mieux quelle protection doit un gouvernement éclairé à une industrie dont le sort est essentiellement lié à celui des nations, et qui est devenue, suivant l'expression de Berzélius, le *sine quâ non* de la civilisation, lorsqu'il la voit, en tous les temps, entretenir une circulation active et constante du numéraire, occuper une immense partie de la population ouvrière, et créer des richesses jusqu'alors inconnues et cachées sous l'écorce du globe.

Le savant prend la métallurgie dès son berceau, alors que, sans règles et sans guides, elle n'était qu'une manipulation brute et défectueuse ; il la suit, dans les pages de son histoire, se traînant, jeune et débile, dans une route non encore frayée, essayant ses forces en tâtonnant ; d'abord seule, bientôt appuyée sur une théorie incertaine, s'écartant du chemin, y revenant sans cesse, et laissant sur ses traces des empreintes isolées dont la science a soin de s'emparer. L'homme de savoir s'oriente sur ces vestiges jalonnés sur la route; il rassemble les faits épars; forme un édifice des matériaux qui ne semblaient pas destinés à être réunis, et, du faîte de ce monument, il éclaire au loin la carrière.

Les erreurs commises par ses devanciers, les avantages retirés de quelque méthode abandonnée, les changemens apportés dans le traitement du fer depuis les temps historiques, les différentes formes de fourneaux employés jusqu'à nos jours, voilà ce que l'étude de l'histoire du fer peut apprendre au maître de forges. L'art ne s'élève pas instantanément à toute sa hauteur : il procède lentement et pas à pas; le premier travail est simple, il ne tarde pas à se compliquer; mais en allant d'échelon en échelon, la marche est facile à saisir; elle est inextricable si on prétend l'embrasser d'un seul coup. Il nous manque peut-être un livre; c'est l'histoire progressive des connaissances humaines.

Il règne, sur les premiers siècles de l'histoire du fer, une obscurité profonde, à travers laquelle on ne démêle que çà et là quelques traces du traitement qu'on lui faisait éprouver. Il serait impossible d'assigner une date précise à la découverte du métal : elle se perd dans l'antiquité la plus reculée. Les Égyptiens le connaissaient plus de 2000 ans avant J.-C.

Moïse, qui vivait 1500 ans avant l'ère chrétienne, attribue la découverte du fer à Tubal-

caïn, dont le père naquit 3130 ans avant J.-C (1).
Les dactyles du mont Ida prétendaient avoir appris aux hommes l'art de le travailler ; ils étaient prêtres de Cybèle, et habitaient, les uns la Phrygie, les autres l'île de Crète. Prométhée possédait des forges en Scythie ; de là l'origine du feu qu'il aurait dérobé au ciel. Quelques écrivains lui attribuent la découverte du fer, tandis que les Égyptiens en font honneur à Vulcain même. La tradition place ses fourneaux dans l'île de Lemnos, où les Cyclopes, pour éviter le jaillissement des battitures, se couvraient le visage d'un masque de peau, au milieu duquel était une ouverture. Les Titans apportèrent les premiers, en Grèce, l'art de traiter le fer.

De toutes ces différentes traditions, il résulte que plusieurs peuples se sont disputé l'honneur d'avoir découvert le fer et l'art d'en tirer parti ; les uns voulurent le devoir à un dieu, les autres à Cybèle, mère des Immortels, fille du Ciel et de la Terre, sans doute par analogie à l'extraction du minerai des profondeurs du globe, et au feu qui le réduisait.

Quoi qu'il en soit, l'usage du fer paraît être venu de l'Orient, puisque les Égyptiens durent leur civilisation à une nation orientale. Cependant, au siége de Troie, 1200 ans avant J.-C., les Grecs ne se servirent que d'armes de cuivre.

______

(1) GENÈSE, chap. IV, vers. 23. Les personnes qui aiment les étymologies seront bien aises de savoir que *Tubal*, en arabe, signifie scorie de fer, et *Caïn*, acquisition. Dom Calmet (*Commentaires de la Bible*) pense que Tubalcaïn et Vulcain sont les mêmes.

C'était, au rapport d'Hésiode, la matière dont étaient faites les armes des héros.

A Sparte, 700 ans avant J.-C., lorsque Lycurgue proscrivit l'or et l'argent, le fer fut employé à fabriquer les monnaies. L'usage du métal se répandit bientôt dans toute la Grèce; les Athéniens en firent extraire de l'île d'Eubée. 430 ans avant notre ère, Glaucus, de Chio, apprit à souder le fer. La trempe de l'acier, chez les Égyptiens, date de 2000 ans auparavant.

De l'Orient, l'art de travailler le fer ne tarda pas à passer dans les contrées occidentales de l'Europe. Quatre ou cinq siècles avant l'ère vulgaire, les Grecs l'avaient porté en Italie, en Espagne, en Afrique; les mines d'Elbe étaient exploitées. Les Romains ne tardèrent pas à s'en forger des glaives, et l'employèrent même, dès l'an 300 avant J.-C., à l'exploitation des mines.

Les Chalybes, peuples de l'Arménie, fondèrent une colonie en Espagne, et s'établirent sur les bords d'un fleuve auquel ils donnèrent leur nom (1). Les procédés métallurgiques, qu'ils avaient apportés de leurs montagnes, répandirent la réputation de leurs fers dans l'Italie, et les Latins donnèrent à l'acier l'épithète de *chalibs*.

A peu près à la même époque, Odin, parti des bords de la mer Noire, marchait à la conquête du Nord. Législateur et guerrier, il apprit aux peuplades sauvages qu'il avait soumises, l'art de se forger des armes; le travail du fer se répandit rapidement chez les Bretons, et passa, de là, aux nations voisines.

---

(1) Aujourd'hui *Cobe*.

Si l'on remarque que, bien long-temps avant J.-C., l'acier des Chalybes était estimé en Italie; que le commerce de ces peuples avec les Romains eut une grande importance, et que le voisinage de l'Espagne dut être, pour le midi de la Gaule, une occasion de s'approvisionner de fer, il sera peut-être permis de présumer que nous devons à l'Espagne les premiers rudimens des forges catalanes. Ce qu'il y a de certain, c'est que, bien avant le douzième siècle, les mines de Rancié étaient activement exploitées par les habitans de la vallée de Vic Dessos. (1)

L'affinage immédiat du fer fut le seul employé dans ces temps reculés : il paraît que les Grecs chargeaient le minerai, par couches successives, avec le charbon, et qu'ils le liquéfiaient plusieurs fois pour en améliorer la qualité. Ils connaissaient l'usage des soufflets, qu'ils avaient empruntés à l'Égypte.

Les Phéniciens exploitaient les mines d'Eubée, de Crète et de Thase. Du temps de Strabon (2), les mines d'Eubée étaient déjà épuisées.

Les Romains paraissent avoir le mieux entendu le travail du fer : leurs procédés étaient appropriés à la nature du minerai et à sa fusibilité (3). Le plus facile à réduire était traité par une méthode semblable à celle qui est encore en usage dans les Pyrénées ; le moins fusible était fondu, dans des petits fourneaux, par une méthode qui a quelque rapport à celle qu'on suit dans nos hauts-fourneaux. On grillait et on concassait le

_____

(1) Charte de Roger-Bernard, comte de Foix, 1273.
(2) An 50 avant J.-C.
(3) Agricola.

minerai le plus difficile à fondre, et on donnait à la cuve du fourneau une élévation proportionnée.

Néanmoins, de tous ces procédés plus ou moins bons, il ne résultait qu'une masse affinée, à laquelle on faisait prendre ensuite la forme voulue, à l'aide des marteaux.

Les mines de Styrie, ouvertes en 712, donnèrent naissance aux fourneaux à masse (*stuck offen*); ces fourneaux se répandirent en Alsace et en Bourgogne vers la fin du dixième siècle. C'est en Alsace qu'on retrouve les premières traces de l'emploi de la fonte : on y fondait des poêles dès l'année 1490. Il est donc probable que les fourneaux de fusion (*fluss offen*) y étaient connus, quoique Agricola n'en parle pas ; et c'est en effet sur les bords du Rhin et vers les Pays-Bas qu'on rencontre des vestiges de ces foyers.

Dans le même temps, c'est-à-dire vers le milieu du quinzième siècle, les hauts-fourneaux furent aperçus, pour la première fois, en Angleterre : en 1547, on y coulait des bouches à feu en fonte. Ils se répandirent lentement en Europe : le premier flussoffen établi en Saxe date de 1550 ; en Silésie, ils ne furent connus qu'en 1721 ; on y réduisait le minerai dans des feux de loupe dès 1365.

Avec les flussoffen, les machines soufflantes anciennes devinrent insuffisantes ; il fallut avoir recours à des moyens plus puissans. Un évêque de Bamberg (Bohême) imagina, en 1620, les soufflets de bois, qui furent perfectionnés, en 1626, par Fannon Schmidt ; les trompes naquirent, en Italie, vers 1640. Ce ne fut que bien long-temps après que les soufflets cylindriques, à piston, furent essayés en Angleterre; on porte la date de leur invention à 1778. Dix-neuf ans ensuite, M. Huard, directeur des mines de Gué-rigny, construisit les premiers soufflets à piston en bois, et les fit adopter à toute la Bour-gogne.

Les hauts-fourneaux furent d'abord alimentés par le charbon de bois. On ne connut long-temps que ce combustible dans les forges, et partout où les forges étaient abondantes, on négligea les richesses que recélait la terre et qu'il fallait se donner la peine de chercher. Les Hollandais, qui possèdent d'immenses tourbières, furent les premiers à en faire l'application au travail du fer; Chambré décrivit, en 1658, la manière de s'en servir dans les forges. Au commencement du dix-septième siècle, Dudley essaya de mettre à profit les immenses quantités de houille de l'Angleterre; il établit, dans les usines de Worcester, les premières forges au coke, et fixa l'époque de cette révolution remarquable de la métallurgie en 1619. Des obstacles de toute nature lui furent opposés; ses ateliers furent détruits, et la guerre civile arrêta, jusqu'en 1740, l'élan qu'il avait voulu donner à l'industrie.

A cette dernière époque, l'Angleterre possédait 59 hauts-fourneaux, et produisait 17,380 tonneaux de fonte. La réduction du minerai avait lieu au charbon de bois, et le procédé de Dudley paraissait tout-à-fait oublié. A dater de 1740, jusqu'en 1787, l'emploi de la houille augmenta progressivement, et enfin, lorsque Cort et Parnell introduisirent le travail du laminoir dans les forges, il n'existait plus que 24 fourneaux au bois; les 35 autres avaient fait place à 53 fourneaux à la houille, produisant 48,800 tonneaux.

L'état des usines en France, à cette époque, était bien loin de répondre à l'importance de celles de nos voisins : la Franche-Comté ne possédait que 12 forges ; le Berry n'en comptait que 14 ; la Champagne en avait 17 ; les généralités de Pau et d'Auch en réunissaient 41 ; le Roussillon 18 ; l'Alsace et la Lorraine produisaient 352,000 quintaux de fonte et 207,720 de fer. La production générale du royaume était de

504250 quintaux de fonte.
558397 quintaux de fer et acier.

Nous étions obligés de tirer de l'étranger 411,286 quintaux de fer et 22,827 d'acier.

Dès 1796, le travail au bois était entièrement abandonné en Angleterre. Les fourneaux à pudler (*pudling furnaces*), inventés douze ans auparavant, couvraient les pays de houille, et 121 fourneaux au coke produisaient 124,879 tonneaux.

En France, lorsque la paix rouvrit nos rapports avec la terre classique des forges, la production de la fonte avait lieu entièrement au charbon de bois, et n'excédait pas 100,000,000 kilogr ; 261 mines de houille étaient en activité, et produisaient une masse de 1,000,000,000 de kilogr. A cette époque quelques particuliers tentèrent d'introduire les procédés de Dudley, que David Hartley nous avait fait connaître dès 1786 ; mais cette fabrication ne fit que peu de progrès, et, en 1819, le Creusot seul travaillait à la houille.

C'est de 1820 que date le grand mouvement de l'industrie des forges en France. Déjà, en 1819, Paimpont, dans l'Ille-et-Vilaine, avait adapté les laminoirs à tôle à l'étirage du fer en barres, tandis que le Berry essayait les cylindres ternaires récemment imaginés en Angleterre. Une usine complète d'affinage à l'anglaise s'éleva, en 1821, à Charenton, près Paris ; et, dans les Ardennes, Vrigne-au-Bois et Boutancourt embrassèrent la réforme, en même temps que Bigny-sur-Cher. En 1822, quelques anglais, se fiant sur la modicité des droits d'entrée de la fonte, et surtout du *fine metal*, que, par une erreur singulière, la douane assimilait à la fonte brute, conçurent le projet de former et construisirent en effet un *Iron-mill* à la Basse-Indre, près de Nantes, et Fourchambault s'éleva près de Nevers, grâce au génie infatigable de son habile directeur. Dans le même temps, Brevilly, Bairon, Hayange, Moyeuvre, Le Magny-Vernois, Forge-Neuve, Bruniquel, adoptaient les nouveaux perfectionnemens ; Oberbruck et Maisière, d'un autre côté, essayaient et abandonnaient presque aussitôt l'affinage étranger. 1823 vit naître Montataire, Magnoncourt, Terre-Noire, Saint-Chamond, Saint-Julien et Lorette, et transformer en nouvelles usines les anciens établissemens d'Abainville, Pont-sur-Oignon, Châtillon-sur-Seine, Moncley. L'année 1824 ne produisit que deux forges à l'anglaise : la Joye en Bretagne, Raisme dans le Nord, et n'opéra de changement que dans les fourneaux de Daigny (Ardennes), d'Imphy (Nièvre) et de Montuy (Doubs). Monthermé, Gier, le Saut-du-Sabot, Illon, se formèrent en 1825 ; Guenguou, Perrecy, Guguicourt, Port-sur-Saône, Ans, sans abandonner les feux français et leurs marteaux, élevèrent des cylindres et construisirent des fours à pudler.

En 1822, on fabriquait 80 millions de kilogr. de fer au charbon de bois; en 1826, on étirait 140 millions de fer en barres de toutes dimensions. La production de la fonte était de 161,500,000 kilogr. en 1822; elle n'était que de 173,900,000 en 1826. Ainsi, elle n'a pas suivi l'accroissement rapide de la production du fer; il a fallu en importer 11,500,000 kilogr., et comme ce surcroît ne suffisait pas au travail du fer, tout ce qui n'était pas utile dans les ports et les arsenaux a été livré par l'administration au commerce.

Des 140 millions de kilogr. produits en 1826, lesquels n'ont pas augmenté en 1827, 44 millions proviennent du travail à l'anglaise, et 96 millions sont le produit de l'affinage au charbon de bois. Cette immense quantité de fer est bien loin de suffire à la consommation du royaume. L'importation des fers étrangers augmente depuis trois ans, et, malgré les droits qui protégent notre industrie, elle s'est élevée à 12 millions de kil. en 1827.

La France consomme donc 152 millions de kilogrammes de fer. Cette consommation peut être ainsi répartie :

88,000,000 kilog. ronds, carrés et plats (gros fin).
34,000,000 *id.* de $2\frac{1}{2}$ à 6 lignes.
14,000,000 *id.* verge à clous.
16,000,000 *id.* feuillard et tôle.

152,000,000 kilogrammes.

Les établissemens producteurs ne sont pas toujours placés sur les lieux mêmes de la consommation; différens motifs ont porté les propriétaires d'usines à s'en éloigner plus ou moins, et l'industrie a été souvent obligée de suivre les indications que lui donnait la nature.

Les élémens de la fonte, le bois, le minerai et les fondans, ont attiré les constructeurs de forges dans les départemens où ces matériaux se trouvaient réunis. Le besoin d'un moteur économique, en même temps que puissant, les força d'aller chercher des cours ou des chûtes d'eau : la production dut, en conséquence, se jeter presque tout entière vers le nord-est de la France, dans un pays montagneux et inégal, de formation secondaire, couvert de forêts, et où les eaux naturelles fournissaient une force motrice suffisante.

Une fois la localité désignée par les producteurs de la fonte, les affineries n'avaient plus à choisir : elles devaient suivre la route tracée par les hauts-fourneaux, car les metteurs en œuvre ne pouvaient pas s'éloigner de la matière première, et le même besoin d'une force motrice économique les appelait sur le même terrain.

Ainsi, les premières indications furent naturelles : minerai, combustible, castine et moteur, ces quatre conditions de la fabrication du fer déterminèrent le choix de la localité ; partout où elles se trouvèrent réunies, on fut induit à créer une usine, et l'on put produire à bon marché.

Lorsque la consommation augmenta, et que le besoin d'un plus grand nombre d'établissemens se fit sentir, il fallut transiger, et, faute de réunir les quatre élémens du fer, se contenter d'une localité qui offrît au moins les plus urgens. C'est ainsi que quelques fourneaux s'éloignèrent des moteurs naturels, et se placèrent sur le minerai et la castine, non loin du bois à charbon ou de la houille; des affineries se logèrent près de la fonte, et remplacèrent les cours d'eau par des machines à vapeur; d'autres, plus malavisées, s'attachèrent au moteur et s'éloignèrent de la fonte; quelques unes, plus mal inspirées encore, s'éloignèrent de tout, et n'eurent pas même le motif plausible de se rapprocher d'un moteur qui ne leur coutât rien.

Le voisinage des lieux d'une forte consommation entra aussi dans les motifs qui déterminèrent la position de ces dernières usines. C'est, en effet, un grand avantage que celui d'offrir au marchand de fer un approvisionnement immédiat et facile en objets que la rouille dépare toujours un peu, facilité qui évite d'ailleurs des avances de fonds considérables, et ajoute ainsi aux bénéfices.

Néanmoins, tant que l'accroissement de la consommation maintient l'élévation des prix, et qu'un tarif de douane s'oppose à l'introduction des fers étrangers, on conçoit comment un pareil état de choses peut durer, même avec bénéfice pour le producteur; mais aussitôt que l'équilibre naturel aura repris le dessus, que la liberté du commerce d'importation n'aura plus laissé aux forges, pour se défendre de la concurrence étrangère, que l'économie de fabrication et la bonne qualité des produits, les fausses conceptions seront réduites à leur juste valeur, et tous ces établissemens créés à grands frais, loin des matériaux nécessaires à leur aliment, devront être abandonnés, sous peine d'une ruine totale.

MANUEL COMPLET

THÉORIQUE ET PRATIQUE

DU

MAITRE DE FORGES.

PREMIÈRE PARTIE.

DU FER ET DE SES COMBINAISONS.

SECTION PREMIÈRE.

DU FER PUR.

Les métallurgistes regardent généralement le fer forgé comme du fer pur; toutefois il contient encore quelques substances hétérogènes, mais en si petite quantité, qu'elles ne peuvent altérer sensiblement ses caractères.

Le fer paraît être une substance élémentaire. Son existence dans la nature à l'état de pureté est encore un problème, quoique ce soit un des corps les plus répandus sur la terre, sous les formes les plus variées. Il en est du fer comme du carbone : cette dernière substance, qu'on

rencontre partout en combinaison, ne se trouve
en son état naturel que dans quelques lieux pri-
vilégiés, tels que l'Inde et le Brésil.

Les propriétés du fer peuvent se diviser en
propriétés physiques et propriétés chimiques;
les premières n'ont rapport qu'à son état extérieur, à sa composition mécanique, et à ses qualités naturelles, qui sont soumises aux lois de la
physique; les secondes, au contraire, dépendent
de sa composition intérieure et moléculaire, et
de son action par affinité ou cohésion.

Nous diviserons en conséquence ce que nous
avons à dire sur les caractères distinctifs du fer,
en deux parties : l'une traitera de ses propriétés
physiques, l'autre de ses propriétés chimiques.

CHAPITRE PREMIER.

Propriétés physiques du fer.

Les propriétés physiques du fer peuvent se réduire aux articles suivans : 1°. sa couleur ; 2°. sa
texture ; 3°. sa dureté ; 4°. sa pesanteur; 5°. sa
malléabilité ; 6°. sa ténacité.

1°. On ne peut juger avec exactitude de la couleur du fer par celle de sa surface, qui est soumise à des altérations variées. Le fer en barres
est généralement d'un gris plus ou moins foncé ;
ce gris devient bleuâtre dans le fer plat, dit fer
feuillard, surtout dans le fer anglais. Les ouvriers
de la Franche-Comté et de presque toutes les
forges françaises ne savent pas lui donner cette
couleur. Le *gris de fer* est une expression qui ne
rend pas exactement la couleur de ce métal,
puisqu'elle ne s'applique qu'à sa surface, qui

peut prendre toutes les apparences, depuis le jaune le plus clair jusqu'au brun le plus foncé.

La couleur de la cassure n'est pas non plus uniforme; elle varie depuis le blanc brillant jusqu'au gris terne; mais au moins peut-elle servir à reconnaître les qualités du métal.

Les fers de bonne qualité sont ordinairement gris-blancs, légèrement ternes; quelquefois ils présentent des points brillans très rapprochés, hérissant une surface foncée en couleur. Si cette surface est bleuâtre, le fer a été brûlé. Une couleur blanche, avec un éclat très vif, est presque toujours l'indice d'une mauvaise qualité; lorsque, au contraire, le brillant fait place à une surface terne et fortement rembrunie, c'est un signe que le métal a été mal affiné.

Quelques métallurgistes (1) prétendent reconnaître à la couleur, le fer cassant à froid, et celui cassant à chaud; nous ne pensons pas que cela soit possible, à moins qu'on ne tienne compte, dans cet examen, de la texture du fer, condition indispensable pour acquérir la certitude de sa qualité.

Ces données générales sur la couleur du fer, sembleraient devoir différer pour les fers laminés et les fers battus au marteau. Ce n'est pas ici le lieu d'expliquer jusqu'où peut aller cette différence. Nous pouvons assurer qu'avec un peu d'attention elle disparaît presque entièrement.

2°. La texture du métal est beaucoup plus importante à connaître que sa couleur; elle dépend de plusieurs causes, parmi lesquelles il faut placer au premier rang les forces qui ont servi à le forger et à l'étirer.

____

(1) Karsten, *Propriétés du fer.*

Le fer fait au marteau a généralement une texture plus compacte ; il est plus serré, et sa cassure présente plus souvent une surface grenue, surtout lorsqu'il est en barres de certaines dimensions. S'il se trouve sur cette cassure des pointes déliées et rompues, c'est un indice certain de ténacité. Si la grainure est fine, grise et terne comme l'acier, on peut assurer que l'affinage n'a pas été parfait, et que le fer a conservé trop de carbone. Une cassure à gros grains cristallisés et à facettes indique presque toujours un fer cassant.

Le fer fait au laminoir est plus généralement lamelleux ; sa cassure présente des fibres allongées, torturées à l'endroit de la rupture. Quand ces fibres sont d'un mat terne et bleuâtre, le fer a été trop chauffé, il est brûlé ; si des grains brillans d'une certaine grosseur sont disséminés dans la masse générale, le fer a été laminé à une température trop faible, il est sans nerf et sans ténacité ; lorsque, au contraire, les grains alternent régulièrement avec les lames, le corroyage a été bien fait, le fer est bon, quoique d'une homogénéité contestable.

Plus le fer est dur et compacte, plus sa texture est grenue ; le fer tendre, au contraire, a le tissu fibreux et allongé. M. Karsten est tombé dans une grave erreur lorsqu'il a dit que le fer très pur avait une texture grenue, et que le fer en grosses barres ne présentait jamais de nerf. La texture du métal dépend, sans aucun doute, de sa préparation mécanique, c'est-à-dire du battage et de l'étirage, et si le gros fer ne paraît pas susceptible de prendre du nerf, c'est que la force qui comprime ses molécules, ou n'est pas assez puissante, ou ne reçoit pas la direction nécessaire pour produire cet effet ; ou bien encore la température du fer n'est pas assez élevée.

3°. Le fer pur est un corps homogène et élémentaire ; sa dureté ne varie pas tant qu'il est dans cet état ; elle est en raison de sa compacité, et, comme nous aurons plus tard occasion de le démontrer, de la force mécanique qui le comprime, toutefois cependant que l'affinage soit parfait. Le fer à grain est plus dur que le fer à nerf, aussi le premier est-il susceptible de recevoir un plus beau poli. Différens corps combinés avec le métal modifient plus ou moins cette dureté ; les fers qui contiennent de la silice sont cassans à froid, et résistent plus à la lime que les fers bien affinés ; une certaine dose de carbone augmente la dureté du fer jusqu'à un certain point : sitôt que cette limite est dépassée, une surcharge de carbone la fait diminuer.

4°. La pesanteur spécifique du fer est extrêmement variable ; elle dépend de sa compacité ; aussi est-elle beaucoup plus grande pour les fers martelés que pour les fers étirés au laminoir. Lavoisier porte celle du fer au marteau à 7,788 ; la pesanteur du fer forgé, par M. Broling, était de 7,8439 ; laminé en une barre très mince, elle n'était plus que de 7,6 et 7,75 après qu'on l'eut étiré en un fil carré de $\frac{1}{16}$ de pouce d'épaisseur. Nous avons constamment trouvé la pesanteur du fer fait au cylindre entre 7,061 et 7,353. Ces différences n'étonneront point si l'on considère qu'un grand nombre de substances se trouvent en contact avec le fer, et que ce métal a une telle affinité pour plusieurs d'entre elles, qu'il en retient toujours un peu, même après l'affinage le plus complet.

5°. Le fer jouit d'une grande malléabilité lorsqu'il est bien affiné ; il passe très facilement à la filière et se réduit en fil de la plus petite dimension. On en obtient de même des barres plates de moins d'un demi-millimètre d'épaisseur ; mais dans ce cas, il doit avoir une prédisposition lamelleuse : aussi le feuillard mince est-il toujours mieux fait au cylindre qu'au marteau. On peut classer le fer de bonne qualité en fer fort et en fer tendre ; le marteau, par des raisons que nous expliquerons plus tard, tend à donner préférablement du fer fort ; le laminoir, au contraire, donne plus souvent du fer tendre et fibreux. Nous avons déjà fait sentir que la compacité du fer dépendait des mêmes causes ; ceci doit servir de guide au forgeron qui, obligé d'employer tantôt du fer martelé, tantôt du fer laminé, doit avoir grand soin, pour ne pas brûler celui-ci, de l'exposer à un feu moins intense.

6°. La ténacité du fer dépend de sa force de cohésion : lorsqu'il est à l'état de pureté, elle est aussi grande que possible ; les substances étrangères, au contraire, la modifient plus ou moins. Le fer surpasse tous les autres corps en ténacité : tiré en fil de $0,1$ de ligne de diamètre, celui d'Allemagne a supporté, dans son milieu, un poids de plus de 900 kilogrammes (1) ; les expériences faites à Saint-Gervais, celles plus récentes de MM. Telfort, Brunton et Brown, n'ont pas atteint ce maximum. Nous manquons d'expériences précises pour comparer ensemble la ténacité des fers laminés et martelés : les essais

______

(1) Muschenbroeck.

faits en 1826 sur la force des fers laminés de la Basse-Indre, employés à la confection des *cables-chaînes*, sembleraient indiquer que le métal étiré au laminoir jouit, sous ce rapport, d'une très grande force de cohésion, et que sa ténacité ne dépend pas seulement de son degré de pureté, mais encore de la disposition de ses molécules.

Le fer pur se laisse forger, étendre et plier à froid comme à chaud, lorsqu'il est tendre ; s'il est dur, au contraire, il devient difficile à travailler à froid. Les usages auxquels on doit employer ces fers ne sont pas les mêmes ; le premier convient parfaitement à la confection des fers blancs, des clous, etc. ; le second aux socs de charrues, aux bandes de roues, etc. ; celui-ci s'use plus difficilement ; l'autre s'étend mieux et avec plus de facilité.

Le fer devient aigre lorsqu'il est mal affiné, quand il retient des substances étrangères, telles que le carbone, la silice, etc. , quand ses molécules sont mal rapprochées.

Le fer cassant à froid a généralement des lames courtes et bleuâtres ou des grains gros et brillans. Le fer mal affiné à la houille, qui a reçu sous le cylindre une compression insuffisante, a souvent une texture écailleuse et grenue tout à la fois. Les gros grains appartiennent plus particulièrement au fer martelé, qui a plus de pesanteur que le fer tendre. Les barres sont quelquefois tellement aigres, qu'en les laissant tomber, elles se cassent en plusieurs morceaux ; cependant elles se laissent facilement forger, et peuvent même être soumises à la soudure, avec quelque précaution toutefois.

Le fer cassant à chaud se forge, s'étend et se plie bien à froid ; mais il ne peut le faire à une certaine température ; il se gerce, se fendille ou se crique sur les arêtes dans l'opération du forgeage ou de l'étirage. On lui donne alors le nom de *fer rouverin*. Certains fers rouverins ne peuvent se forger à la température du rouge-cerise ; on est obligé constamment de les tenir à la chaleur blanche, et de cesser l'opération sitôt que la couleur indique leur fragilité : c'est ce qu'on appelle *fer de couleur*. D'autres ne peuvent se plier sans se rompre dans le pli, ou casser lorsqu'on les redresse ; quelques uns ne sont pas susceptibles d'être troués : ils se rompent près du trou, aussitôt qu'on veut les percer.

Rarement le fer est à la fois cassant à froid et à chaud ; dans ce cas l'affinage est très imparfait, et la force de compression est insuffisante. Ils doivent être rejetés avec soin du commerce, comme n'étant bons qu'à un très petit nombre d'usages.

CHAPITRE II.

Propriétés chimiques du fer.

La propriété chimique qui donne au fer un caractère tranché, est celle d'être attirable à l'aimant ; cependant, comme cette propriété appartient également au cobalt et au nickel, il serait possible qu'elle ne suffît pas pour constater la nature du métal ; il faut alors avoir recours à l'épreuve suivante :

On fait dissoudre le métal donné dans de l'acide nitrique ; si la liqueur se colore, c'est du cobalt ou du nickel : du cobalt, si la couleur est rouge violet ; du nickel, si elle est verte.

La dissolution du fer ne donne jamais, avec l'acide nitrique, une couleur rouge violet ; il ne peut donc être confondu avec le cobalt ; mais il est possible que l'acide n'étant pas parfaitement pur, ou étant accidentellement altéré, le fer donne une légère couleur verte qui laisse matière à quelques doutes. Voici, dans ce cas, comment on s'y prendra pour distinguer le nickel.

La potasse et la soude précipiteront de la liqueur verte un oxide d'un vert tendre ; l'ammoniaque en rendra la couleur d'un bleu violacé ; l'hydroferrocyanate de potasse y produira un précipité vert pomme ; l'hydrosulfure de potasse un précipité noir.

Pour achever de déterminer les caractères qui distinguent le fer des autres métaux, on devra employer le procédé suivant :

Le fer est sans action sur l'eau à la température ordinaire ; il partage cette propriété négative avec le nickel et le cobalt ; mais il se dissout dans l'acide sulfurique étendu, et laisse dégager du gaz hydrogène. Lorsque à cette dissolution on mêle de la potasse, de la soude ou de l'ammoniaque, il se précipite un oxide blanc, légèrement verdâtre, qui, par le contact de l'air, passe bientôt au vert foncé, puis au jaune rougeâtre ; si on y ajoute un petit excès de chlore, et ensuite un peu d'hydroferrocyanate de potasse, il se forme un précipité bleu, qui, au contraire, serait noir avec l'infusion de noix de galle. (1)

______

(1) **Thenard.**

Il nous reste à dire un mot sur le magnétisme du fer, avant de passer à ses différentes combinaisons.

Les courans magnétiques qui règnent dans le fer doux, ne manifestent leur existence que tant que dure son union avec un autre corps aimanté ; cependant lorsque le fer n'est pas à son état de pureté parfaite, comme dans l'aimant, l'acier, etc., la propriété magnétique et les courans qui la produisent se conservent indéfiniment : les barreaux aimantés, les aiguilles des boussoles, sont dus à cette faculté, jusqu'à ce jour peu connue et mal expliquée.

On communique les courans magnétiques en frottant un barreau avec un aimant naturel ou un barreau déjà doué de ces courans. Le globe lui-même peut être considéré comme une pile galvanique dont les pôles sont en communication, et, par conséquent, où règnent des courans électriques qu'il peut communiquer, lorsque le barreau qu'il s'agit d'aimanter est disposé dans la direction du méridien magnétique, et sous une inclinaison qui dépend de la latitude du lieu. C'est ainsi que des barres de fer placées dans une ligne voisine de la verticale, prennent au bout d'un certain temps la polarité, qu'elles conservent tant qu'elles sont dans cette position ; mais qu'elles perdent facilement sitôt qu'on les place horizontalement.

SECTION II.

DES DIFFÉRENTES COMBINAISONS DU FER, ET DES SUBSTANCES QUI AGISSENT PLUS OU MOINS DIRECTEMENT SUR LE MÉTAL ET EN ALTÈRENT LES CARACTÈRES.

LE calorique, l'air, l'eau, le carbone, les oxides métalliques, les métaux, les acides et les sels ont une influence particulière sur le fer, et en modifient plus ou moins les propriétés. Nous allons examiner séparément chacune des circonstances qui résultent de la combinaison de quelques unes de ces substances avec le métal; mais nous n'entrerons dans le détail que de celles qui ont lieu le plus souvent et qui peuvent être utiles au maître de forges.

Nous devons rappeler, avant tout, qu'il existe dans le fer deux sortes d'union avec les substances étrangères, le mélange et la combinaison. L'une, mécanique, a lieu accidentellement par la réunion de deux corps sans affinité entre eux; l'autre, chimique, unit intimement, atome par atome, les molécules des corps différens; la première ne peut exister qu'entre les parties intégrantes; la seconde entre les parties constituantes des substances combinées; celle-ci est anéantie par la décomposition; celle-là par la division seulement.

Ainsi, dans l'acier, le fer est combiné chimiquement avec le charbon, sous le nom de protocarbure.

Quelques oxides métalliques et des sels terreux existent dans le fer à l'état d'union mécanique. La pesanteur spécifique d'un pareil mélange est moindre que celle du fer pur, d'où il suit que, dans la fusion complète, le corps étranger surnage à la surface du bain. Dans la coulée, ou lorsque l'ouvrier remue le métal liquide pour le faire sortir, il s'opère un mélange semblable à celui que produirait de la terre dans un verre d'eau qu'on transvaserait; mais sitôt que la masse entre en repos, le jeu des pesanteurs spécifiques agit, et la plus grande partie des oxides et des terres se trouve reportée à la surface.

On sent que ce dernier mode d'union ne peut altérer les propriétés caractéristiques du métal; nous ne nous occuperons donc principalement que des matières qui se combinent chimiquement au fer.

CHAPITRE PREMIER.

Du Calorique.

La cause de la chaleur nous est inconnue; on a donc cru devoir lui assigner le nom de calorique, en attendant que les sciences soient plus avancées et nous donnent des notions plus précises sur la source de ses phénomènes.

Les expériences qu'on fait sur le fer tendent à prouver que le calorique est un fluide très subtil, qui peut, comme l'oxigène, se combiner avec les corps, pénétrer dans leur intérieur, s'interposer entre leurs molécules et en déranger les dispositions.

Le fer a une grande capacité pour le calorique ; il faut le chauffer beaucoup plus long-temps que les autres métaux pour l'amener à la même température : à mesure que le calorique manifeste sa présence dans le métal, les molécules de celui-ci s'étendent, prennent de l'extension en tous sens et produisent le phénomène qu'on appelle *dilatation*.

Si l'on frappe une barre de fer avec le marteau, on élève sa température, qui peut être portée, par ce moyen, jusqu'au rouge ; mais on n'obtient une seconde fois le même phénomène qu'en chauffant le métal dans un four : la dilatation ne se manifeste point. Le fer, au contraire, resserre ses pores et diminue ses dimensions.

On explique cette anomalie à l'aide d'une hypothèse : la chaleur semble exister dans les corps à l'état latent ; elle est soumise, malgré sa ténuité, aux lois physiques des gaz dilatables. Sitôt donc qu'on élève la température du fer, le calorique interposé se dilate lui-même, tend à séparer davantage les molécules solides, et produit une augmentation de volume. L'effet contraire doit avoir lieu dans la percussion : le marteau resserre, rapproche violemment les pores du fer ; il force le calorique latent à s'échapper vers la surface, il en résulte une augmentation de température, mais l'arrangement mécanique des molécules est changé : le fer tenace et doux peut devenir cassant, et *vice versâ* ; dans tous les cas il a diminué de grosseur, quoique sa température ait été plus élevée.

Si cette hypothèse est exacte, le fer une fois chauffé par la percussion, ne pourra plus être porté à la même température par ce moyen. L'incapacité pour le calorique se manifestera d'autant plus, que les chaudes mécaniques auront été plus répétées ; enfin il devra arriver un terme où il deviendra impossible d'élever le métal d'un degré seulement. C'est en effet ce qui arrive : le fer porté à la chaleur rouge, par la percussion, ne peut plus être rougi une seconde fois par le marteau, à moins qu'on ne l'introduise préalablement dans un feu ; sa capacité pour le calorique diminue sensiblement à la seconde opération. Nous avons essayé, il y a quelques années, des expériences en grand sur ce sujet ; mais la capacité du métal pour la chaleur, dont il se charge continuellement et qu'il emprunte aux corps qui l'avoisinent, de même que des obstacles plus matériels, se sont opposés constamment à ce que nous arrivions avec précision aux derniers degrés de l'échelle décroissante des températures.

On n'est pas encore parvenu à calculer exactement les dilatations du fer à différentes températures ; on sait seulement qu'elles ne suivent pas une loi constante et qu'elles augmentent en raison du calorique rendu patent. MM. Petit et Dulong (1) ont trouvé qu'entre 0° et 100° le fer se dilate de $\frac{1}{28700}$; entre 200 et 300°, de $\frac{1}{22700}$. Ce résultat s'accorde assez bien avec celui obtenu par Lavoisier et Laplace. A 500° de Fahrenheit la dilatation paraît être de $\frac{3}{560}$ suivant Ruiman.

Le fer tendre jouit d'une moindre capacité pour le calorique que le fer dur ; il résiste moins au marteau et s'échauffe plus facilement. L'écrouissement, en rendant libre le calorique la-

----

(1) *Annales de Chimie et de Physique*, t. VII, p. 113.

tent, change singulièrement la texture du métal : il passe au fer à grains, devient moins flexible, quelquefois aigre. Le fer dur se dilate beaucoup plus, en raison de sa plus grande capacité ; il supporte plus long-temps le feu. On ne pourrait sursaturer de calorique le fer tendre, sans courir risque de le brûler ; tandis que les chaudes successives favorisent, dans le fer à grains, la tendance à devenir nerveux.

Le fer commence à changer de couleur à 222° centigrades : il est jaune pâle ; à 233°, il passe au jaune d'or ; à 250° au rouge cramoisi ; à 300° il est violet ou bleu foncé ; à 390° cette couleur a entièrement disparu, et il passe au fer *rouge* à 550 ou 560°. Suivant Karsten, la *chaleur blanche* serait produite à 12000° de Fahrenheit, ou entre 6600 et 6700° centigrades ; le fer se fondrait à 150 ou 155° pyrométriques (1). Parkinson, d'après Mushet sans doute, porte la température de la fusion à 158° ; MM. Clément et Desormes la croient de 1749° centigrades.

La couleur du fer à ses diverses températures provient de l'oxidation plus ou moins grande du

---

(1) M. Culman, dans son excellente *traduction de Karsten*, donne le calcul des différens degrés thermométriques et pyrométriques ; il en résulte que le zéro du pyromètre de Wedgwood correspond à 598° centig., et que chaque degré est égal à 72° du thermomètre centig. Il nous est impossible d'admettre ce calcul : la dilatation du pyromètre dans les hautes températures, est inégale et n'est point proportionnelle à la chaleur. Cependant, ce moyen est encore le meilleur connu, mais on ne peut compter sur son exactitude mathématique au-dessus de 29°, ainsi que l'a prouvé M. De Saussure.

métal. Près d'arriver à la chaleur rouge, il est couvert d'une légère pellicule qui échappe par sa ténuité à l'analyse, mais qui se comporte dans les acides comme l'oxide de fer. On retire peu d'utilité de ces diverses nuances du fer; elles servent, dans l'acier, à juger du degré de carburation ou décarburation; elles portent, pour cette raison, le nom de *couleurs du recuit*.

A la chaleur blanche l'oxigène n'a aucune prise sur le métal : c'est le moment qu'on choisit ordinairement pour rapprocher deux morceaux de fer et les *souder*. On favorise ce rapprochement en frappant avec le marteau et aidant ainsi à la force de cohésion. La grande difficulté, dans la soudure, consiste à empêcher le fer de s'oxider hors du feu; c'est pour cela que les forgerons poussent la chaude au-dessus de la chaleur blanche, à un degré de température plus voisin de la fusion, et qu'on appelle *blanc soudant*.

Les fers qui contiennent une substance mélangée plus fusible que le métal même, se brisent à une certaine température et portent le nom de *rouverins*. Ainsi, par exemple, si l'on soumet à la chaleur rouge cerise (36 à 40° du pyromètre) une barre de fer dans laquelle le métal est allié à une certaine proportion de cuivre, il arrivera que ce dernier corps, qui entre en fusion à 27° de Wedgwood, deviendra liquide bien avant le fer, rompra la continuité, en produisant des gerçures, des solutions de compacité, et rendra le fer tel qu'il ne pourra être forgé. On conçoit cependant que pour travailler la barre soumise au forgeage, il suffira de pousser la chaude jusqu'à ce que le fer lui-même perde une partie de sa solidité et fasse pâte avec le cuivre fondu, à la chaleur suante, par exemple (90 à 95° pyr.). Le même effet sera produit si, au lieu de liquéfier ou amollir le fer, on laisse refroidir et solidifier le cuivre. Les forgerons donnent aux fers qui ont la propriété de casser à une certaine température et de se forger à une autre, le nom de *fers de couleurs*, sans doute à cause de la couleur à laquelle ils doivent être tenus pendant le travail.

CHAPITRE II.

Du Carbone.

Le carbone n'est autre chose que le charbon dégagé de toute substance étrangère. Ce corps n'a encore été trouvé, dans la nature, à l'état de pureté absolue, que dans le diamant. C'est à Lavoisier que nous devons cette découverte, vers laquelle Newton et les académiciens de Florence l'avaient faiblement guidé ; le premier, il parvint à brûler le diamant, et reconnut que, dans cette combustion, il se formait de l'acide carbonique. Après lui Smithson-Tennant, Guyton-Morveau, Allen et Pepis, Davy, réussirent à démontrer que le diamant et le carbone sont de même nature. En effet, la composition de l'acide carbonique est de

Carbone.................... 27,37
Oxigène.................... 72,63
———
100

Or, l'on arrive au même résultat, soit que l'on combine 27,38 parties de charbon pur, soit qu'on les remplace par la même quantité de diamant.

Les produits qu'on obtient, dans les forges, sont au nombre de trois : le fer, la fonte et l'acier. Depuis long-temps on se doutait que ces substances n'étaient que les modifications du même métal ; on avait remarqué que le passage du fer à l'acier était imperceptible, et que de l'acier à la fonte la différence était souvent bien difficile à découvrir. Ces trois corps étaient donc placés sur une échelle dont le fer pur et la fonte, très-grise, formaient les extrémités, et par tous les degrés de laquelle ils passaient d'une manière insensible.

Monge, Berthollet et Vandermonde, montrèrent que cette différence d'état était due à la présence du carbone ; après eux Karsten est venu compléter la théorie, et ce savant métallurgiste a achevé de porter la lumière dans cette partie intéressante de la science.

Ainsi, il est demeuré constant que le fer pur ne retenait aucune substance étrangère ; que le carbone, combiné avec le fer en quantité très faible, produisait l'acier ; que la fonte blanche était une combinaison de carbure de fer avec toute la masse du métal, et que la fonte grise contenait en outre du carbone pur à l'état de mélange.

Lorsque nous traiterons de la fonte, nous aurons occasion de montrer comment ces mélanges et combinaisons se forment dans le fer ; contentons-nous de remarquer ici que le carbone pur, contenu dans la fonte grise, paraît différer essentiellement de la plombagine, qui contient 8 parties de fer sur cent, et que Bergman avait reconnu être combinée avec le métal.

Ainsi le carbone s'unit au fer en deux proportions différentes : l'acier en contient de 1 à 20 millièmes de son poids ; la plombagine en renferme 8 à 10 pour cent. Le fer forgé lui-même n'en est pas exempt : suivant Berzélius, il n'en retient pas moins de $\frac{1}{2}$ pour cent. La nouvelle nomenclature chimique donne à l'acier le nom de protocarbure de fer, et à la plombagine celui de per-carbure.

La pesanteur spécifique du diamant étant de 3,55, et celle du fer de 7,78, il s'ensuit que tous les mélanges ou combinaisons du métal avec le carbone, en quelque faible proportion que se trouve cette dernière substance, sont toujours plus légers que le fer lui-même.

D'après les expériences de Mushet, il paraît que la dureté du fer augmente en proportion de la dose de carbone qu'il contient, jusqu'à une certaine limite, qui est la fonte blanche ; passé cela, cette dureté de métal diminue, quoique la dose de carbone s'accroisse. Cet état ne serait-il pas dû à l'arrangement particulier des molécules, arrangement dans lequel un agent chimique non apprécié jouerait un des principaux rôles ?

Nous donnons ici le tableau des résultats obtenus par Mushet, en faisant observer que le fer a été traité au charbon de bois : (1)

---

(1) Nous avons ajouté au travail de Mushet, le fer et la plombagine, afin de compléter l'échelle.

Fer forgé contenant.................... $\frac{1}{200}$ de carbone.
Fer demi-aciéreux.................... $\frac{1}{150}$
Acier fondu doux, pouvant se forger. $\frac{1}{120}$
Acier fondu ordinaire............... $\frac{1}{100}$
Acier fondu plus dur............... $\frac{1}{90}$
Acier fondu pouvant être forgé, mais
    non étiré.................... $\frac{1}{50}$
Passage à une fracture granulée-acié-
    reuse.................... $\frac{1}{40}$ à $\frac{1}{50}$
Fonte blanche.................... $\frac{1}{25}$
Fonte truitée.................... $\frac{1}{20}$
Fonte grise.................... $\frac{1}{15}$
Fonte noire.................... $\frac{1}{15}$
Plombagine.................... $\frac{1}{10}$ à $\frac{1}{12}$

Plus le fer est chargé de carbone, plus il conserve sa liquidité. Il s'ensuit que la fonte grise convient mieux au moulage, et que la fonte blanche s'affine plus promptement. Nous aurons occasion, par la suite, de montrer quelles modifications ce principe doit recevoir. Le fer qui ne contient guère que des traces de carbone, n'est fusible qu'à une très haute température, qu'on n'est pas encore parvenu à produire dans les fourneaux.

Le retrait que prennent les diverses espèces de fonte, en se refroidissant, est en raison de la dose de carbone qui entre dans sa composition. Nous développerons plus tard cette proposition, en traitant de la formation de la fonte grise. Nous renvoyons à ce chapitre ce qu'il nous reste à dire sur le carbone. (1)

---

(1) Troisième partie, Section 1re, chap. 1er, art. 2.

CHAPITRE III.

De l'Oxigène.

L'oxigène est un gaz incolore, insipide et inodore, d'une pesanteur spécifique plus grande que l'air atmosphérique, et jouissant de deux propriétés qui lui sont particulières : la première, de devenir lumineux lorsqu'il est soumis à une pression forte et subite; la seconde, d'absorber deux fois son volume de gaz hydrogène.

L'oxigène est un des élémens les plus répandus : on le trouve dans presque tous les composés; il forme une partie intéressante de l'air : celle qui entretient la vie des animaux, et qui opère la combustion; il altère les métaux, entre comme élément dans la composition de l'eau, des matières végétales et animales, et joue, sans contredit, le plus beau rôle dans la composition chimique des corps.

Lorsqu'on chauffe une barre de fer ductile à une température élevée et à l'abri du contact de l'air, on ne s'aperçoit d'aucun changement dans le métal; mais si on expose à l'action de l'air cette barre chauffée au blanc, la surface change de couleur, et la barre augmente de poids. La croûte qui enveloppe le métal donne, à l'analyse, du fer et de l'oxigène; or, aucune autre substance que l'air n'a pu lui céder cet élément : le fer mis en contact avec l'air atmosphérique s'empare donc d'une partie de son oxigène à une haute température. La même chose arriverait si le métal était exposé long-temps à l'air et à la température ordinaire; mais ici l'oxidation serait plus lente. Dans l'air humide, le fer s'approprie tout à la fois l'oxigène de l'air et l'oxigène de l'eau, et l'oxidation est d'autant plus prompte que la température est plus élevée.

Le premier degré d'oxidation du fer porte le nom de protoxide ; il est composé, suivant Berzélius, de

$$\begin{array}{ll}
\text{Fer} & 77,23 \\
\text{Oxigène} & 22,77 \\
\hline
& 100
\end{array}$$

Le protoxide de fer n'existe, dans la nature, que dans les minerais qui contiennent de l'acide carbonique et qui sont tenus, par la manière d'être des roches qui les avoisinent, hors du contact de l'air. Si le protoxide est plongé dans le fluide atmosphérique, il continue à se charger progressivement d'oxigène, jusqu'à ce qu'il soit arrivé à un maximum d'oxidation, auquel on a donné le nom de peroxide.

Le peroxide de fer est rouge et contient, d'après Berzélius,

$$\begin{array}{ll}
\text{Fer} & 69,34 \\
\text{Oxigène} & 30,66 \\
\hline
& 100
\end{array}$$

Il semblerait, au premier coup d'œil, que l'oxidation du fer ayant lieu par une augmentation graduelle, depuis le protoxide, ou le minimum d'oxidation, jusqu'au peroxide, ou le maximum, il existe autant d'oxides de fer qu'il y a d'augmentations successives ; mais l'analyse chimique a prouvé que tous ces échelons d'oxides variables

se décomposaient en deux oxides définis, le protoxide et le peroxide, l'oxide noir et l'oxide
rouge. (1)

Si l'on met l'oxide de fer, le peroxide par
exemple, qui est l'oxide le plus répandu, en
présence d'un autre corps qui porte le nom de
carbone, et qui a une grande affinité pour le
métal, tant que la température sera peu élevée, il
ne s'opérera aucun changement dans le peroxide;
mais si on expose le tout à l'influence d'une
grande chaleur, il se produira une décomposition et deux combinaisons : le fer cédera son
oxigène au carbone, qui s'en emparera de suite,
et se combinera lui-même avec le carbone surabondant; le premier résultat sera de l'acide
carbonique, le second de la fonte.

Appliquons cette observation au peroxide de
fer : si l'on met en contact, à une chaleur suffisante, 100 kilog. de peroxide avec 14,91 kilog. (2)
de carbone, nous aurons les résultats suivans :

      1°. Les 30,66 d'oxigène du minerai se
satureront de
11,73 de carbone, et formeront de l'acide car-
     bonique dans les proportions détermi-
     nées précédemment.

      2°. Les 69,34 de fer s'empareront de
3,18 carbone surabondant, et formeront de
     la fonte grise dans la proportion désignée
     par Mushet.

14,91

----

(1) Berzélius, *Annales de Chimie*, t. 78, 79 et suivans, et *Gilbert's neue Annalen*, t. 2.

(2) Nous ne tenons pas compte ici du charbon nécessaire pour produire la température voulue.

L'affinité de l'oxigène pour le carbone est tellement grande, à une certaine température, qu'avant de se combiner avec le fer, le combustible forme encore une autre combinaison qui porte le nom d'*oxide de carbone*, et qui est composée de

56,64 oxigène.
43,36 carbone.
————
100

Mais ce nouveau gaz ne se forme guère qu'à l'aide de l'oxigène de l'air brûlé, pour produire la température du fourneau ; nous n'en parlons donc ici que pour mémoire.

D'après les calculs précédens, il est évident que la fonte ne pourrait contenir de l'oxigène, ainsi que l'ont pensé tous les métallurgistes avant Karsten ; il n'est pas moins évident que tous les oxides métalliques, combinés dans le minerai, tels que la silice, l'alumine, la chaux, etc., doivent se réduire en même temps que le peroxide de fer, et céder leur oxigène au carbone. Ceci explique pourquoi la fonte ne contient que des métaux non oxidés, et comment le silicium, l'aluminium, etc., se trouvent combinés dans le carbure de fer.

Il peut être assez difficile de concevoir pourquoi le fer, qui, dans sa transformation en carbure, cède si facilement son oxigène, ne le reprend pas avec la même facilité pendant sa décarburation, ou lorsqu'on ramène, par l'affinage, la fonte à l'état de fer pur : mais il convient de remarquer que toutes ces opérations de réduction ont lieu pendant la fusion du métal ;

que cette fusion est produite par un combustible charbonneux, et que, par conséquent, tant qu'il reste un atome de charbon, il se forme de l'acide carbonique, ou de l'oxide de carbone. Le fer n'est arraché à l'influence du carbone que pour être étiré; alors sa masse est compacte; l'oxigène ne peut plus en attaquer que la surface, et c'est ce qu'il fait en produisant des *battitures*, qui, sous les machines de compression, jaillissent de toutes parts.

L'oxidation, à la température ordinaire, gêne singulièrement dans l'usage du fer : on a cherché, de tout temps, à la prévenir; mais il est probable que, en raison de l'affinité des deux substances, on n'y parviendra jamais. Cette affinité est telle que la fonte même, en certaines circonstances, s'oxide légèrement, surtout lorsqu'elle est peu carburée. Néanmoins on peut en préserver le métal jusqu'à un certain point, et pendant quelque temps. Le procédé qui nous paraît le meilleur, et que nous avons mis en usage avec succès, est celui qui consiste à enduire la surface du fer avec une dissolution de caoutchouc dans de l'huile de térébenthine. Il est dû à Arthur Aikin.

CHAPITRE IV.

De la Silice.

Lorsqu'on analyse un morceau de fonte, on est tout surpris de trouver un excès de poids après l'expérience. En réfléchissant à cette circonstance, qu'on ne peut attribuer qu'à la combinaison de l'oxigène avec un métal, et en exa-

minant avec attention les divers produits de
l'analyse, il reste démontré que la silice, qui s'y
rencontre en grande abondance, ne provient
que de l'affinité du silicium pour l'oxigène, et
qu'elle ne se trouve produite qu'au moment de
l'opération chimique.

Le silicium est un corps brun, sans éclat métallique; son oxide est une terre blanche, rude
au toucher et difficilement attaquable. La silice est
extrêmement abondante dans la nature; pure,
elle constitue le cristal de roche, la calcédoine,
l'agate, etc.; mêlée avec quelques matières étrangères, elle forme la cornaline, le silex, la pierre
meulière, etc. Sa pesanteur spécifique est, suivant Kirwan, de 2,66, et sa composition, d'après
Berzélius, de

$$
\begin{array}{ll}
\text{Silicium} & 0,497 \\
\text{Oxigène} & 0,503 \\
\hline
& 1,000
\end{array}
$$

Le silicium s'unit au fer, et l'on n'a pas découvert jusqu'à présent qu'il diminuât sensiblement
sa ténacité et sa douceur; il n'en est pas de même
de la silice qui, étant combinée avec le fer, le
rend cassant à froid. Jusqu'à ce jour l'attention
des chimistes Stromeyer, Berzélius, Karsten, etc.,
s'est portée presque exclusivement sur les combinaisons du métal pur avec le fer. Roger a le
premier soulevé la question de la silice; mais
elle est restée tout entière, et ce savant métallurgiste ne l'a que légèrement traitée.

Il est certain que l'oxigène et le carbone ne
peuvent exister ensemble ni dans le fer ni dans
le silicium; aucun de ces deux métaux ne pou-

vant se trouver en combinaison à la fois avec ces premières substances, il en résulte que la fonte ne contiendra que du silicium, tandis que le fer pourra s'unir à ce corps soit à l'état métallique, soit à l'état d'oxide.

Berzélius, en cémentant de la limaille de fer dans la silice réduite en poudre fine et mêlée à la poussière de charbon, n'a donc pu tirer aucune induction en faveur de la silice, relativement à sa manière d'être à l'égard du fer.

Le précipité gélatineux qu'avait obtenu Bergman, et auquel M. Meyer avait donné le nom de *sydérite*, pourrait bien n'être autre que de la silice, quoique MM. Clouet, Dulubre et Chalup en aient retiré du phosphore. C'est donc avec juste raison que Bergman attribuait à la présence de cette substance étrangère la mauvaise qualité du fer forgé.

Le minerai de fer est presque toujours mêlé à une quantité plus ou moins considérable de silice ; celle-ci se réduit à la haute température des fourneaux, elle s'unit au régule à l'état de silicium, et descend dans le creuset avec la fonte. D'après les analyses de divers savans, la fonte blanche semble contenir de 2 à 3 pour mille de silicium, tandis que la fonte grise n'en contient que 0,5 à 1. Cela vient à l'appui de l'assertion de Karsten, que la fonte retient d'autant moins du métal terreux qu'elle est plus grise.

L'acier obtenu par M. Clouet contenait 0,008 de silicium. Le fer peut donc en retenir une très forte quantité, puisque la présence du carbone ne gêne point ici la combinaison.

La silice possède la propriété très remarquable de se dissoudre dans l'eau au moment de sa formation ; elle se reconstitue aussitôt que le liquide se vaporise. Ceci explique le rôle que joue dans les affineries l'eau jetée par l'ouvrier dans le fourneau, et servira par la suite à faire comprendre la composition des scories de forges.

Le potassium a une très grande affinité pour la silice : c'est un des métaux les plus fusibles et les plus volatils. C'est peut-être pour cette raison que, dans l'analyse du charbon de bois, on ne le trouve que dans les cendres et à l'état d'oxide. La soude est encore un excellent réactif, que nous nous contenterons de signaler ici, devant traiter plus amplement de cette matière lorsqu'il sera question du travail du fer.

On peut regarder la fonte provenant des hauts-fourneaux à coke, comme étant composée de fer, de carbone et de silicium. Il n'en est pas de même de la fonte obtenue dans les hauts-fourneaux où l'on n'emploie que le charbon de bois : la prompte oxidation du potassium qu'il contient, et son affinité pour la silice qu'il déplace, entrent sans doute pour beaucoup dans la bonne qualité qu'on accorde généralement au dernier produit pour l'affinage.

Pendant plusieurs mois, nous avons vu pudler, dans un four à réverbère et sur une sole composée de sable quartzeux à base de silex, des fontes de bonne qualité, obtenues au charbon de bois ; le fer acquérait de l'aigreur, l'affinage était à la vérité plus prompt, mais incomplet. Cet état cessa entièrement lorsque la sole de sable fut remplacée par une plaque de fonte.

Il est très vrai que les battitures, ou sous-silicates de fer, hâtent l'affinage lorsqu'elles sont jetées dans le fourneau avec le métal ; mais cet avantage s'acquiert presque toujours aux dépens de la qualité du produit. Cependant il serait beaucoup plus convenable de former le fond des fours à réverbère avec des battitures d'étirage qu'avec du sable à base de silice, d'autant mieux que ces battitures, ainsi que l'observent fort bien MM. Dufrénoi et Élie de Beaumont (1), sont saturées d'oxide de fer, et ne peuvent plus en dissoudre.

CHAPITRE V.

Du Soufre.

Une des propriétés les plus remarquables du soufre dans sa combinaison avec le fer, c'est de rendre celui-ci liquide au point de le faire découler par grosses gouttes, si la température du métal est assez élevée. La matière qui résulte de ce mélange est extrêmement fragile, car le fer qui contient du soufre, même en petite dose, est toujours cassant à froid.

On peut se servir de cette propriété du soufre de donner une grande fusibilité au fer, pour percer des barres plates ou des objets en fer forgé. Il suffit pour cela de faire chauffer la barre ou la pièce qu'il s'agit de percer jusqu'à la chaleur du blanc soudant; on applique ensuite sur cette barre ou cette pièce un bâton de soufre, qui fait, en peu de secondes, un trou dont la forme est exactement semblable à celle du

(1) *Voyage métallurgique en Angleterre*, un vol. in-8°, 1827.

bâton appliqué, cylindrique ou prismatique. (1)

Le fer a une telle affinité pour le soufre, qu'il enlève celui-ci à tous les autres métaux. C'est sur cette affinité qu'est fondé l'emploi du fer dans le traitement des mines de plomb argentifères, du mercure sulfuré, etc.

L'action du fer et du soufre l'un sur l'autre s'exerce à la température ordinaire; mais si l'on expose le mélange à l'action combinée de l'eau, il se manifeste une grande chaleur, et des sulfure et sulfate de fer sont produits. Si un gros de soufre et deux gros de limaille de fer, pétris avec de l'eau, sont placés sous un récipient contenant $\frac{1}{8}$ d'air, le mélange s'empare de tout l'oxigène et laisse l'azote. C'est cette expérience qui a servi à Schéèle pour ses intéressantes recherches sur la composition de l'atmosphère. Deux gros de soufre, un de limaille, réduits en pâte à l'aide de l'eau, finissent par s'enflammer au bout de quelques heures.

Beaucoup de minerais de fer qui contiennent une certaine proportion de soufre, ne peuvent être traités dans les usines, quelque précaution qu'on prenne pour les en dégager. D'autres doivent être préalablement grillés afin de séparer le soufre à l'état sulfureux; mais jamais la séparation n'est complète, et le fer qui en résulte est toujours plus ou moins rouverin.

---

(1) Cette ingénieuse explication est due au colonel Evain, directeur de l'arsenal de Metz.

CHAPITRE VI.

Du Phosphore.

La présence du phosphore rend le fer cassant à froid ; une très petite proportion suffit pour détruire la ténacité du métal. La sydérite de Bergman n'était pas autre chose qu'un phosphate de fer, qui, traité par le charbon, se changeait en phosphore.

L'effet du phosphore sur le fer est à peu près le même que celui du soufre sur le métal : il le rend plus fusible et en altère la qualité, sans cependant que la soudabilité en soit diminuée. Le fer qui contient du phosphore est facile à travailler, mais il soutient difficilement le feu.

Le phosphore, de même que le soufre, s'oppose à la formation de la fonte grise ; il augmente la fusibilité de la fonte, lui fait conserver plus long-temps sa liquidité, et la rend conséquemment propre au moulage.

Il n'est pas probable que le fer mis en contact avec des matières phosphorides puisse leur emprunter du phosphore, puisque ce dernier corps se dissipe à une basse température, tandis que le fer est un des métaux les plus réfractaires. Aussi est-il assez difficile de se procurer le phosphure dans les laboratoires. Ce n'est donc qu'aux minerais limoneux, et à ceux qui en contiennent, que le métal doit sa fragilité. Dans les fourneaux à cuve il s'en dégage une grande partie, mais le peu qu'il en reste dans la fonte donne au fer la qualité de casser à froid. Des mauvais fers n'ont donné à l'analyse que 0,0005 de phosphore.

Le phosphore est combiné dans le minerai à l'état d'acide. Dans le fourneau, une grande partie de cet acide se vitrifie avec les terres, mais le reste se décompose et cède le phosphore à la fonte.

CHAPITRE VII.

Des Oxides métalliques terreux.

La chaux, l'alumine et la magnésie se trouvent trop souvent en présence du fer, pour que nous n'en fassions pas mention en passant. Le métal en opère la désoxidation à l'aide du carbone, et à la chaleur de la fusion; alors il ne se trouve plus qu'en contact avec le calcium, l'aluminium et le magnésium. Mais, hors de la présence du charbon, les oxides eux-mêmes agissent directement sur le métal ductile, et lui communiquent des qualités très différentes. Nous allons les examiner sous ce double rapport.

Le calcium est un métal très peu connu, dont l'existence a été révélée, pour la première fois, par Davy. Il n'existe point à l'état naturel, et s'il se combine avec le fer, ce qui est douteux, c'est lors de la décomposition de la chaux, à l'aide du carbone.

La chaux possède une grande affinité pour la silice, le soufre et le phosphore; c'est conséquemment un très bon réactif à employer dans les fourneaux, et nous aurons plusieurs fois occasion d'en parler.

L'aluminium se combine facilement avec le fer, et ne paraît pas lui donner une mauvaise qualité; il n'en est pas de même de l'alumine qui se forme dans l'affinage de la fonte. L'oxide terreux a cependant de nombreux usages dans la réduction du minerai de fer ; mais, comme il se trouve alors en présence du carbone, la combinaison n'a lieu qu'entre l'aluminium et le fer, encore est-ce dans des circonstances particulières, et qui n'ont lieu que rarement.

Berzélius est parvenu à combiner le magnésium avec le fer ; mais il n'a pu s'assurer de la qualité et des conditions du mélange. Il est probable que dans le haut-fourneau cette combinaison peut avoir lieu à l'aide du carbone, et pendant la désoxidation de la magnésie. Celle-ci d'ailleurs est très réfractaire, et donne cette propriété à tous les corps avec lesquels elle se trouve unie.

Le calcium, l'aluminium et le magnésium peuvent se combiner avec le fer, et, dans ce cas, ils ne lui donneront pas sans doute de mauvaise qualité. Il n'en doit pas être de même des oxides. On reconnaît ici une uniformité d'action avec le silicium et son oxide, dans laquelle sans doute est la solution de beaucoup de questions encore indécises. C'est à la chimie qu'il appartient de suivre ces indications.

Nous terminerons ici le détail des combinaisons du fer avec les matières étrangères. Dans le cours de ce petit traité, nous aurons plus d'une occasion de parler de l'influence d'une foule de substances sur la bonne ou mauvaise qualité du fer. Ces notions ne seraient pas ici à leur place, et ont dû être renvoyées plus loin.

DEUXIÈME PARTIE.

MATIÈRES PREMIÈRES.

On donne le nom de *matières premières* aux substances qui sont employées dans les fourneaux pour produire du fer, et qui n'ont été soumises qu'à une opération préparatoire.

Toutes ces matières pouvant se diviser en quatre grandes sections : les minerais, les combustibles, l'air atmosphérique et les flux, nous partirons de cette division pour établir l'ordre dans lequel nous allons les considérer.

SECTION PREMIÈRE.

DES MINERAIS.

Les substances minérales traitées dans les usines pour en retirer le métal qu'elles contiennent, portent le nom de minerais ; quelquefois le même minerai renferme deux métaux, comme le plomb sulfuré argentifère : c'est alors l'avantage que le métallurgiste trouve dans l'exploitation de l'un préférablement à l'autre, qui décide de la dénomination. Ainsi, lorsque, dans le plomb sulfuré, la valeur de l'argent qu'on en retire est plus considérable que celle du plomb, le minerai prend le nom de minerai d'argent. Nous ne ferons pas ressortir ici le vice de cette classification routinière, dont le moindre désagrément est de jeter de l'obscurité dans une matière qui n'exige que de l'ordre et de la clarté.

Les maîtres de forges ont adopté différentes manières de classer les minerais de fer ; la plus en usage est celle qui les distingue en *mines terreuses* et *mines en roches*. Elle est fondée sur le traitement préparatoire qu'il convient de leur faire subir avant de les employer à l'extraction du fer : les mines terreuses, en effet, doivent être lavées et souvent réduites en moindres fragmens ; les mines en roches sont grillées, mais n'ont besoin ni de lavage ni de cassage.

Cette méthode a ses avantages ; mais elle se ressent de l'enfance de la métallurgie. Nous ne balançons donc point à la laisser au manœuvre qui a besoin de notions mises au niveau de son intelligence, et à engager le chef d'ateliers à adopter une classification plus conforme à ses lumières et plus en harmonie avec les progrès de la science.

Les caractères tirés des propriétés extérieures des corps, de leur forme, de leur surface, de leur aspect, sont tranchés et faciles à reconnaître ; mais ils ne conduisent qu'à une classification sèche et dénuée de l'intérêt qui doit s'attacher à un métal d'une si haute importance. Il est plus convenable et en même temps plus utile, pour les reconnaître, d'avoir recours à la composition chimique ; mais, outre que cette composition n'est pas encore parfaitement établie, du moins pour quelques espèces, elle a le désagrément de froisser quelques pratiques routinières, et de n'être pas toujours à la portée des métallurgistes ordinaires.

Werner range les mines de fer susceptibles d'être traitées pour obtenir le métal, en *fer magnétique*, *fer spéculaire*, *fer rouge*, *fer brun*, *fer spathique*, *fer noir*, *fer argileux* et *fer limoneux*.

Haüy divise le genre fer en neuf espèces, dont les suivantes appartiennent aux minerais : *fer oxidulé*, *fer oligiste* et *fer oxidé*; il faut y joindre la *chaux carbonatée ferrifère*.

Brongniart a cherché à rapprocher ces deux classifications en rangeant le fer terreux parmi les espèces; il en est résulté que les minerais de fer sont placés dans l'ordre suivant : *fer oxidulé*, *fer oligiste*, *fer oxidé*, *fer terreux* et *fer spathique*.

Aucune de ces classifications ne se rapporte à la nomenclature chimique. M. Beudant a essayé d'établir ce rapport; il a fait du fer une famille qu'il appelle *sidéride*, et des mines de fer un genre auquel il donne le nom de *sideroxide*; ce genre comprend quatre espèces, qui sont : le *peroxide de fer*, le *fer oligiste*, le *fer magnétique* et les *hydroxides*. Le *carbonate de tritoxide de fer*, qui est le fer spathique de Werner, est rejeté, comme dans Haüy, à la classe des chaux carbonatées.

Si nous nous reportons à ce que nous avons dit lorsque nous avons parlé des oxides de fer, et que nous comparions chacun des minerais avec les deux oxides que nous connaissons, nous trouverons facilement la composition chimique de ces substances métalliques, du moins quant à la quantité d'oxigène qu'ils contiennent.

Le fer spathique, chaux carbonatée ferrifère, ou carbonate de tritoxide de fer, est composé de protoxide et d'acide carbonique; on pourrait donc lui donner le nom de *carbo-protoxide*, si l'air ne le décomposait promptement et ne le faisait passer à l'état de peroxide, et ensuite d'hydrate.

Le fer rouge, une partie du fer oxidé (fer oxidé rouge) d'Haüy et de Brongniart, ou le peroxide de Beudant, renferment l'oxide le plus pur, et doivent porter le nom de *peroxide de fer*.

Le fer magnétique ou oxidulé, le fer oligiste ou spéculaire, sont composés des mêmes élémens, le peroxide et le protoxide; mais jusqu'à présent on n'a pas découvert que ces élémens fussent combinés en même proportion dans les deux minerais. Suivant M. Beudant, la formule du fer magnétique serait $\ddot{F}^2\ddot{F}$, et celle du fer oligiste $\ddot{F}^3\ddot{F}$. Néanmoins, nous n'en ferons qu'une seule espèce que nous nommerons *proto-peroxide*, et ce classement sera suffisamment justifié par leur composition presque identique.

Enfin, les minerais dans lesquels l'eau est en combinaison chimique, que Daubuisson a désignés sous le nom d'hydrates, les fers oxidés bruns, terreux, argileux, limoneux, et plusieurs des espèces oxidées d'Haüy, formeront la classe des *hydroxides*, nom que M. Beudant leur a le premier donné.

Nous ne proposons qu'avec crainte cette classification qui nous paraît simple et régulière; nous n'avons pas la prétention de refaire le beau système de M. Beudant, encore moins de donner une nouvelle nomenclature; mais le savant académicien a créé sa division minéralogique dans l'intérêt d'une science à laquelle il fait honneur; c'est comme métallurgiste que nous devons, à notre tour, envisager les mêmes matériaux.

Néanmoins, pour ne pas effaroucher dès l'abord des oreilles peu disposées aux innovations, nous conserverons aux variétés de nos quatre classes les noms vulgaires auxquels les maîtres de forges sont accoutumés depuis leur enfance, et les dénominations quelquefois ridicules sous lesquelles les minerais sont le plus généralement connus.

Nous passerons d'abord en revue les diverses variétés des mines de fer; nous indiquerons ensuite le moyen de les reconnaître par l'analyse et l'essai; puis, nous jeterons un coup-d'œil géologique sur leurs gisemens dans le sein de la terre; nous enseignerons la manière de les en extraire avec économie, et ferons connaître enfin les opérations préparatoires auxquelles on les soumet avant de les employer.

CHAPITRE PREMIER.

Des mines de fer.

Nous avons classé toutes les mines de fer en quatre espèces, le *carbo-protoxide*, le *peroxide*, le *proto-peroxide* et l'*hydro-peroxide*. Nous allons faire un article particulier pour chacune de ces divisions; néanmoins il convient, avant d'en traiter plus amplement, de dire un mot de quelques espèces que nous n'avons pas regardées comme minerais, et qui cependant jouent un certain rôle dans la minéralogie. Ces espèces sont le *fer natif*, le *fer arsenical*, le *fer sulfuré* et le *fer phosphaté*.

Nous n'en ferons qu'un examen rapide.

1°. L'existence du fer natif a été long-temps un objet de contestation entre les minéralogistes; aujourd'hui même tous les doutes ne sont pas dissipés. Cependant la chute des pierres météoriques et les témoignages de Klaproth, Bergman, Schreiber, Lehman, Karsten et Proust sont d'un grand poids; mais nous devons dire que les découvertes le mieux constatées sont celles de MM. Schreiber et Karsten; et que cependant le premier a seul aperçu le fer natif dans la montagne d'Oulle, près de Grenoble, malgré les recherches qu'on y a faites depuis.

Ce qui distingue le fer natif du fer métallique forgé, est une certaine quantité de chrôme et de nickel qui l'accompagne toujours. Il paraîtrait même, d'après les analyses de MM. Laugier et Thenard, que le chrôme serait le principe caractéristique des aérolithes, tandis que le nickel ne s'y trouve pas constamment.

2°. Le fer arsenical a une couleur blanc d'argent à cassure grenue; il étincelle sous le briquet, et répand alors une odeur d'ail très sensible; ses cristaux sont en prismes rhomboïdaux, en octaèdres et en prismes à sommets dièdres. Sa composition est, d'après Klaproth,

Arsenic............	62
Fer................	38
	100

Ce minerai n'est point traité dans les usines;

il exigerait un grillage particulier, qui ne lui enleverait pas encore tout l'arsenic combiné ; le fer en serait toujours aigre. On n'emploie cette variété qu'à l'extraction du deutoxide d'arsenic.

3°. Le fer sulfuré, ou la pyrite martiale, est un per-sulfure de fer extrêmement répandu. Sa couleur est le jaune de laiton, le jaune d'or, le gris d'acier et le brun. Il étincelle sous le choc du briquet, et n'est point attirable à l'aimant. Il est formé, suivant Berzélius, de

$$
\begin{array}{ll}
\text{Fer.} \dots\dots\dots\dots\dots & 45,74 \\
\text{Soufre.} \dots\dots\dots\dots\dots & 54,26 \\
\hline
& 100
\end{array}
$$

Les formes cristallines du fer sulfuré sont le cube, le dodécaèdre pentagonal, l'icosaèdre, l'octaèdre, etc. ; son poids spécifique est 4,10 à 4,74 ; il ne saurait guère être confondu qu'avec le cuivre pyriteux qui cristallise en octaèdres, en tétraèdres réguliers, mais ne fait que très difficilement feu avec le briquet.

Une espèce de fer sulfuré a la propriété remarquable d'attirer le barreau aimanté ; elle porte le nom de sulfure de fer magnétique. M. Hatchett, qui s'est beaucoup occupé de l'analyse des pyrites, a trouvé que celle-ci se composait de

$$
\begin{array}{ll}
\text{Fer.} \dots\dots\dots\dots\dots & 63,50 \\
\text{Soufre.} \dots\dots\dots\dots\dots & 36,50 \\
\hline
& 100
\end{array}
$$

Suivant lui, le fer peut recevoir jusqu'à 46 de soufre, sans perdre sa propriété magnétique.

On obtient le sulfate de fer du commerce en

exposant les pyrites à l'air humide ; c'est aussi du per-sulfure de fer qu'on extrait le soufre en grande partie.

4°. Le fer phosphaté, phosphate de fer hydraté, ou vivianite, est un minéral assez rare ; il existe à la Bouiche, près Néry, département de l'Allier ; il est généralement bleu. M. Thenard donne l'analyse suivante du phosphate cristallisé :

$$
\begin{array}{ll}
\text{Acide phosphorique....} & 22 \\
\text{Protoxide de fer........} & 44 \\
\text{Eau.................} & 34 \\
\hline
& 100
\end{array}
$$

Ce minerai doit être rejeté avec soin par le métallurgiste ; il ne donne qu'un produit cassant à froid au plus haut degré (1).

Aucune de ces substances n'est employée dans la sidérotechnie, non pas qu'à la rigueur il ne fût possible d'en extraire le fer à l'état métallique, mais parce que leur réduction présente des difficultés qui ne peuvent se concilier ni avec la qualité du fer que l'on désire obtenir, ni avec l'économie nécessaire dans le traitement en grand des métaux. Nous laissons donc au chimiste de laboratoire le travail de ces minéraux curieux, pour passer à l'examen des cinq classes de minerais que nous avons formées.

PREMIÈRE CLASSE.

Sidéro - carbo - protoxide.

Sphœtiger eisenstein de Werner, fer spathique de Brochant, chaux carbonatée ferrifère d'Haüy,

---

(1) Karsten.

carbonate de tritoxide de fer de Beudant, carbonate de fer des chimistes, vulgairement mine de fer blanche.

Ce minerai ne se trouve à l'état de proto-carbonide que dans le sein de la terre ; sa couleur varie alors depuis le gris jaunâtre jusqu'au brun clair. Exposé à l'air, il passe bientôt au brun rougeâtre, puis au brun noir, et se constitue à l'état de carbo-peroxide ; il absorbe alors une petite quantité d'eau. La composition du carbonate pur est

$$\text{Acide carbonique} \ldots \ldots \quad 46$$
$$\text{Peroxide de fer} \ldots \ldots \ldots \quad 54$$
$$\overline{\hphantom{\text{Peroxide de fer} \ldots} 100}$$

Il contient généralement de l'eau, de l'oxide de manganèse, de la chaux et de la magnésie. La silice n'y est qu'accidentellement, peut-être à cause de la présence du carbone.

Essayé au chalumeau, il y brunit mais ne se fond pas, et devient attirable à l'aimant : il brunit également dans l'acide nitrique, et n'y fait qu'une lente et légère effervescence. Ces caractères, joints à sa pesanteur spécifique, qui est de 3,67, suffisent pour le distinguer.

Le carbo-peroxide de fer passe à la chaux carbonatée par des nuances insensibles : aussi est-ce avec raison que M. Haüy, et après lui M. Beudant, avaient considéré ce minerai comme de la chaux carbonatée mêlée accidentellement de fer. Des analyses récentes ont prouvé au contraire que la chaux n'y était qu'accidentelle, et que le minéral était bien réellement un sidéroxide. Quoi qu'il en soit, les variétés de cristallisation du fer spathique semblent appartenir à la chaux carbonatée.

Le minerai de Baireuth analysé par Bucholz, a donné,

$$
\begin{array}{lr}
\text{Protoxide de fer} \dots\dots & 59,50 \\
\text{Acide carbonique} \dots\dots & 36,00 \\
\text{Eau} \dots\dots & 2,00 \\
\text{Chaux} \dots\dots & 2,50 \\
\hline
& 100
\end{array}
$$

Il contenait quelques légères traces de manganèse. Ce métal s'y rencontre en effet très souvent, et il donne alors au fer spathique une disposition à se convertir en acier. C'est de là que lui vient le nom de *mine d'acier* : Tel est l'échantillon ci-après de Saint-Georges de Hurtière (Mont-Blanc), analysé à l'école-pratique de Moutiers.

$$
\begin{array}{lr}
\text{Protoxide de fer} \dots\dots & 55,10 \\
\text{Acide carbonique et eau} \dots & 33,50 \\
\text{Manganèse} \dots\dots & 8,00 \\
\text{Chaux} \dots\dots & 1,00 \\
\text{Silice} \dots\dots & 1,60 \\
\text{Magnésie} \dots\dots & 0,75 \\
\hline
& 99,95
\end{array}
$$

Quelquefois la magnésie s'y rencontre en assez grande quantité, et alors le minerai devient réfractaire et peut résister même à la plus forte chaleur des fourneaux. Les exemples suivans suffiront à nos lecteurs :

LOCALITÉS.	PROTOXIDE de FER.	ACID. CARB. et EAU.	OXIDE de manganèse.	MAGNÉSIE.	CHAUX.	MATIÈRES acciden- telles.	Par qui ont été faites les analyses.
Saxe.............	52,00	37,00	0,20	12,60	Traces.		
Allevard.........	49,00	36,50	0,50	11,00	*Idem.*	2,00	Berthier.
Ste.-Agnès (Isère).	59,00	94,00	1,50	5,60	*Idem.*		
Nassau-Siégen....	50,10	34,50	7,30	3,20	*Idem.*	3,00	
Bendorf.........	49,00	36,00	9,00	3,10	0,40	1,00	
Allevard.........	52,00	34,50	12,00	2,80	1,00		

Des analyses que nous venons de rapporter, il semblerait résulter, comme l'observe M. Karsten, et d'après les expériences de Collet Descotils, que *la proportion de magnésie peut varier entre 0 et 12,60 pour cent, et que la quantité de manganèse décroît à mesure que la dose de magnésie augmente.* Un simple coup d'œil sur le tableau précédent suffit pour s'en assurer.

Les échantillons cités étaient frais, et le métal y existait conséquemment à l'état de protoxide; dans ceux qui vont suivre, le fer a passé à l'état de peroxide, et l'eau et l'acide carbonique se sont en grande partie dissipés, de même que la magnésie.

LOCALITÉS.	PEROXIDE de FER.	ACID. CARB. et EAU.	OXIDE de manganèse.	MAGNÉSIE.	SILICE.	CHAUX.	OUVRAGES où sont LES ANALYSES.
Notre-Dame-des-Prés.	67,50	12,00	2,00	1,00	17,50	...	École de Moutiers.
La Valpeline...... .	73,40	7,00	7,60	...	12,80	...	Conseil des Mines.
Sainte-Agnès (Isère).	81,00	13,00	2,00	...	1,50	1,00	Journal des Mines.
Montagne de Rancié.	80,00	8,50	6,00	...	2,50	1,50	Idem.
Alpes.	84,00	14,00	1,00	...	1,00	...	Conseil des Mines.

Partout où se rencontre la houille, on trouve aussi des couches assez régulières de carbo-protoxide de fer, alternant quelquefois avec les bancs d'argile schisteuse et les veines de combustible. Ce minerai est composé de fer, de manganèse, de magnésie et de chaux, à l'état de carbonates, et d'argile, de sable et de houille, à l'état de mélange mécanique. C'est ce qu'on appelle communément le fer carbonaté argileux, le fer carbonaté lithoïde, quoique cependant il perde l'aspect lithoïde lorsqu'il est chargé de bitume ; il est ordinairement compacte, à grains fins et d'une couleur grisâtre. Voici l'analyse d'un échantillon provenant des mines de Fins (Allier).

Peroxide de fer		37,30
Oxide de manganèse		1,70
Magnésie		1,90
Chaux		6,00
Acide carbonique et eau		27,70
Argile { silice		25,00
{ alumine		0,90
		100,50

Souvent ce minerai se rencontre en morceaux isolés, en rognons de dimensions très-variables, disséminés dans les feuillets schisteux, et quelquefois dans la houille ; les mineurs d'Anzin lui donnent le nom de *claias* : tels sont les échantillons dont les analyses suivent. Le premier appartient aux mines de Barthes (Haute-Loire).

Peroxide de fer.............. 51,00
Deutoxide de manganèse........ 1,50
Chaux...................... 1,00
Acide carbonique et eau........ 29,50
Argile { silice................ 9,00
        { alumine.............. 7,00
                              ——
                                99

Il était compacte, gris-brun et légèrement micacé. Le second provient de Megescôte, dans le
même département; il avait éprouvé un commencement de décomposition, et avait pris une
teinte rougeâtre.

Peroxide de fer.............. 35,00
Deutoxide de manganèse........ 0,30
Magnésie.................... 1,60
Acide carbonique et eau........ 25,50
Argile { silice................ 26,50
        { alumine............. 11,80
                              ——
                              100,70

On a rencontré le carbo-protoxide de fer en
rognons à Pourain, près d'Auxerre (Yonne),
dans un banc d'ocre, appartenant à un terrain
tertiaire; il était brun, sans éclat, très pesant,
doué de peu de dureté, et facile à désagréger.
Il a donné à l'analyse:

Peroxide de fer.............. 57,00
Oxide de manganèse.......... 4,00
Acide carbonique et eau........ 28,00
Argile...................... 11,00
                              ——
                              100

Lorsque le carbo-protoxide de fer reste long-

temps exposé à l'air, il passe au carbo-peroxide ;
sa couleur se rembrunit, et l'altération est d'autant plus prompte qu'il est plus exposé à un air
humide. La décomposition commence d'abord à
la surface, et ne pénètre que peu à peu dans
l'intérieur ; le fer et le manganèse se suroxident
et se chargent d'eau ; l'acide carbonique détermine un bicarbonate de magnésie, qui est dissous et entraîné : il se forme alors un nouveau
minerai, qui se classe parmi les hydroxides, et
qui est connu sous le nom de *mine douce* dans
les forges. Nous en parlerons à l'article des sidéro-hydro-peroxides de fer.

Le fer spathique est un très bon minerai ; il
rend de 30 à 45 de fonte ; le fer carbonaté des
houillères donne rarement plus de 35, il ne va
quelquefois qu'à la moitié de ce produit : le premier est d'une réduction facile, et donne presque
toujours du bon fer ; le second demande plus
de manipulation, et ne donne ordinairement
que du fer médiocre, surtout lorsqu'il contient
du phosphate de fer. Il est souvent accompagné
de pyrites, qu'il est bien difficile d'en séparer
par le triage.

DEUXIÈME CLASSE.

Sidéro-Peroxide.

Roth eisenstein, Rotber eisenrahm, Rother
glaskopf, Eisen-Glimmer de Werner ; mine de
fer rouge, hématite rouge, fer micacé de Brochant ; fer oligiste écailleux, fer oxidé rouge et
hématite rouge d'Haüy ; fer oxidé rouge, luisant,
hématite et écailleux de Brongniart ; partie de
l'oxide de fer d'Hassenfratz ; peroxide de Beudant
et des chimistes.

Le peroxide de fer est le minerai le plus pur. Il a pour caractères de n'être point attirable à l'aimant ; mais il le devient lorsqu'on le chauffe au chalumeau. Sa couleur est le rouge particulier au fer peroxidé ; elle se manifeste dans le minerai, s'il a l'aspect terreux et malte ; mais s'il jouit de l'éclat métallique, on ne la trouve que dans sa poussière.

Le peroxide de fer pur devrait se composer uniquement de fer et d'oxigène, dans les proportions suivantes :

```
Fer...................... 69
Oxigène.................. 31
                        ────
                        100 (1)
```

Mais il n'en est pas ainsi dans la nature. L'hématite de la Moselle a donné à l'analyse :

```
Peroxide de fer............. 99,00
Silice, alumine............. 0,40
Oxide de manganèse......... 0,40
                          ──────
                          99,80
```

L'oxide de manganèse et l'argile ne sont ici qu'accidentels ; on trouve, en effet, dans une hématite rouge de Rothan :

---

(1) Ce qui répond à la formule F. C'est ainsi qu'on l'obtient dans un matras, en attaquant de la limaille de fer par l'acide nitrique, et faisant évaporer ensuite jusqu'à siccité.

Peroxide de fer............ 91,40
Silice..................... 2,00
Calcination................ 4,20
Perte...................... 2,40
                          ————
                           100

La perte, par calcination, provient de l'eau qui était combinée dans le minerai. Le peroxide passe en effet, par des degrés imperceptibles, à l'hydro-peroxide de fer. Dans les deux analyses suivantes, le passage du peroxide à l'hydrate est marqué d'une manière sensible. Les deux échantillons appartiennent à la mine de la Voulte (Haute-Loire). Le minerai y existe à l'état compacte, à grains très fins, d'une couleur brunâtre ; il est très lourd et très riche.

Peroxide de fer......... 78,00   93,30
Eau.....................   0,80
Argile 5,00   3,40
Perte................... 5,00   2,50
Oxide de manganèse..... 12,00
                       ————   ————
                        100   100

Le fer micacé, qu'on range ordinairement parmi les fers oligistes écailleux, et qui se caractérise par une râclure rouge de sang, se rapproche beaucoup de cette classe. Le fer y est à un haut degré d'oxidation, et il est impossible d'établir la limite qui le sépare du peroxide. Un échantillon de l'île d'Elbe, que je possède, m'a donné à l'analyse :

Peroxide de fer... 89,50
Argile........ 3,60
Chaux........ 0,40
Oxide de manganèse........... trace
Perte par calcination.......... 3,20
                                    —————
                                    96,70

TROISIÈME CLASSE.

Sidéro-Proto-peroxide.

Magnetischer-eisenstein, Eisenglanz, Eisen-Glimmer de Werner ; fer magnétique, spéculaire et micacé de Brochant ; fer oxidulé et oligiste d'Haüy ; fer magnétique et oligiste de Beudant ; fer métalloïde ou oxidulé d'Hassenfratz ; deutoxide des chimistes.

Ce minerai forme, dans toutes les nomenclatures, deux espèces distinctes : le fer magnétique et le fer oligiste. Quoique nous ne soyons pas encore arrivé à prouver la parfaite identité de ces deux substances, nous avons cru cependant devoir les ranger dans la même classe, comme présentant, le plus souvent, les mêmes caractères.

La composition du fer magnétique pur est en poids :

Peroxide.................. 69
Protoxide............... 31
                          ————
                          100

Ce qui suppose :

Fer........... 72
Oxigène.............. 28
                         ————
                         100

Celle du fer oligiste pur est, suivant M. Vauquelin, de :

Peroxide...................... 77
Protoxide.................... 23
                            ———
                            100

Ce qui suppose également :

Fer........................ 72
Oxigène.................... 28
                            ———
                            100

L'analyse faite par M. Vauquelin, dont l'exactitude est connue en pareille matière, provient d'un minerai du Brésil, et la composition citée n'a été que soupçonnée par lui ; il peut donc être permis de dire que ces minerais ont une singulière ressemblance. Tous deux, d'ailleurs, attirent le barreau aimanté, avec une différence d'intensité, il est vrai, mais cette différence ne peut être un motif suffisant pour en faire deux classes. Ils ont également l'éclat métallique ; la couleur de leur poussière varie, depuis le noir pur, dans le fer magnétique, jusqu'au brun rougeâtre, dans le fer oligiste ; leur traitement métallurgique est le même, et cette raison suffit pour en décider la classification dans un ouvrage de la nature de celui-ci.

L'action bien prononcée de ce minerai sur le barreau aimanté est un de ses caractères distinctifs ; mais lorsque cette action n'a pas assez de force, on peut le traiter au chalumeau avec le borax ; il communique à ce sel une teinte d'un vert sombre. Le fer oligiste se distingue par sa râclure rouge de sang ; le fer magnétique, par sa propriété aimantaire.

Le proto-peroxide de fer cristallise diversement : c'est là un des grands obstacles que l'on trouve à réunir les deux espèces. Les cristaux du fer oligiste dérivent du rhomboèdre obtus, et ses formes secondaires sont plus ou moins modifiées ; celle primitive du fer magnétique est l'octaèdre régulier, mais il offre une foule de variétés. Tout le monde connaît les beaux échantillons oligistes de l'île d'Elbe ; les analyses suivantes sont extraites des registres du Conseil des Mines, du *Journal de Physique*, et des travaux de l'Ecole pratique des Mines de Moutiers.

| LOCALITÉS. | OXIDE DE | | PERTE PAR CALCINATION. | SILICE. | CHAUX. | ALUMINE. |
	FER.	MANGANÈSE.				
Ile d'Elbe.	67,00	»	»	1,00	2,00	»
Idem.	55,00	3,00	2,40	2,80	1,20	6,00
Idem.	95,00	»	20 »	2,00	0,01	»

Quelquefois le fer magnétique est compacte et sans formes régulières, comme le fer du Val-d'Aoste, dont l'analyse donne :

Oxide de fer............ 99,00
Silice.................... 2,00
————
101,00

La silice n'est qu'accidentelle ici ; il en résulterait que le fer du Val-d'Aoste serait composé de :

Peroxide.................... 68,31
Protoxide.................. 30,69
Silice accidentelle.......... 2,00
                            ————
                            101,00

et par conséquent serait l'échantillon le plus pur de proto-peroxide.

Le fer oligiste spéculaire ou micacé est très brillant ; il se présente sous la forme de lames ou feuilles fragiles ; sa cassure est conchoïde et vitreuse ; il est légèrement aimantaire. L'échantillon suivant appartient à l'île d'Elbe :

Oxide de fer............... 88,00
Perte par calcination...... 2,00
Silice...................... 2,00
Chaux...................... 2,00
Trace d'alumine.
                            ————
                            94,00

On rencontre quelquefois le proto-peroxide sous forme sablonneuse et arénacée ; celui de Saint-Quai, près Châtelaudren, est fortement altérable, et se compose de :

Oxide de fer............... 86,00
Manganèse.................. 2,00
Oxide de titane.
Alumine.................... 8,00
                            ————
                            96,00

Quelquefois la proportion de silice augmente tellement, que le minerai passe à l'hyperstène. Telle est la masse qui existe à Château-Thébaud, près de Nantes, et qui est composée de :

Oxide de fer............... 44,00
Silice.................... 34,00
Maguésie................. 10,00
Oxide de titane......... 9,00
Alumine................. 3,00
                        ____
                          100

Ce minerai est d'un gris brun-verdâtre, sans éclat métallique; les petits points brillans que l'on y remarque proviennent du titane. Il est fortement magnétique.

Ainsi qu'on le voit, l'éclat brillant n'est pas toujours le caractère du proto-peroxide de fer : le monticule qui existe près de Saint-Brieux (Côtes-du-Nord) est noir terne; sa cassure est comme oolithique, quelquefois schisteuse ou fibreuse; il est très magnétique. Son analyse donne :

Peroxide de fer.......... 48,80
Protoxide de fer......... 23,40
Alumine................. 13,30
Silice.................... 11,00
Oxide de chrôme........ 0,30
Charbon et perte........ 3,20
                        ____
                          100

Le minerai de la troisième classe ne rend pas moins de 32 pour cent; celui du Val-d'Aoste a donné 76 pour cent à l'essai; en sorte qu'on pourrait prendre, pour terme moyen, 50 à 55 pour cent de fer.

QUATRIÈME CLASSE.

Sidéro-Hydro-peroxide.

Rother, Brauner, Thon et Rasen Eisenstein de Werner ; fer rouge, brun, terreux et limoneux de Brochant ; fer oxidé et fer terreux de Brongniart ; fer oxidé d'Haüy ; hydroxide de Beudant ; fer hydraté de Daubuisson ; oxide de fer d'Hassenfratz.

L'hydro-peroxide de fer est le minerai le plus abondamment répandu sur le sol de la France. Si l'on compare les dénominations qui précèdent avec celles de la 2ᵉ classe, on verra que la plupart des minéralogistes ont confondu le peroxide avec le per-hydroxide ; ces minerais ont en effet un caractère commun, celui de contenir le métal au maximum d'oxidation. Indépendamment de ce caractère, leurs variétés se ressemblent bien souvent par leur forme, leur couleur, leur manière d'être ; les deux classes passent de l'une à l'autre par des nuances bien difficiles à distinguer.

Les fers hydroxidés ont tous la même composition : ils contiennent le peroxide et l'eau dans la proportion suivante :

Peroxide de fer....... 80 à 85
Eau.................. 20   15
                     ___   ___
                     100   100

Le manganèse et la chaux ne s'y rencontrent qu'en très petite quantité ; la silice joue quelquefois un grand rôle dans leur composition ; parfois l'acide phosphorique entre dans la combinaison et détermine une espèce. On peut ainsi considérer l'hydroxide de fer sous trois points de vue, et former trois espèces auxquelles nous donnerons les noms de hydro-peroxide, hydro-sili-peroxide et hydro-phospho-peroxide de fer.

1°. L'hydroxide de fer a la poussière rouge et dure; elle ne fait point pâte avec l'eau. Ce minerai a l'aspect terreux et lithoïde; il est généralement brun, et offre ce phénomène remarquable que le peroxide qui le constitue perd la couleur rouge qui le caractérise dans la 2e classe. Quelquefois, souvent même, sa couleur passe du brun-bistre au jaune d'ocre.

Il n'existe point d'hydrate de fer pur; celui qu'on obtient dans les laboratoires a pour formule $\ddot{F}^2Aq^3$. Le fer oxidé brun fibreux, ou hématite brune, contient un peu de manganèse et quelquefois de silice en combinaison. L'échantillon suivant provient des mines de Vicdessos (Arriége) :

Peroxide de fer............	82
Peroxide de manganèse...	2
Silice................	1
Eau....................	14
	99

L'oxide de manganèse n'est pas essentiel à la formation des hydrates, puisque l'échantillon suivant, analysé par M. Vauquelin, n'en renferme pas une trace :

Peroxide de fer........	80,25
Eau....................	15,00
Silice................	3,75
	99

Ces substances n'y sont qu'accidentelles, et, comme on le voit, en petite quantité ; il en est de même de l'alumine, qui vient parfois donner à l'hydroxide un caractère argileux. Les trois analyses suivantes ont été faites sur des minerais des Arques, département du Lot :

Peroxide de fer......	80,50	80,50	71,50
Eau...............	15,00	14,50	15,50
Silice...............	5,00	5,00	5,50
Alumine.............	1,00	1,00	1,50
Peroxide de manganèse	0,50	trace	7,00
	102	101	101

2°. L'hydro-peroxide de fer passe à l'hydro-sili-peroxide, et il est presque impossible de suivre les nuances de ce passage. Généralement l'hydro-silicate de fer renferme la silice à l'état de combinaison, comme les hématites, les fers bruns compactes ; dans les autres variétés des hydrates, elle n'est guère qu'à l'état de mélange dans les quartz, le sable et l'argile qui accompagnent presque toujours le minerai. Dans la mine lenticulaire, ou fer oxidé brun granuleux de la Franche-Comté, la silice est combinée chimiquement :

Peroxide de fer.............	73
Eau.....................	14
Peroxide de manganèse......	1
Silice...................	9
Chaux	trace.
Perte...................	3
	100

Ici commence l'apparition de la chaux : dans l'échantillon suivant, provenant des usines de

M. de La Rochefoucauld dans l'Aude, la proportion en est un peu plus forte :

Peroxide de fer........................	82,70
Perte par {Eau................................ calcination. {Un peu d'acide carbonique.	9,70
Oxide de manganèse...................	3,60
Silice et quartz........................	3,20
Chaux................................	0,70
	99,90

Ce minerai est un de ceux qu'on appelle *mine douce*, et dont nous avons parlé à l'article du proto-carbonide de fer ; il provient de la décomposition du fer spathique, ce qui explique la petite portion d'acide carbonique qu'il donne à l'analyse. Ici la magnésie a entièrement disparu dans le changement qu'a éprouvé le carbonate de fer ; elle a été entraînée par l'eau, qui elle-même est en faible dose. Dans les échantillons suivans provenant d'Allevard (Isère), l'eau paraît n'avoir pas dissous toute la magnésie :

Peroxide de fer....................	79,60	80,00
Eau et un peu d'acide carbonique.	11,10	12,00
Oxide de manganèse...............	3,50	2,20
Magnésie.........................	1,00	1,40
Quartz et silice..................	4,80	4,40
	100	100

Ce minerai est d'un brun noirâtre, très tendre, tachant et grenu ; il forme des filons peu importans. Sa richesse, sa facilité à fondre et son excellente qualité, le font rechercher par les maîtres de fourneaux.

La présence de l'argile dans l'hydro-sili-peroxide constitue le fer argileux et les ocres jaune et brune. La mine en grains de la Guerche, dans le Berry (Cher), renferme :

Peroxide de fer		70
Argile { Silice		6
Argile { Alumine		7
Eau		15
Peroxide de manganèse		trace.
Perte		2
		100

Ce minerai est en petits globules, depuis une demi-ligne et moins de diamètre, jusqu'à quatre et six lignes; il est de couleur brune-jaunâtre, assez dur, pesant, à cassure lithoïde. Les grains sont formés de couches concentriques, très compactes à l'extérieur, et diminuant progressivement de densité jusqu'au centre, qui est terreux et friable.

C'est à cette variété qu'il faut rapporter le fer oxidé géodique, qui porte le nom vulgaire d'ætite ou pierre d'aigle; il est en rognons à peu près sphériques, de la couleur du minerai en grains, formé comme lui de couches concentriques qui diminuent de compacité jusqu'au noyau terreux et jaunâtre. Quelquefois le noyau est libre et séparé des couches compactes qui le renferment de toutes parts. L'ætite de l'Orne contient :

Peroxide de fer		78
Eau		13
Silice		7
Alumine		1
Peroxide de manganèse		trace.
Chaux		trace.
		99

L'argile est souvent en grande quantité, et le minerai reste cependant compacte, comme dans le fer en grains de Montauban :

Peroxide.............	60,10
Eau...................	15,00
Silice.................	12,00
Alumine.............	12,50
	99,60

Lorsque l'argile augmente, le peroxide perd tout-à-fait ses caractères métalliques ; le minerai devient friable, terne et terreux ; il se réduit facilement en poudre, tache les doigts et ne peut plus être traité avec avantage dans les fourneaux. Les quatre échantillons ci-après appartiennent à la variété des ocres, dans laquelle l'eau est en moindre dose que dans les hydroxides précédentes :

	Auxerre.	St.-Georges.	St-Amand.
Peroxide de fer....	12,00	23,00	37,00
Argile.............	80,00	63,50	54,00
Eau...............	7,60	7,00	9,00
	99,60	93,50	100,00

3°. Jusqu'à présent, nous n'avons point rencontré l'acide phosphorique dans les diverses analyses que nous avons eu occasion de citer. Il existe cependant dans les variétés d'hydroxides auxquelles nous avons donné le nom de hydro-phospho-peroxide, tantôt en faible dose, tantôt en assez grande proportion. La présence de cet acide distingue le fer terreux dont Werner a fait l'espèce des mines limoneuses, qu'il a divisées en fer des marais, des lieux bourbeux et des prairies, d'après les localités dans lesquelles on les rencontre.

L'hydro-phospho-peroxide est composé de peroxide de fer, d'eau, de phosphate de fer et parfois de manganèse. Klaproth a donné l'analyse suivante d'un fer limoneux des prairies :

Protoxide de fer.........	66
Eau...	23
Oxide de manganèse......	15
Acide phosphorique.......	8
	112

Lorsque la quantité d'acide phosphorique augmente, le minerai perd ses caractères ; il passe au fer phosphaté, à l'hétéposite et même à l'huraulite.

Le fer hydro-phosphoride est généralement brun, inclinant un peu au bleu-noirâtre ; il offre une texture peu homogène, disposée en bandes sinueuses, compactes, qui renferment de l'hydro-sili-peroxide argileux. On doit avoir grand soin de l'écarter des travaux métallurgiques, car le fer qui en provient est aigre et fragile. Cette variété est si souvent altérée par des substances étrangères et des matières terreuses, qu'elle est bien difficile à distinguer. On est souvent obligé d'avoir recours à l'analyse.

La teneur en fer des divers minerais est extrêmement variable ; elle est cependant renfermée dans de certaines limites qu'on peut raisonnablement espérer d'atteindre. D'après des expériences dont nous avons eu soin de vérifier l'exactitude, on peut former le tableau suivant de la richesse des divers oxides de fer :

Sidéro-carbo-protoxide.	Fer spathique................	40 à 50
	Fer carbonaté des houillères.	15 à 35
Sidéro-per-oxide.	Fer oxidé rouge...........	50 à 60
	Hématite rouge...........	50 à 65
Sidéro-proto-peroxide.	Fer magnétique...........	50 à 65
	Fer oligiste.............	35 à 65
Sidéro-hydro-peroxide.	Hydrate de fer...........	30 à 55
	Hydro-silicate de fer......	25 à 35
	Fer limoneux............	20 à 30

Il nous reste quelques observations à faire sur les minerais de fer ; elles sont relatives à la différence qui existe entre les variétés, et au lien qui semble réunir l'une à l'autre.

Nous avons vu précédemment qu'il n'existait que deux oxides de fer ; le protoxide et le peroxide, et que ces deux oxides se réunissaient pour former le deutoxide des chimistes, auquel nous avons donné, pour cette raison, le nom de proto-peroxide.

Le carbonate de fer est formé d'acide carbonique et de protoxide ; il contient, en outre, du manganèse et de la magnésie à l'état de carbonates. Lorsqu'il est exposé à l'air, le fer et le manganèse se suroxident, une partie de l'acide carbonique devient libre, se porte sur le carbonate de magnésie, et forme un bicarbonate soluble. Une quantité plus ou moins grande d'eau se combine avec les deux peroxides nouveaux, et les fait passer à l'hydro-peroxide, dans lequel il ne reste souvent pas une trace de magnésie.

Lorsque le manganèse domine dans le per-hydroxide de fer, le minerai est brun, et si la dose augmente, il peut passer au noir, comme dans l'hématite noire. Il est alors composé de

peroxide de fer, eau et peroxide de manganèse.
La silice et l'alumine n'y sont qu'en petite
quantité.

Il faut observer ici que les fers bruns hydratés
naturels diffèrent des minerais hydroxidés provenant de la décomposition des fers spathiques,
en ce que les derniers paraissent être moins compactes et contiennent des traces sensibles d'acide
carbonique. L'acide carbonique disparaît entièrement lorsque le minerai prend le caractère
argileux et silicide.

Le fer brun argileux contient alors du peroxide
de fer, de l'eau, du peroxide de manganèse, de
la silice et de l'alumine. La présence de l'acide
phosphorique lui donne le caractère de phosphate, que nous avons nommé hydro-phosphoride, et qui est un minerai de mauvaise qualité.

A mesure que le manganèse diminue dans le
per-hydroxide, la teinte du minerai devient
moins foncée; si l'eau y domine encore, il est
jaunâtre; la silice et l'alumine lui conservent
l'aspect terreux.

Si l'eau se retire peu à peu, le peroxide commence à reprendre ses caractères : la couleur
devient rougeâtre, passe au rouge; l'hydroxide
disparaît, le peroxide se constitue; la silice et
l'alumine ne se montrent plus que rarement; le
fer reprend sa compacité : il passe à l'hématite
rouge de la 2e classe, et à cette 2e classe elle-
même.

Cependant, on retrouve encore de temps en
temps dans le peroxide des traces de manganèse,
de silice, d'alumine et d'eau; ils semblent être
là comme pour attester l'origine du minerai;

mais ils n'y dominent point, et ne sont même qu'accidentels.

Le peroxide hématite retient encore une petite quantité d'eau et de terres; cependant, son éclat soyeux et brillant annonce déjà l'abandon de ces principes accessoires. Dans le fer micacé, l'éclat métallique se manifeste au plus haut degré; nous entrons dans les fers métalloïdes, dans le proto-peroxide, dont le caractère particulier est d'être altérable à l'aimant. Alors le fer contient les deux oxides, le manganèse et le titane dans les fers magnétiques.

Nous appuyons un peu sur la composition des minerais, parce que nous croyons que cette connaisssance est la base de la métallurgie, et que nous en déduirons par la suite des règles pour leur traitement.

Ainsi le fer spathique, qui est un bon minerai, devient réfractaire lorsque la magnésie s'y trouve en grande quantité; les hydro-peroxides donnent du fer cassant, si la silice et le phosphore y dominent. Il est donc essentiel, avant d'employer les minerais, d'en bien déterminer la nature et la composition, et cette détermination n'est pas toujours facile d'après les qualités extérieures; il faut alors avoir recours à l'essai ou à l'analyse.

CHAPITRE II.

Docimasie.

La docimasie est l'art d'essayer les minerais; elle a deux buts distincts : le premier, de connaître la composition des échantillons; le second, d'en déterminer le produit par des opérations en petit, assez semblables au travail en grand des usines. De là deux divisions : *l'analyse* et *l'essai*. L'analyse est une opération préliminaire qui doit guider le maître de forges et lui faire connaître, d'après les substances qu'il découvre dans le minerai, quels sont les flux qu'il doit employer de préférence pour obtenir une fusion convenable ; de quel combustible il doit user dans son fourneau ; quelle quantité d'air doivent donner les machines soufflantes, etc. L'essai, aidé des résultats de l'analyse, l'éclaire sur la richesse du produit ; mais il a le grand défaut de n'être jamais semblable au travail en grand. S'il n'est pas précédé par l'analyse, les substances peuvent être mal dosées ; on obtient un faux résultat. A tout prendre, l'analyse est indispensable, l'essai ne l'est pas ; mais un maître de forges prudent ne néglige aucun moyen de bien connaître la nature des matières qu'il emploie.

ARTICLE PREMIER.

De l'Analyse.

L'*analyse* est l'art de décomposer les corps, par opposition à la *synthèse* qui est l'art de les recomposer.

Les corps simples tendent plus ou moins à se combiner les uns avec les autres ; cette tendance est ce qu'on appelle *attraction moléculaire*, ou l'*affinité* des corps entre eux.

Pour décomposer les corps composés de plusieurs substances simples, il faut donc vaincre cette loi d'affinité qui les tient réunis, sans quoi il ne pourrait y avoir de séparation et par conséquent d'analyse.

L'affinité n'a pas la même intensité pour tous les corps : elle est fort grande pour ceux-ci ; elle est nulle pour ceux-là.

Si donc deux corps réunis par une affinité moyenne sont mis en présence d'une troisième substance qui ait pour l'un des corps une affinité très grande, et pour l'autre une affinité nulle, cette substance se combinera avec le premier corps et laissera le second libre : les matières qui opèrent ainsi la séparation des corps composés se nomment *réactifs*.

Les réactifs n'agissent pas toujours par décomposition ; quelquefois un simple phénomène, le changement de couleur de la combinaison, l'effervescence, etc., suffisent pour faire connaître un des élémens du corps composé.

Ainsi, si on laisse tomber une goutte d'acide muriatique sur un minéral dont on ne connaît pas la nature, et que cette goutte produise une effervescence, on en conclut que le corps essayé contient de l'acide carbonique.

Cela posé, on doit, avant de commencer l'analyse d'un minéral, s'être procuré les réactifs nécessaires pour le décomposer. Nous en donnons ici la liste.

Acides. { Sulfurique concentré et étendu d'eau.
Nitrique, *id.*
Muriatique ou hydrochlorique concentré et étendu de deux parties d'eau.

Alcalis. { Soude.
Potasse.

Réactifs.   Teinture de noix de galle.

Sels... {
Carbonate de soude.
Carbonate de potasse.
Benzoate d'ammoniaque.
Hydro-ferro-cyanate de potasse.
Chlore liquide.
Sucre.
Eau.
}

Les instrumens indispensables dans le laboratoire du maître de forges sont ceux ci-après.

Un fourneau de chimiste avec tout son appareil ;

Des creusets ;

Un chalumeau ;

Une lampe à esprit de vin ;

Des bassins d'évaporation ;

Un creuset d'argent avec sa spatule ;

Une balance et ses poids décimaux ;

Un tube à rassembler les précipités ;

Des flacons et des matras ;

Des mortiers ;

Un filtre ;

Du papier à filtrer ;

Un siphon ;

Un barreau aimanté, etc., etc.

Les manipulations chimiques en usage pour l'analyse des minéraux, sont la division, la dissolution, le pesage, le lavage, la dessiccation, la calcination et l'évaporation.

La division s'opère a l'aide d'un mortier dans lequel on réduit en poussière le minerai de fer.

La fusion du métal dans un liquide porte le nom de dissolution. Nous avons montré à l'article des acides comment cette dissolution a lieu pour le fer.

Pour peser le minerai et les résultats de l'analyse, il faut avoir une excellente balance et recourir à la méthode des doubles pesées.

Le lavage a lieu ou par un siphon, ou par un filtre. Le premier moyen porte le nom de décantation ; le second, celui de filtration. On doit continuer le lavage jusqu'à ce que les eaux ne sortent plus qu'à leur état de pureté première.

La dessiccation succède au lavage ; elle doit être faite dans une étuve à quinquet, et à l'aide d'une chaleur douce.

La calcination se fait dans un creuset de platine ou d'argent ; on y fait rougir les matières. Il faut avoir soin de peser le creuset avant et après l'opération, pour connaître la quantité de matières soumises à la calcination.

L'évaporation a pour but de séparer le liquide de la dissolution ; elle doit avoir lieu jusqu'à siccité. Il faut avoir soin de remuer la matière vers la fin de l'opération, afin d'éviter des pertes.

Supposons à présent qu'on soupçonne un minéral d'être un oxide de fer, et qu'on veuille s'en assurer.

On divisera le minerai donné et on le jetera dans de l'acide sulfurique étendu d'eau ; s'il se dégage du gaz hydrogène, on sera sûr que c'est un métal, et que ce métal est le fer, le zinc ou le manganèse.

On dissoudra ensuite une partie de l'oxide métallique dans de l'acide hydrochlorique, puis on versera dans la solution un peu d'hydro-ferrocyanate de potasse ; il se formera un précipité qui sera bleu, ou deviendra bleu par l'addition du chlore liquide. L'oxide sera alors un minerai de fer.

Si l'acide sulfurique concentré fait une vive effervescence avec le minerai, celui-ci appartiendra à la première classe, celle des carbo-protoxides.

Le peroxide pur de fer se reconnaîtra à sa couleur rouge prononcée ;

Le proto-peroxide à son éclat métalloïde et à son attraction aimantaire ;

L'hydroxide à sa couleur, à son aspect terreux et aux divers caractères que nous avons désignés.

Ce sont ces caractères déjà déterminés qui suffiront pour faire connaître la classe du minerai. Nous allons maintenant passer à son analyse.

§. I.

Analyse du carbo-protoxide.

La composition du carbo-protoxide est assez compliquée ; il contient ordinairement, oxide de fer, oxide de manganèse, carbonate de magnésie, silice, alumine, carbonate de chaux, et quelquefois carbonate de baryte.

On met le minerai réduit en poudre et pesé dans une fiole garnie d'un tube de verre contourné en spirale, on verse dessus deux fois son poids d'acide muriatique, et on pèse de nouveau pour connaître l'acide carbonique rendu libre.

Sur le minerai, ainsi dégagé d'acide carbonique, on verse quatre fois son poids d'acide muriatique, et on laisse digérer avec semblable dose d'acide muriatique jusqu'à ce qu'il n'agisse plus, ou jusqu'à ce que la teinture de galle ne change plus l'acide.

On mêle les solutions obtenues, et, ayant

concentré le tout par évaporation, on le décompose pendant qu'il bout, en y ajoutant de la soude en excès. On fait encore bouillir pendant un quart d'heure; alors l'alumine se dissout dans l'alcali excédant. On sépare le résidu insoluble par le filtre.

Pour séparer la chaux, la baryte et la magnésie, on laisse digérer le résidu dans de l'acide nitrique étendu d'eau. Les terres se dissolvent; le fer et le manganèse sont séparés par la filtration. Suivons donc d'une part la solution, et de l'autre le résidu qui contient le fer et le manganèse.

1°. Ajoutons à la solution vingt parties d'eau, et jetons-y de l'acide sulfurique jusqu'à ce que cette solution ne soit plus troublée. La baryte se précipitera sous la forme de poudre blanche insoluble, à l'état de sulfate, et la solution restante ne contiendra plus que de la magnésie et de la chaux.

On concentrera encore cette solution restante, et on la décomposera en y ajoutant du sous-carbonate de potasse : le précipité sera des carbonates de chaux et de magnésie.

On opérera la séparation de ces oxides en les couvrant d'acide sulfurique et évaporant jusqu'à siccité, et jusqu'à ce qu'il n'y ait plus de fumée; enfin on versera dessus un peu d'eau qui dissoudra le sulfate de magnésie, et laissera le sulfate de chaux. Ce qui laisse deux produits A et B; A ou la solution susdite, et B le sulfate de chaux.

A. A la solution de sulfate de magnésie, ajoutons du sous-carbonate de potasse, nous aurons du sous-carbonate de magnésie de précipité, lequel, après avoir été délivré de son acide carbonique, par une exposition à la chaleur rouge, donnera la quantité de magnésie qui était en combinaison dans le minerai.

B. Reste le sulfate de chaux à analyser. On y ajoute trois fois son poids de sous-carbonate de potasse et dix d'eau, en le répétant jusqu'à ce qu'il soit entièrement soluble dans l'acide nitrique ; on évapore cette solution nitrique jusqu'à siccité, et on la décompose par la calcination. Ce procédé fait connaître la chaux contenue dans l'échantillon.

2°. Revenons maintenant aux oxides de fer et de manganèse que nous avons laissés en arrière.

Si nous faisons digérer la masse à une chaleur douce, avec l'acide nitrique étendu et un morceau de sucre, le manganèse se dissoudra, l'oxide de fer restera, et servira à faire connaître la quantité de fer et d'oxigène combinée.

Pour connaître à présent la quantité de manganèse, on ajoutera du carbonate de soude à la solution nitrique dont le fer a été séparé, et on attendra qu'il n'y ait plus d'effervescence. Le précipité obtenu, après avoir été lavé et desséché, sera du carbonate de manganèse, dont la composition est :

Protoxide de manganèse...... 62
Acide carbonique............ 38
——
100

Or, ces 62 de protoxide contiennent :

Métal 47,74
Oxigène................ 14,26
——
62

§. II.

Analyse du peroxide de fer.

Le peroxide de fer, ou fer rouge, contient généralement de l'alumine et de la silice. Les autres substances n'y sont qu'accidentelles ; nous en parlerons en traitant de l'analyse des classes auxquelles elles appartiennent plus particulièrement.

Pour analyser ce minerai, on le réduit en poussière fine, et on le pèse exactement ; puis on y ajoute six parties de potasse ou de soude, et dix-huit parties d'eau ; on met le tout à bouillir dans un creuset d'argent, pendant deux heures au moins, en ayant soin d'ajouter de l'eau pour suppléer à l'évaporation. Enfin, on fait évaporer le mélange à siccité, et on pousse le feu jusqu'à la fusion, qu'on maintient pendant une demi-heure à la chaleur rouge.

On adoucit avec de l'eau la masse alcaline fondue ; on la transvase dans un flacon, dans lequel on verse ensuite de l'acide muriatique étendu de deux parties d'eau ; on fait digérer pendant quelques minutes, et l'on évapore jusqu'à siccité.

Sur la masse sèche, ainsi obtenue, on verse environ dix parties d'eau bouillante et l'on filtre. Le résidu insoluble est la silice.

On concentre la liqueur filtrée ; on y ajoute de la potasse ou de la soude en excès ; on fait bouillir le tout pendant quelques minutes, et on étend d'eau. Puis on laisse précipiter, ou bien on sépare le résidu par filtration, on le sèche et on le lave. Le précipité, ainsi obtenu, peut être mêlé avec un peu d'acide nitrique, et tenu, pendant quelques minutes, dans un creuset ouvert, à la chaleur rouge ; il se changera alors en peroxide, dont la composition nous est connue.

Si à la liqueur alcaline, dont le peroxide a été séparé, on ajoute de l'acide nitrique en suffisante quantité pour neutraliser la solution, on opérera la séparation de l'alumine, en y ajoutant du benzoate d'ammoniaque jusqu'à ce que le mélange ne se trouble plus. Ce précipité, après avoir été chauffé au rouge pendant une demi-heure, donnera la quantité d'alumine qui était contenue dans le minerai.

§. III.

Analyse du proto-peroxide de fer.

Pour analyser ce minerai, on en réduit une partie en poussière fine, on ajoute six parties de potasse ou de soude, et dix-huit parties d'eau. On fait bouillir le tout, pendant au moins deux heures, dans un creuset d'argent, en ayant soin d'ajouter de l'eau à mesure de l'évaporation ; enfin, on fait évaporer jusqu'à siccité, puis on pousse le feu jusqu'à fusion, qu'on maintient à la chaleur rouge pendant une demi-heure.

On mitige avec de l'eau la masse alcaline fondue, on la transvase dans un flacon, on répand dessus de l'acide muriatique étendu de deux parties d'eau, on digère pendant quelques minutes, et on évapore jusqu'à siccité.

Sur la masse sèche obtenue, il faut ensuite verser environ dix parties d'eau bouillante, et séparer la partie insoluble à l'aide du filtre. C'est de la silice.

Au liquide, d'où la silice a été séparée, et qu'on a préalablement concentré, on ajoute de la potasse et de la soude en excès; on fait bouillir le tout pendant quelques minutes, et on étend d'eau. On laisse précipiter ou on sépare par le filtre, on sèche et on lave le précipité. Ce précipité peut être mêlé avec un peu d'acide nitrique, et maintenu à la chaleur rouge, pendant quelques minutes, dans un creuset ouvert. Il se change alors en peroxide, dont la composition nous est connue.

Si au liquide alcalin, d'où l'oxide a été extrait, on ajoute de l'acide nitrique en quantité suffisante pour neutraliser la solution, on séparera l'alumine par l'addition du benzoate d'ammoniaque, jusqu'à ce que le mélange ne se trouble plus. Ce précipité, après avoir été chauffé au rouge pendant une demi-heure, donne la quantité d'alumine contenue dans le minerai.

§. IV.

Analyse des hydroxides de fer.

La plupart des hydroxides sont principalement composés de peroxide, d'alumine et de silice; ils peuvent donc être analysés d'après les méthodes que nous avons citées plus haut. Quelques uns cependant contiennent de l'oxide de manganèse, du phosphate de fer et de la silice. On peut alors les traiter par le procédé suivant :

Faites digérer, à plusieurs reprises, une partie du minerai dans de l'acide nitrique, jusqu'à ce que tout le fer soit dissous par l'acide.

Évaporez la solution jusqu'à siccité, et faites digérer le résidu dans un flacon fermé contenant de l'eau froide. Le phosphate de fer se précipitera.

Fondez le résidu insoluble trouvé d'abord, avec quatre fois son poids de soude, pendant une heure ; faites dissoudre la masse dans l'eau, filtrez et séparez la silice, en ajoutant de l'acide muriatique. Rassemblez et faites sécher.

Ajoutez au liquide, d'où la silice a été obtenue, la solution d'où le phosphate de fer a été extrait ; sursaturez de soude, et faites bouillir le mélange pendant une demi-heure : l'alumine se dissoudra dans l'excès de soude, et les oxides métalliques, ainsi que la chaux, resteront intacts. Séparez alors la partie insoluble en filtrant.

Faites digérer la masse obtenue d'abord dans de l'acide nitrique concentré ; évaporez la solution jusqu'à siccité. Répétez cette opération plusieurs fois ; digérez enfin dans de l'acide nitrique étendu, et filtrez pour séparer le liquide.

En décomposant ensuite la solution nitrique par le carbonate de potasse, et exposant le précipité à une chaleur rouge d'une demi-heure, on obtient la chaux qui était contenue dans le minerai.

Reste à obtenir les oxides de manganèse et de fer, qui ont été séparés de la solution. Pour les analyser, il suffit de se reporter à ce que nous avons dit à l'analyse du carbo-protoxide de fer (§. 1er).

ARTICLE DEUXIÈME.

De l'Essai.

On a pour but, dans l'*essai*, de déterminer la quantité de métal qui se trouve dans un minerai.

Cette opération a lieu dans des creusets ou des fourneaux, à l'aide de réactifs secs et d'une haute température ; aussi donne-t-on à cette manière d'opérer le nom d'essai par *voie sèche*, pour la distinguer de l'analyse, qui est l'essai par *voie humide*.

Puisqu'il ne s'agit, dans l'essai, que de s'assurer de la quantité de produit qui constitue la richesse du minerai, et que ce produit doit être le fer seulement, on néglige les substances étrangères qui entrent dans la combinaison, et l'opération devient alors d'une grande simplicité.

On a souvent agité la question de savoir si l'analyse est préférable à l'essai, et à laquelle des deux opérations le métallurgiste pratique doit s'en rapporter : nous ne balançons pas à répondre que la connaissance exacte de toutes les parties du minerai, ou du moins de la plus grande partie des substances qui le composent, étant nécessaire au maître de forges, pour apprécier la qualité de la fonte qui en proviendra, la nature des réactifs qu'il doit employer en grand, la manière dont le travail doit être conduit, etc., il n'a pas d'autres moyens à sa disposition, pour apprécier toutes ces circonstances, que ceux de l'analyse, et que, s'il néglige de s'éclairer par cette méthode, il ne procédera plus que par tâtonnement, et courra risque de commettre des erreurs d'autant plus graves qu'il ne sera pas à même d'en déterminer les causes.

Mais il se tromperait s'il prenait pour base de ses calculs, quant à la richesse du minerai, le résultat obtenu par l'analyse : les réactifs employés dans cette méthode, et ceux mis en action dans le fourneau, ne se ressemblent en rien. Les premiers ont pour objet de dégager le fer sans qu'il en reste une parcelle dans les solutions ; les seconds ne peuvent arriver à ce résultat : ce n'est pas du fer qu'on obtient dans le haut-fourneau, c'est de la fonte et du laitier, produits qui ne sont pas comparables ` ceux de l'analyse, et qui retiennent tous deux du métal en combinaison. L'analyse ne peut donc servir qu'à prédire avec certitude la qualité du fer à obtenir, et à déterminer, à quelque chose près, la richesse comparative du minerai. Elle n'est pas d'ailleurs sans difficultés, et rebute facilement les sidérurgistes peu instruits.

Il faut alors avoir recours à un moyen plus simple : ce moyen consiste à imiter en petit le travail en grand ; mais ici se présente un autre inconvénient : dans les petits fourneaux de docimasie il est impossible de graduer la chaleur, comme on peut le faire dans le haut - fourneau d'une usine ; on ne peut produire un coup de feu aussi violent ; les réactifs n'agissent pas avec la même intensité ; la fusion n'est pas soumise aux mêmes lois. On n'obtient ainsi que des données approximatives ; mais comme ces essais n'exigent pas des connaissances fort étendues, ils sont presque toujours employés de préférence à l'analyse.

Néanmoins, le maître de forges qui veut éclairer sa marche et ne pas s'égarer, s'assurera de la composition de ses matières par l'analyse, et de la quantité du produit par l'essai; sa route sera alors tracée : il lui sera difficile d'errer.

Lorsqu'on veut essayer un minerai, il faut d'abord avoir égard aux opérations préliminaires suivantes :

1°. Choisir dans la masse générale des échantillons qui représentent assez bien la moyenne, et ne soient ni trop riches, ni trop pauvres ;

2°. Pulvériser le minerai dans des mortiers de fonte, avec un pilon de même métal ;

3°. Passer cette poussière dans plusieurs tamis, dont le dernier doit être de soie et très-fin ;

4°. Opérer la dessiccation du minerai jusqu'à la chaleur de l'ébullition ;

5°. Calciner et peser avant et après la calcination, afin de déterminer la quantité d'eau, et l'acide carbonique qui était combiné.

Ces opérations préliminaires terminées, on prend un creuset de graphite ou d'argile réfractaire; on délaie de la poussière de charbon de bois très-fine avec de l'eau légèrement gommée; puis on en enduit l'intérieur du creuset, en ayant soin de l'appliquer fortement à l'aide d'un marteau et couche par couche : cette poussière porte le nom de *brasque*. On creuse ensuite dans la brasque une cavité destinée à recevoir le minerai et une matière qu'on appelle *le flux*, et qui n'est pas autre chose qu'un réactif chimique.

Les terres et oxides terreux qui accompagnent ordinairement les minerais de fer s'opposent plus ou moins à la réduction du métal dans les fourneaux et les creusets. On doit donc, en s'occupant de la séparation du fer d'avec l'oxigène, détruire l'obstacle qui retarde l'opération, et employer, vis-à-vis des substances étrangères, un agent qui les détache et les entraîne avec lui.

La plupart des terres mélangées d'une certaine manière et portées à une haute température, s'unissent entre elles, deviennent fusibles et se vitrifient avec une facilité que l'on ne remarque point lorsqu'elles sont séparées. On favorise conséquemment la vitrification des substances terreuses en y ajoutant une autre substance à laquelle on donne le nom de *flux* ou *fondant*.

Nous ferons de l'examen de ce flux la matière d'une section particulière, à la fin de cette seconde partie ; nous nous contenterons, pour le moment, de dire que les flux dont on fait usage dans les essais ne sont pas les mêmes que ceux dont on se sert dans le traitement en grand des minerais.

Un grand nombre de chimistes, à la tête desquels se place Bergman, ont écrit sur l'art d'essayer les minerais de fer, et ont donné pour la composition des flux des recettes plus ou moins bizarres. Gadolin a fait une étude particulière de l'effet des divers fondans, et c'est à lui que nous devons les préceptes les plus certains sur cette matière.

Quoi qu'il en soit des expériences des savans, et sans nous amuser à rapporter le résultat de leurs essais, nous croyons pouvoir déduire de nos propres travaux les règles suivantes, qui nous paraissent d'une grande simplicité.

Quel que soit le flux employé dans l'essai des minerais au creuset, le charbon forme un de ses élémens principaux. On obtient conséquemment presque toujours un culot de fonte, à moins que le minerai ne soit très pauvre et chargé de terres. Néanmoins le charbon seul ne peut que dans certains cas et très-rarement réduire l'oxide de fer. Il faut conséquemment y joindre un autre fondant.

Les minerais riches, peu chargés de terres, demanderont une addition d'égale quantité de sous-borate de soude et de phtorure de calcium (borax et spath fluor). Karsten, d'après Gadolin, porte à 10 pour cent la quantité de chacun de ces fondans.

Les minerais siliceux exigeront en outre une forte dose de chaux; on pourra sans inconvénient supprimer le borax. Un oxide de fer compacte de l'Allier, du genre hydro-silicide, a très bien fondu avec une addition de partics égales de chaux et d'alumine.

Le borax, au contraire, devient d'autant plus nécessaire que le minerai est plus pauvre. Le flux proposé par Chaptal porte 20 parties de borate, sur 2 de chaux et 10 de nitre. Le verre est encore une excellente addition, surtout lorsqu'il est à base de potasse ou de soude. Guyton-Morveau compose son flux de 16 parties de verre pilé, 2 de borax calciné, 1 de poussier de charbon.

Lorsque le minerai et le flux sont placés dans la cavité qui leur est destinée, on recouvre le tout de poussier de charbon; puis on lute le creuset et son couvercle, on les expose sur un fromage de terre réfractaire et on les entoure de charbons. Le feu d'une forge ou un fourneau *ad hoc* sont nécessaires pour activer la réduction. On doit d'abord ménager la combustion, puis pousser peu à peu le feu et lui donner enfin toute son intensité. On retire ensuite le creuset qu'on laisse refroidir et qu'on brise lorsqu'il est froid. Le culot de fonte qu'il renferme donne un aperçu suffisamment exact de la richesse du minerai.

Le succès de ces sortes d'opérations dépend en grande partie de la manière de graduer la chaleur, et de celle à laquelle le mélange est soumis. Une température très-élevée donne presque toujours un culot de fonte grise ; une faible chaleur ne produit que de la fonte blanche. On juge de l'effet de la température et on proportionne le feu à l'aide d'un indicateur pyrométrique.

CHAPITRE III.

Coup d'œil géologique.

La connaissance particulière des minerais de fer et leur classification offrent sans doute au maître de forges une étude utile et positive ; mais elles ne peuvent nullement guider ses recherches, lorsque le minerai est caché dans les entrailles de la terre, et qu'il doit aller l'y découvrir. Comment donc éclairer sa marche plus ou moins incertaine et le conduire au but d'une manière sûre et exempte de tâtonnemens ? Nous allons essayer de le faire ; mais c'est d'une position plus élevée que nous porterons nos regards sur cette science toute moderne, dont les élémens sont si étroitement liés à l'histoire du globe, et qui même aujourd'hui offre à l'esprit de système un champ vaste et non exploré.

La géologie ne se compose encore que de faits

épars, qu'aucun lien ne réunit, et qui manquent de principes généraux. Il règne donc dans l'étude des roches un vague dont presque toutes les sciences positives sont exemptes, et si l'intérêt est parfois excité par des circonstances qui expliquent d'une manière claire et précise des phénomènes de tous les jours, l'attention n'y est cependant pas attachée par la force irrésistible de l'évidence.

On a cherché à expliquer la formation du globe terrestre à l'aide de deux systèmes opposés, et ces deux systèmes hypothétiques ont rangé les géologues en deux classes : les neptuniens qui expliquent la formation des roches au moyen de l'eau ; les vulcaniens qui voient dans l'action du feu les causes de l'arrangement minéralogique du sphéroïde. Chacune de ces sectes compte dans ses rangs des noms illustres ; mais des phénomènes nouveaux, des observations profondes ne permettent guère de douter que le dernier système ne soit le seul véritable. Au moins explique-t-on facilement par cette hypothèse une foule de circonstances qui restent inexplicables avec la théorie neptunienne.

D'après cette opinion, le sphéroïde serait composé de deux parties distinctes et indépendantes l'une de l'autre : l'une extérieure, que l'on appelle écorce minérale et qui se compose de couches que nous voyons à la surface du globe ; l'autre qui forme un noyau intérieur et renferme les agens inconnus des volcans, des tremblemens de terre, des solfatares, des eaux thermales, etc. Mais la solidité qu'on remarque dans l'enveloppe extérieure s'étend-elle jusqu'au centre de la sphère ? Le vulgaire le croit, et beaucoup d'écrivains l'ont pensé. Descartes , Leibnitz , Dolomieu, Buffon, etc., prétendent au contraire que la croûte terrestre seule est solide et que l'intérieur est à l'état liquide et incandescent. En pareille matière, le doute est bien permis. Quoi qu'il en soit, c'est l'écorce consolidée qui nous intéresse ; c'est donc elle qui fera l'objet de notre étude. Dépositaire de tous les monumens minéralogiques, elle a été le siége des révolutions terrestres et éprouve continuellement l'influence de celles qui se renouvellent à sa surface.

Lorsqu'on considère en grand la réunion des matériaux du globe, on en divise la superficie en deux vastes régions : l'une primordiale et qui touche le noyau de la terre ; l'autre secondaire , qui couvre une grande partie de la première. La région primordiale paraît être le résultat du refroidissement lent de l'écorce primitive ; la région secondaire est due à une tout autre cause. On donne le nom de terrains à ces masses énormes qui, par leur association, forment les régions dont nous venons de parler. Ces terrains sont stratifiés ou non stratifiés. On entend par stratification une succession régulière de couches plus ou moins épaisses, dirigées dans le même sens, et formant la masse des différens terrains. Quelquefois la stratification est uniforme et le massif se continue dans le même sens ; quelquefois elle est incomplète, à plans rompus, et semble indiquer que les parties de terrain ont été déplacées. Dans ce cas, leur prolongement a éprouvé un mouvement en haut ou en bas, quelquefois même un mouvement de bascule.

Il règne généralement une grande confusion

dans la manière dont les couches sont placées sur la surface de la terre ; il semblerait, au premier coup d'œil, qu'elles devraient être concentriques ; mais rien n'est moins exact que cette idée : un bouleversement inconcevable semble avoir jeté le désordre dans le globe, et il est impossible de soumettre la direction générale des couches à aucun calcul certain. On remarque seulement que l'inclinaison de ces couches est d'autant plus grande qu'elles s'approchent davantage du noyau intérieur, et que les couches les plus voisines de l'atmosphère sont presque toujours horizontales.

Les couches ont quelquefois des solutions de continuité, des espèces de fentes plus ou moins régulières, plus ou moins transversales. Lorsque ces fentes sont remplies elles constituent des *filons*. Les filons se continuent parfois jusqu'à de grandes distances : au Mexique, on en a suivi pendant 12 à 13,000 mètres. Ceux qu'on exploite ordinairement pour en retirer des matières métalliques n'ont guère été suivis au-delà de 600 mètres, et leur longueur est inconnue.

Quelquefois plusieurs filons se réunissent ou se croisent dans tous les sens ; ils forment alors au point d'intersection des *amas* ou *stockwerks*. On donne aussi ce nom à des masses informes de minerai rassemblées dans le sein de la terre et n'ayant aucune communication, aucune analogie avec les roches qui les environnent.

ARTICLE PREMIER.

Étude des Terrains.

§. I. Le sol primordial constitue à lui seul la masse essentielle de la terre ; c'est l'élément fondamental de la partie consolidée. Il est divisé en deux classes : les roches non stratifiées et celles stratifiées.

La partie non stratifiée appartient à une seule grande époque de formation ; elle a plus de deux à trois lieues d'épaisseur et ne recouvre aucune roche connue. Elle se compose des terrains granitiques et des terrains de syénite.

La partie stratifiée constitue les terrains de gneiss, les roches micacées et les roches talqueuses.

1. Le *granit* est composé de $\frac{2}{3}$ de feld-spath et $\frac{1}{3}$ de quartz et de mica ; sa texture est grenue, jamais stratifiée, schistoïde ou feuilletée ; c'est la plus ancienne des roches ; elle semble faire la charpente du globe et supporter toutes les autres.

2. La *syénite* a beaucoup d'analogie avec la roche précédente dont elle a l'aspect granitiforme ; elle en diffère par la présence de l'amphibole qui remplace le quartz : dans ce cas elle est noirâtre. Si le feld-spath au contraire est abondant, cette roche prend une teinte rouge. Le proto-peroxide de fer s'y rencontre parfois accidentellement ; il est souvent combiné avec du titane.

La syénite est supérieure au granit ; elle passe à cette roche par la perte de l'amphibole et le retour du quartz. On a remarqué que l'un de ces élémens diminuait, à mesure que l'autre augmentait.

3. L'absence du quartz dans le granit constitue le *gneiss*. Le fond de cette roche est le feldspath ; le mica y est allié en moindre quantité. Le gneiss est toujours stratiforme ; il occupe des étendues de terrains considérables dans les Alpes, la Saxe, la Silésie, la Suède, la Norwége, la Finlande, les chaînes de montagnes primitives des États-Unis, les plateaux de l'Amérique, le Brésil, la presqu'île de l'Inde, l'île de Ceylan, etc. ; sa stratification est marquée plutôt par des feuillets que par des couches. Ces terrains contiennent des filons nombreux et riches en métaux ; ils sont supérieurs au granit, et intermédiaires entre cette roche et la roche micacée.

4. Les terrains *micacés* forment une association avec toutes les grandes assises du globe et reposent sur le gneiss. Le quartz est un élément de cette roche, tandis que le feld-spath au contraire n'y est qu'accidentel ; elle est schisteuse et renferme un grand nombre de mines métalliques. Le grenat s'y rencontre souvent, et c'est cette roche que M. Charpentier a prise pour du silex ; elle renferme les mêmes substances métalliques que le gneiss.

5. Les *roches talqueuses* présentent des alternations sur grande échelle, qui offrent une différence notable entre la partie inférieure et celle supérieure de ces terrains. Ces roches varient singulièrement par leur nature chloriteuse ou ferrugineuse, par la présence du carbure de fer qui s'y introduit et commence à figurer dans l'écorce de la terre. La partie supérieure a l'apparence des roches philladiennes qui se trouvent immédiatement au-dessus.

Ces roches terminent la grande série des terrains primordiaux ; elles présentent les mêmes accidens que les roches inférieures et ont dû être le résultat d'une opération à laquelle la formation de celles-ci a succédé. La force qui a disloqué les terrains primordiaux par toute la terre a dû être immense ; mais comme les terrains secondaires ont éprouvé la même dislocation, il s'ensuit qu'elle a dû opérer en plusieurs fois, et que les ruptures successives ont ainsi produit des filons de différens âges.

§. II. Le sol secondaire est loin d'avoir l'importance et l'épaisseur du sol primordial ; mais il est largement répandu sur la surface de la terre dont il occupe les $\frac{12}{20}$. Il a éprouvé aussi des bouleversemens qui sont surtout remarquables dans les parties inférieures. Les matériaux de celles-ci sont les produits de la consolidation par refroidissement ; ils participent de la nature des roches talqueuses, qui forment les couches supérieures du terrain primordial.

On divise ordinairement le sol secondaire en quatre classes, qui ont rapport à leur âge et à leur manière d'être, savoir : 1°. terrain intermédiaire ; 2°. terrain secondaire proprement dit ; 3°. terrain tertiaire ; 4°. terrain moderne. Ces classes se trouvent rarement réunies et superposées : quelquefois le sol primordial est recouvert immédiatement par le terrain moderne ; quelquefois il supporte deux, trois, quatre successions de ces roches. Le sol secondaire n'atteint pas en tout 5,000 mètres d'épaisseur ; il n'en a parfois que 50. Il est le dépositaire des débris organiques.

Première classe. — Le terrain intermédiaire recouvre le sol primordial, avec les roches supérieures duquel il a de l'analogie. Il forme une grande masse qui appartient à une seule époque et peut se diviser en deux séries : les roches philladiennes et les roches calcaires.

Les roches philladiennes sont rouges, vertes, jaunâtres ; la couleur noire indique une formation plus récente. Parmi les débris organiques, on remarque les trilobites décrits par Brongniart. Les roches amagénites anciennes sont exemptes de ces débris ; mais quand elles sont anthraciteuses, elles contiennent des empreintes de végétaux, des fougères analogues à celles des terrains houillers. Le grès quartzeux qui s'y rencontre renferme des fossiles anciens, des trilobites, des spirifères, des anthropes. L'anthracite appartient à la partie supérieure moyenne de ce terrain. En général, les amas métallifères sont peu abondans dans la première série du terrain intermédiaire : le peroxide et le proto-peroxide de fer compacte et schistoïde s'y rencontrent dans la Bretagne.

Les roches calcaires, les marbres, les amagénites sont le résultat d'une cristallisation confuse. La matière calcaire se confond parfois avec la matière philladienne et forme des roches réticulées. C'est dans cette série que commencent à paraître les premières térébratules, au milieu des trilobites, des spirifères, des anthropes, des madrépores et de quelques zoophytes singuliers ; elle contient quelquefois des matières philladiennes, amagénites, des parties siliceuses analogues au phtanite, de l'anthracite, des masses pyriteuses qu'on exploite pour la couperose, des couches et des filons de pyroxène. L'ophite antique appartient à cette série.

Parfois à la partie inférieure du terrain intermédiaire, existe le porphyre syénitique, qui
règne au-dessus des roches de syénite du terrain
primordial ; d'autres fois le porphyre syénitique
mélangé avec le porphyre pétro-siliceux a passé
au porphyre argilitique ; la wacke, les obsi-
diennes résinoïdes, les filons de syénite zirca-
nienne sont confusément amassés dans ces terrains.

Deuxième classe. — Les terrains secondaires
anciens se ressentent du bouleversement qui a
affecté les terrains intermédiaires. La partie récente de cette classe a éprouvé moins de dislocation. Ces roches contiennent des animaux vertébrés, des poissons, des reptiles, des végétaux
monocotylédons, etc.

Le grès rouge compose l'assise de cette formation ; il prend un grand développement surtout
à la partie supérieure, et contient des fossiles en
abondance. Des argiles, des schistes grossiers,
des porphyres, de l'anthracite, des wackes, accompagnent souvent cette série. Le fer oxidé
rouge globulaire, le fer carbonaté, le minerai
cloisonné, y sont disséminés. Le bouleversement qui a disloqué cette formation s'est étendu
aux roches inférieures, au terrain intermédiaire ;
elle forme une masse imposante de grès rouges,
argilifères, feld-spathiques à différens étages,
grès quartzeux, grès de kaolin, grès mêlés de
schistes.

Le terrain houiller, dont nous parlerons plus
en détail par la suite, forme aussi une masse
puissante qui appartient à la formation secondaire ; il est composé de grès de différentes espèces, de grès quartzeux, d'arkose, de psam-

mites, de schistes noircis par la houille. Les grès sont tantôt en grains fins, tantôt en poudingues formés aux dépens des terrains de gneiss. Des monocotylédons, des plantes arondinacées, des calamites, des ammonites, des térébratules, des poissons d'eau douce, etc., se trouvent empreints dans ces terrains.

Les terrains houillers ont été produits à une époque où cette formation a été terminée par une révolution immense ; les roches secondaires qui vont suivre n'ont pas la même concordance stratiforme.

La grande série de roches calcaires, de grès bigarrés, est souvent magnésifère et bituminifère ; elle renferme des amas énormes de sel gemme, de roches chargées de soufre ; sa partie inférieure est composée de débris porphyriques empruntés aux grands dépôts contemporains du terrain houiller. Ces débris sont cimentés par une pâte calcaire, ou par une matière quartzeuse ou siliceuse hydratée. Au-dessus de cette formation, arrivent le calcaire magnésien, à grains salins très prononcés, l'argile endurcie, la marne endurcie, les couches gypseuses, etc. ; l'arragonite, le sulfate de strontiane, le phosphate de chaux appartiennent à cette formation ; mais la substance la plus essentielle de ce terrain est le sel gemme. En France, cette formation a une grande étendue : tout le midi, les Pyrénées, le Vivarais, la Lozère, l'Aveyron, renferment des grès de cette nature.

La partie supérieure du terrain secondaire proprement dit est couronnée par une formation remarquable par la quantité de débris organiques qu'elle renferme. C'est le calcaire gris foncé, le calcaire coquillier, le calcaire compacte magnésien. Les fossiles y sont très nombreux; ils forment quelquefois des bancs immenses de coquilles multiloculaires, d'ammonites, de modioles, de térébratules, etc. Les animaux vertébrés y sont rares, les productus n'y existent point. La partie supérieure est souvent terminée par le vrai calcaire magnésien à grains salins, sans débris organiques. Il est probable que le carbonate de magnésie a favorisé la destruction de ces dernières matières.

Troisième classe. — Les terrains tertiaires attestent la présence d'un grand nombre de volcans sur l'ancienne surface de la terre; ils sont tantôt feld-spathiques, tantôt pyroxéniques; tantôt ils proviennent du mélange de ces élémens. Dans les premières, on remarque les roches trachytiques, oolitiques, meubles, les pierres ponces, etc.; les secondes renferment des basaltes, des dolérites, des scories, des wackes, des tuffa, des pépérites, etc. Les produits organiques y sont quelquefois nombreux : on remarque des poissons pétrifiés, des feuilles, des tiges, des coquilles, des hélix, des débris d'animaux terrestres, d'animaux sans analogues.

Quatrième classe. — Nous voici arrivé à l'époque de la dernière révolution du globe : un grand changement a eu lieu dans la face des continens, les eaux ont sillonné la surface de la terre et ont creusé des vallées profondes; elles ont laissé des traces de leur passage sur les montagnes, sur les pentes des terrains, dans les bas-fonds, au-dessus des plateaux. Le grand attérissement diluvien, quelle qu'en soit la cause, recouvre les terrains inférieurs par des roches meubles ; des escarpemens peu consistans, et des débris organiques analogues aux habitans actuels de la terre. Sa formation moderne ne peut être l'objet d'un seul doute ; il a marqué en grands caractères la fin de l'opération des terrains tertiaires et l'a terminée d'un seul coup.

Les terrains modernes peuvent être divisés en terrains diluviens et terrains post-diluviens : les premiers appartiennent à une seule époque ; les seconds se sont formés depuis et se forment encore tous les jours sous nos yeux. Les matières qui les constituent sont de l'argile et des graviers. Des blocs arrachés au sol tertiaire, des fragmens de grès, des morceaux de granits, des porphyres, des pierres calcaires, des basaltes ont roulé, se sont laissé entraîner par les eaux ; les débris organiques ont été brisés, des fossiles ont passé à l'état siliceux ; des escarpemens énormes, de vastes dépressions, se sont formés d'abord, puis ont été fermés, adoucis, modifiés par des formations successives et post-diluviennes. Il est facile de concevoir, d'après cela, les alluvions des revers des montagnes, celles des vallées, les dépôts tourbeux, les terrains de concrétion, les dépôts marins, etc.

Les terrains volcaniques récens occupent peu d'espace ; ils contiennent des débris organiques de l'espèce humaine. Leurs assises sont plus anciennes ; elles sont tantôt basaltiques, tantôt feld-spathiques. Comme ces productions modernes n'offrent aucun intérêt direct au maître de forges, nous bornerons ici l'étude des terrains.

ARTICLE II.

Gissement des minerais de fer.

On entend par *gissement*, en géologie, la position, la situation, l'arrangement, la manière d'être du minéral dans les entrailles de la terre; et par *gîte*, le lieu dans lequel il repose. (1)

Les différens minerais de fer se trouvent dans les roches sous la forme de couches, de filons ou d'amas plus ou moins considérables. Nous avons déjà montré ce qu'on devait entendre par ces expressions; il nous reste à dire un mot des amas.

Lorsque de grandes excavations, des cavités d'une certaine dimension ont été remplies de minerai, la masse du métal oxidé porte plus généralement le nom de *stockwerck;* elle prend le nom d'*amas*, si le stockwerck est peu profond et recouvert de terrain meuble au milieu duquel il est abandonné; et enfin elle s'appelle *rognon* ou *nid*, lorsque l'amas est peu considérable et a été entraîné dans des argiles, des débris, des sables, des terrains bouleversés.

1°. Les roches à base de carbo-protoxide de fer sont plus abondantes qu'on ne le pense généralement. On en distingue deux espèces : celles de carbonate spathique, et celles de carbonate houiller.

Le carbonate spathique appartient un sol primordial et au terrain intermédiaire; il existe en couches, en filons et en amas. On le trouve à

---

(1) Hassenfratz.

Baigorry (Basses-Pyrénées), dans la vallée de Vicdessos et la montagne de Rancié (Pyrénées-Orientales); en filons dans du gneiss à Allevard et à Vizille (Isère); en filons et en amas dans la même roche, à Saint-George de Hurtière (Mont-Blanc).

Le carbonate houiller se trouve quelquefois en couches dans le grès même; en France, il accompagne presque toujours la houille, tantôt en couches minces de un à deux centimètres d'épaisseur, tantôt sous la forme de rognons placés sur la même ligne que les couches. Lorsqu'il a l'aspect argiloïde, il est assez difficile à reconnaître; sa couleur est grise et il jouit d'une grande pesanteur. Il se décompose facilement, comme nous l'avons fait voir, et se sépare en fragmens lorsqu'il est exposé à l'air. Ce minerai abondant, mais peu riche, était, il y a quelques années, rejeté par les mineurs français; il fait une des principales richesses de l'Angleterre. On le trouve dans les terrains secondaires moyens et supérieurs, dans les terrains tertiaires; dans les roches à base de lignite, il contient des coquilles d'eau douce. Les environs de Saint-Étienne (Loire), Aubin (Aveyron), Anzin (Nord), etc., en renferment des quantités considérables; à Sarrebruck, il a passé à l'état de minerai cloisonné; dans les mines du département du Nord, il offre la variété curieuse du fer carbonaté argiloïde globulaire.

2°. Le peroxide de fer ou oxide rouge constitue des filons ou des couches souvent considérables dans les terrains primordiaux, comme à la Voulte (Ardèche). Quelquefois il est en filons dans les terrains intermédiaires (Hartz), ou en nids (Moutiers); à Framont (Vosges), et dans l'île d'Elbe, il accompagne d'autres minerais de fer; au Puy-de-Dôme, il existe en octaèdres, en cubes dans les fissures des trachytes; on l'exploite à Baigorry dans du carbonate de chaux; en Auvergne, dans le Vivarais, il colore les argiles qui proviennent de la décomposition des laves.

3°. Les terrains anciens, le gneiss, le micaschite offrent le gissement le plus ordinaire du proto-peroxide de fer, qui constitue quelquefois des montagnes entières (Gellivara en Laponie, Taberg en Smaland); des amas puissans (île d'Elbe), ou des filons considérables (Framont, Vosges). Il existe en cristaux disséminés dans les roches postérieures au gneiss dans les Pyrénées, dans le Saint-Gothard; dans les roches trachytiques et basaltiques du Mont-d'Or et du Puy-de-Dôme, dans les laves et les scories de l'Auvergne; quelquefois il accompagne l'hydroxide des terrains intermédiaires. La variété magnétique abonde en Suède, dans les roches talqueuses; elle existe en Corse sous la forme d'octaèdres ou dodécaèdres; à Nantes (Loire-Inférieure), mélangée avec du titane; dans les ruisseaux et les rivières de l'Auvergne et à Saint-Quay, à l'état de sable titanifère. Les belles cristallisations de l'île d'Elbe sont de fer oligiste; l'exploitation récemment entreprise dans l'Aveyron a pour objet d'extraire du fer oxidulé accompagné de grenat.

4°. L'hydroxide de fer est le plus abondant des minerais de fer; il commence à se montrer dans les terrains primordiaux stratifiés, en amas ou en couches puissantes, quelquefois en filons comme à Fillols, Rancié (Arriége), Articol

(Isère) : dans ce dernier département, il remplit des filons qui traversent une montagne de gneiss. Il est assez rare dans les terrains intermédiaires ; on l'y rencontre à Beauchamp, à Bout-Sentier (Manche) ; mais il se trouve en abondance dans les terrains secondaires, où il est au milieu des débris de mollusques et de fossiles qui les caractérisent ; dans les calcaires du Berry, de la Normandie, de la Bourgogne, du Bourbonnais ; à Montbart (Côte-d'Or), à Aisy (Yonne), à Montcenis, Couches, Toulon, Gueugnon, Perrecy, Neuvy (Saône-et-Loire) ; tantôt en grains, comme à la Guerche (Cher), dans la Franche-Comté, la Haute-Saône, etc. ; tantôt en roches comme dans la plus grande partie des terrains secondaires ; il accompagne le grès rouge de la pente nord des Vosges, se montre à Layon et Loire (Maine et Loire), sous la forme de sphéroïdes, cloisonné dans un schiste bitumineux ; forme de petits dépôts dans les terrains tertiaires à Savignier (Oise), et perd tout-à-fait son caractère de minerai dans les roches supérieures, où il ne joue plus en France que le rôle de matière agglutinante ou colorante.

CHAPITRE IV.

Extraction des minerais de fer.

Il ne peut entrer dans notre objet de traiter avec tous ses détails l'art d'exploiter les mines de fer. Nous renvoyons donc aux ouvrages qui y sont plus particulièrement destinés, et nous ne donnerons sur ce sujet que des notions abrégées et telles que le comporte un résumé de la nature de celui-ci.

Lorsqu'on veut exploiter un filon de minerai, on conduit d'abord vers ce filon un *puits* ou *bure*, tantôt verticalement, tantôt en suivant le filon même. Le but est de gagner une certaine profondeur, afin de se rendre de suite maître des eaux qui se portent vers les parties basses, et de ne pas altérer la solidité du sol. Si le filon s'étend dans une montagne, on perce, dès le commencement, à la partie inférieure de cette montagne, une galerie horizontale ; puis on remonte vers le filon par des puits verticaux, dont quelques uns doivent venir au jour pour donner l'air nécessaire aux travaux.

On perce le sol à l'aide de la pioche et de la pelle, si la terre est meuble ; avec le pic et les leviers, si la roche est tendre et facile à détacher ; au moyen d'un marteau appelé *pointrolle*, et, suivant l'occasion, en faisant sauter la mine, si le roc est dur et compacte.

A mesure qu'on avance dans le perçage du puits, ou des galeries, on soutient les terres ou les roches par une charpente ou boisage, composé de piliers de bois fortement assujettis par des traverses ou des solivettes ; quelquefois on revêt les puits ou les galeries d'un muraillement en maçonnerie, susceptible de durer beaucoup plus long-temps que les cadres de bois, mais qui exige presque toujours une dépense plus considérable.

On se débarrasse des eaux qui sortent des sources dans les parties inférieures des mines, soit en se rendant maître des sources, en les bouchant avec de la mousse et du mortier et en resserrant le tout à l'aide d'un *cuvelage* formé de madriers de chêne bien joints, et qui oppo-

sent une force puissante à la force de pression
de la source; soit en dirigeant toutes les eaux
dans des cavités nommées *puisards* et les extrayant ensuite par des machines d'épuisement;
soit enfin en formant des *galeries* presque horizontales d'*écoulement*, pour conduire les eaux
prises dans les travaux d'une montagne vers une
vallée inférieure. Ce dernier procédé est le plus
économique, mais il ne peut être mis en usage
que dans les filons qui règnent dans la partie
moyenne d'une montagne.

Plusieurs causes contribuent à vicier l'air des
mines dans les travaux profonds : la respiration
des ouvriers, la combustion des lampes, les pyrites en décomposition, les roches charbonneuses, les gaz délétères, etc. Il est utile alors
d'aérer les mines, c'est-à-dire d'y établir une
circulation d'air qui fasse passer continuellement
dans les parties inférieures de l'air pris à la surface des puits. Il suffit, pour cela, d'établir une
communication entre deux puits dont les ouvertures ne soient pas au même niveau. Les deux
colonnes atmosphériques n'étant pas égales ne
conservent pas leur équilibre, et produisent un
tirage qui renouvelle continuellement l'air dans
les galeries.

On attaque le filon par des galeries qui le suivent, soit en détachant la masse qui est au-dessus de la tête, soit en enlevant celle qui est sous
les pieds. Si le filon est oblique, on le taille en
forme d'escalier, et ce genre d'exploitation porte
le nom d'ouvrage en *gradins (stross)*.

Les minerais en masse, et qui forment des
amas très volumineux, sont attaqués par des
galeries de traverses qui vont joindre la couche.

On conduit dans la couche même une galerie d'allongement, d'où partent des ramifications qui enlèvent toute la section horizontale. Quand le minerai de cette section est épuisé, on la comble et l'on perce au-dessus des galeries semblables. On continue ainsi, en ayant soin de remplir de remblais les galeries abandonnées, et même, lorsque le minerai est friable, de laisser des piliers de soutien, soit en bois, soit en pierre.

Dans les travaux de montagne, le minerai est sorti des galeries par celle horizontalement percée dans le flanc du terrain. Dans les puits verticaux on se sert, pour l'extraire de la mine, de tonnes, qui sont montées à la surface de la terre par un manége ou un moteur quelconque. Avant de remonter la mine au jour, on en sépare grossièrement la gangue qui reste dans les galeries pour servir aux remblais, et quelquefois même on opère un triage préliminaire.

Il existe des exploitations si heureusement situées qu'elles ont lieu à ciel ouvert et à la surface du sol. Ces travaux présentent une grande économie et n'exigent aucune dépense de boisage et de percement.

Dans d'autres localités, dans les houillères, par exemple, le minerai, qui est un carbo-protoxide, est l'objet secondaire de l'exploitation, et s'extrait en même temps que la houille.

CHAPITRE V.

Préparation des minerais.

Les minerais tels qu'ils sortent des mines sont mélangés avec les roches qui forment leur gangue avec des terres dans lesquelles ils sont empâtés; leurs fragmens sont quelquefois si gros qu'il faudrait une grande perte de temps et de combustible pour parvenir à les chauffer en cet état; enfin ils contiennent de l'eau, de l'acide carbonique, du soufre, du phosphore, etc., qui produisent de mauvais effets dans les fourneaux. Il est donc nécessaire de les ramener à un état plus propre au traitement qu'ils doivent éprouver, et c'est ce qu'on appelle la préparation des minerais.

On sépare la gangue et les roches par le triage; on enlève les terres par le lavage dans l'eau; on divise et on réduit les fragmens par le bocardage, et enfin on vaporise, par le grillage, l'eau et les substances étrangères que la mine contient.

ARTICLE PREMIER.

Triage.

Le triage du minerai a lieu pour les carbo-protoxides, les peroxides, les proto-peroxides et une partie des hydroxides de fer, qu'on appelle fers en roches. Cette opération est d'une facilité très-grande; aussi y emploie-t-on de préférence les êtres faibles, les enfans, les femmes, les vieillards. Elle exige cependant quelquefois une certaine sagacité, une habitude de la mine; mais cette routine s'acquiert bien vite, et un enfant, au bout de quelques jours, peut facilement distinguer, dans presque tous les cas, le minerai de la roche qui l'accompagne.

Le trieur doit être muni d'un marteau de cassage, afin de diviser au besoin le morceau de minerai; ce marteau doit être d'un côté rectangulaire et de l'autre il doit se terminer en biseau. Le cassage s'exécute sur un *billot* de pierre dure ou mieux de fonte, quelquefois avec une *masse* ou fort marteau.

La première opération du triage est presque toujours faite dans la mine; elle consiste à séparer grossièrement les portions de roches qui ne renferment aucun minerai et qui servent de gangue au filon. Les parties qui renferment du fer sont portées hors de la mine et mises en tas, ou mieux sur des banquettes divisées en compartimens et qu'on appelle *bancs de triage*.

Si le trieur peut distinguer, par la différence de couleur, l'oxide de fer de sa gangue, il en opère la séparation à la main, ou à l'aide du marteau ou de la masse; si cette distinction ne peut être faite à l'œil, il écarte l'échantillon et en forme un tas particulier qui devra être soumis au grillage avant de revenir sous la main du trieur. Lorsque les morceaux de minerais, exploités dans des lieux humides, sont boueux et recouverts de terres, il les entasse dans un endroit destiné à cet usage, et les fait laver dans un *crible* avant de les soumettre à l'opération du triage.

Ce criblage a lieu à la main, ou dans un crible qui reçoit d'un moteur quelconque un mouvement de va et vient; il a lieu dans une cuve pleine d'eau, ou dans une eau courante, telle qu'un ruisseau.

Ainsi le travail du trieur se réduit à cinq opérations : 1°. rejeter la gangue ou la pierre qui ne contient aucun minerai; 2°. séparer le minerai attaché à sa gangue; 3°. mettre à part le minerai à griller; 4°. en faire autant du minerai boueux bon à laver ; 5°. faire un tas particulier des fragmens trop gros qu'il ne peut diviser.

Il est quelquefois utile de trier le minerai en morceaux de grosseurs variées, pour réunir en tas ceux d'une même dimension : cette opération a lieu après le premier triage et s'appelle *triage de grosseur*. Il s'exécute à travers des cribles ou des grilles de fer dont les ouvertures sont proportionnées aux fragmens qu'on veut obtenir. Quelquefois ces grilles sont inclinées et conduisent de l'une à l'autre comme dans le *crible à double bascule* représenté par la Figure première; les deux caisses A, B reçoivent par les tirans t, t un mouvement de bascule autour des axes a, a; le minerai, placé d'abord dans la caisse supérieure A, descend sur le crible b dont les ouvertures sont les plus grandes; puis, il passe dans la caisse inférieure B, où il rencontre les cribles c, d, e, de diverses dimensions, qui le reçoivent et en séparent les fragmens. On fait ordinairement passer un courant d'eau dans les caisses, et on opère ainsi tout à la fois le triage de grosseur et le lavage.

ARTICLE II.

Bocardage.

Le bocardage est comme le triage une opération purement mécanique; il se réduit à casser à l'aide de machines les fragmens de minerais qui ont résisté à la force du trieur, et qui n'ont pu être divisés avec le marteau à main ou la masse.

Les élémens de toutes les machines à bocarder sont un arbre tournant garni de cames et des pilons à mentonnets que les cames font mouvoir verticalement et dont le poids, en retombant, réduit en petits fragmens les morceaux de minerais. Les pilons sont à cet effet garnis de fer. Nous nous abstenons de donner d'autre description de ces machines.

Hassenfratz (1) a décrit un bocard de Carinthie, qui existait en 1782, chez le baron d'Eggersche. Nous donnons ici la description de cette machine ingénieuse (*Fig.* 2).

Le bocard tournant était composé d'un grillage J, de 8 à 9 pieds de diamètre, enchâssé dans un plan circulaire de bois, supporté par un arbre vertical K : douze pilons soulevés par des cames fixées dans un arbre horizontal L, tombaient alternativement sur ce grillage, pour y piler le minerai grillé que l'on y plaçait ; ce plan avait lui-même un mouvement circulaire, afin que les pilons pussent tomber sur tous les points de sa surface couverts de minerai ; des *bocardeurs* jetaient ce dernier sur la grille, les pilons le concassaient dans leur passage. Les fragmens coulaient à travers les ouvertures, d'un pouce carré, que les grilles laissaient entre elles, et les morceaux trop gros restaient sur le plan pour être soumis de nouveau à l'action du pilon, lorsqu'ils y étaient ramenés par le mouvement circulaire. Les fragmens assez petits pour passer dans les ouvertures des grilles, tombaient d'abord sur le plan de bois qui supportait le grillage, et de là sur le plancher, d'où ils étaient ramassés et triés avant d'être portés au haut fourneau.

Une roue à aubes M, mise en mouvement par

(1) *Sidérotechnie*, tom. 1ᵉʳ, pag. 177.

un courant d'eau, faisait tourner un arbre N, dans lequel étaient emmanchées deux lanternes O O; la seconde lanterne s'engrenait dans une grande roue horizontale P, portée par un arbre vertical, qui communiquait son mouvement circulaire au grillage; la première lanterne s'engrenait aussi dans une roue dentée Q, qui faisait mouvoir un arbre vertical G. Une seconde roue dentée R, fixée dans cet arbre, s'engrenait dans une autre lanterne F et mettait en mouvement l'arbre L, qui portait les cames qui élevaient les pilons. Ainsi, la même roue faisait mouvoir la grille et les pilons.

Il existe en Angleterre un procédé à l'aide duquel on réduit en une minute un tonneau (1015 k.) de pierres à une grosseur à peu près uniforme. L'appareil consiste en deux cylindres cannelés horizontaux, placés parallélement et à un pouce de distance. Les pierres sont placées dans une trémie, au-dessus des cylindres qui tournent en sens contraire. Cette machine, qui n'emploie que la force d'un cheval de vapeur, pourrait avoir des applications heureuses dans le bocardage des minerais.

ARTICLE III.

Lavage.

Chaque fois que le minerai de fer est terreux ou boueux, c'est-à-dire mélangé avec des terres ou empâté dans une substance terreuse, on a recours au lavage pour séparer les matières étrangères. La plupart des hydroxides et quelques peroxides sont dans ce cas.

L'opération du lavage n'est pas sans inconvénient ; elle enlève aux fers ocreux les parties les plus fines et les plus fusibles ; elle augmente la portion d'eau dans les hydroxides ; elle ôte aux minerais terreux, argileux, calcaires, etc., une gangue vitrifiable qu'il faut remplacer par d'autres fondans. Néanmoins, on ne peut pas toujours l'éviter, et, jusqu'à ce qu'on ait été éclairé par des expériences plus précises sur le mélange des minerais, il faudra bien avoir recours à cette méthode, toute vicieuse qu'elle est.

Lorsque la terre n'est pas fortement adhérente au minerai, on se contente de faire passer un courant d'eau dans un réservoir où un ouvrier agite continuellement la mine, l'eau entraîne les terres et une certaine quantité de minerai dans un second bassin, placé plus bas que le premier, et là, on recommence à agiter de nouveau et à dégager les terres que l'eau emporte avec elle dans un troisième bassin où l'on peut continuer encore à laver.

Le lavage a quelquefois lieu dans un *patouillet*. C'est une caisse ou une fosse longue C (*Fig.* 3) appelée *huche*, sur laquelle se meut, dans le sens de la longueur, un arbre A, armé de bras de fer *e e*. On fait passer dans la cuve C un courant d'eau, en même temps que les bras de l'arbre remuent le minerai qui y est placé et le lavent dans la huche. On peut donner à cet instrument toutes les formes qu'on désire, l'effet est le même dans tous les cas.

ARTICLE IV.

Du Grillage.

Le grillage produit presque toujours un bon effet sur les minerais, soit qu'ils contiennent des pyrites, et que la calcination convertisse le soufre en gaz acide sulfureux et en dégage ainsi une grande partie, soit qu'il amollisse la gangue, qu'il détruise la force de cohésion et prépare le minerai au jeu des affinités, soit qu'il chasse en grande partie l'eau et l'acide carbonique contenus dans certains fers.

Le soufre des pyrites se dégage avec difficulté dans le haut-fourneau ; tout ce qu'on y obtient c'est que la pyrite descende à l'état de proto-sulfure. Chaque fois d'ailleurs que l'eau est en contact, il se forme de l'acide sulfurique qu'il importe de ramener à l'état de gaz acide sulfureux. C'est ce qui s'opère en couvrant le minerai vers la fin de la calcination de poussière de charbon, ou bien en l'éteignant dans l'eau.

Le minerai et le combustible entassés dans la cuve d'un fourneau, y produisent une pression qui s'oppose plus ou moins à l'évaporation de l'eau et de l'acide carbonique. C'est ici que les bons effets du grillage se font plus particulièrement sentir. Si les gaz d'ailleurs parviennent à se dégager, ils produisent un refroidissement proportionnel à la quantité d'eau et d'acide carbonique contenue dans la mine, et quelquefois l'effet est tel qu'il équivaut à une surcharge de minerai. C'est surtout dans le fer spathique, le carbo-protoxide frais, que cet effet est à remarquer. Sa présence dans le fourneau, sans un grillage préliminaire, retarde la réduction et rend incomplète la séparation des matières.

Les hydro-phospho-peroxides ne se désemparent point de leur phosphore par le grillage. Néanmoins cette préparation leur enlève l'eau et parvient à les diviser. Quant au phosphore, nous avons déjà montré qu'une partie de l'acide phosphorique se décompose dans le haut-fourneau et que la fonte se charge de la base.

L'arsenic se dégage par la calcination ; mais il en reste encore une faible dose qui s'unit à la masse du métal. Néanmoins, ce reste ne peut communiquer de mauvaise qualité au fer, ce qui aurait lieu si le fer arsénical n'était pas soumis préalablement au grillage.

L'exposition à l'air produit des effets analogues à ceux qui résultent du grillage : elle attendrit la gangue, fait passer le fer au maximum d'oxidation, décompose le sulfure de fer plus complétement que ne le fait la calcination au feu. Le séjour à l'air atmosphérique est donc un des meilleurs moyens de préparer les minerais à la fusion ; on ne doit pas le négliger, et c'est pour cela qu'il est bon d'entasser long-temps d'avance les matières qui doivent être réduites ; cette prolongation de séjour dégage d'ailleurs la magnésie qui pourrait se trouver en combinaison.

Le grillage, d'après ce que nous venons de dire, doit être proportionné à la qualité du sidéroxide et par conséquent à l'effet que l'on veut obtenir. La calcination ne doit pas être poussée trop loin pour les minerais facilement fusibles ; elle doit être moindre pour ceux qui contiennent de l'eau et de l'acide carbonique, que pour ceux qui sont mélangés avec des pyrites. L'essentiel est de bien griller le minerai, de manière à le rendre friable et à empêcher que la surface des fragmens ne soit vitrifiée.

Dans les hauts-fourneaux qui ont une grande élévation, le minerai séjourne plus long-temps dans la partie supérieure de la cuve, et y est soumis, en quelque sorte, à un grillage particulier. Dans les fourneaux à coke on met ainsi à profit une partie de la chaleur produite par le combustible ; mais cette opération imparfaite ne favorise d'ailleurs nullement la volatilisation des substances et laisse la cuve exposée au danger d'un refroidissement.

On calcine les minerais ou en tas, ou dans des fourneaux particuliers. On forme les tas d'une manière qui a beaucoup d'analogie avec les meules de charbon. Des pièces de bois de 8 à 10 pouces de diamètre en forment la base; au-dessus, et transversalement, sont placées des bûches d'une certaine grosseur, et d'autres pièces de bois s'élèvent verticalement et de manière à faire cheminée lorsqu'elles sont retirées du tas. On dispose sur les premières bûches une couche de fraisil, et l'on étage des couches de minerai et de combustible en les faisant alterner. Puis on couvre le tout d'une enveloppe de poussier de charbon, et on met le feu.

La principale difficulté du grillage en tas, consiste dans la conduite du feu et le moyen d'obtenir un grillage bien uniforme. Pour cela, on retarde la calcination dans les endroits où elle est trop avancée, en fermant les évens formés par les vides que laissent les bûches ; ou l'on favorise la propagation du feu dans d'autres endroits où elle est peu avancée, à l'aide de poussier bien sec, ou en facilitant la circulation de l'air.

Le grillage se fait aussi dans des fourneaux de différentes formes, assez semblables à ceux que l'on emploie pour la chaux. La seule attention qui soit nécessaire dans la conduite du feu et de l'opération, est tout entière dans l'égale répartition de la chaleur, et dans le degré auquel elle doit être portée. C'est une connaissance que l'expérience donne en peu de temps.

SECTION II.

DES COMBUSTIBLES.

Les combustibles sont des substances employées dans la métallurgie pour produire une grande chaleur. La combinaison des corps, leur décomposition et, en général, tous les phénomènes chimiques qui tendent à les altérer, ne pouvant avoir lieu qu'à une haute température, les combustibles deviennent un sujet d'étude de la plus grande importance pour le maître de forges. Le choix qu'il en peut faire a beaucoup d'influence sur la qualité des produits ; mais les localités, la difficulté des transports, le prix des matières commandent souvent l'emploi de l'un préférablement à l'autre. Aucun moyen ne doit être alors négligé par le chef d'ateliers pour tirer le parti le plus avantageux de celui qui est mis à sa disposition, et c'est par des expériences comparatives, par une connaissance exacte de leur nature et de leur manière d'être, qu'il peut espérer d'y parvenir.

L'élément le plus abondant dans les combustibles ordinaires, c'est le carbone dont l'affinité pour le fer est très grande, ainsi que nous l'avons montré, il s'empare du métal, à mesure que l'oxigène s'en sépare, et en facilite la complète désoxidation. Ainsi le combustible, non seulement sert à élever la température des fourneaux, mais il remplit l'office de réactif envers le minerai de fer.

Les métallurgistes divisent les combustibles en deux classes : les *combustibles naturels* et les *combustibles préparés*. On entend par combustibles naturels ceux qui sont employés dans les arts tels qu'ils se rencontrent dans la nature, et par combustibles préparés, ceux qui sont épurés, ou rendus, par une préparation préliminaire, plus propres aux opérations métallurgiques.

CHAPITRE PREMIER.

Des Combustibles naturels.

La classification des combustibles naturels présente quelques difficultés ; elle forme deux grandes sections, les combustibles végétaux et les combustibles minéraux, fondées sur leur manière d'être dans la nature. Cependant cet arrangement si simple au premier coup d'œil, n'est pas si facile à saisir, lorsqu'on veut les étudier avec connaissance de cause. Le premier embarras qu'on éprouve est dans le classement de la tourbe : mettra-t-on cette substance au nombre des végétaux, ce que semble indiquer son origine toute végétale? la placera-t-on parmi les minéraux, ce qui paraît résulter de son gissement? Les minéralogistes se l'approprient; les botanistes la réclament : c'est qu'en effet la tourbe est intermédiaire entre la végétation et la minéralisation; c'est qu'elle est sur la limite de ces deux branches de l'histoire naturelle, et que chacune peut en revendiquer la propriété avec raison.

Cette division des combustibles en minéraux et végétaux, a été généralement adoptée, parce que, il faut le dire, nous n'avons bien connu jusqu'à ce jour, en France, que la seconde de ces deux classes; mais aujourd'hui que le dépérissement de nos forêts appelle notre attention vers des richesses que nous avions négligées, aujourd'hui que nous voilà amenés au point où était l'Angleterre en 1780, l'ancienne classification est insuffisante : il nous faut recourir à la science pour porter dans l'étude, jusqu'ici routinière, des combustibles, l'ordre et la clarté des connaissances exactes.

M. Hatchett est le premier qui ait soulevé la question de l'origine de la houille, et qui ait bien entrevu le changement qui s'opère dans les principes végétaux, lors de la destruction des plantes (1). Avant lui, Bergman (2) l'avait indiqué; mais il en avait laissé la décision à ceux qui pouvaient la suivre *in loco natali*. Plus récem-

---

(1) *Observations sur le changement de quelques uns des principes végétaux en bitume,* etc., par M. Ch. Hatchett, esq.

(2) *Producta ignis subterranei chemicè considerata.*

ment, M. Karsten (1) a abordé hardiment la question, et enfin M. Beudant n'a plus laissé de doute à cet égard. Nous n'aurons que peu de choses à ajouter aux réflexions de ces illustres écrivains.

Pour mettre de l'ordre dans notre examen, nous allons faire l'histoire particulière de chacune des substances combustibles, puis nous essaierons de les classer d'après leur nature, leur manière d'être et leur utilité dans les arts.

ARTICLE PREMIER.

Du Bois.

Presque toutes les substances végétales sont formées d'oxigène, d'hydrogène et de carbone. L'azote est quelquefois un de leurs élémens, et vient marquer leur analogie avec les matières qui composent le système animal ; mais il ne se rencontre que dans quelques plantes, et même assez rarement pour faire exception.

La graine contient les premiers matériaux de la charpente végétale ; elle renferme l'embryon et le défend de l'influence des substances extérieures, par une pellicule externe qu'on nomme *test*, le *parenchyme* à travers lequel passent les vaisseaux qui se rendent sous l'*ombilic*, et une tunique interne imperméable à l'humidité. Un seul point reste à découvert : c'est la cicatricule par laquelle la plante mère nourrissait l'embryon, l'*ombilic* qui reçoit les alimens néces-

-----

(1) *Untersuchungen über die Kohligen substanzen der mineralreichs überhaupt*, etc. Berlin, 1826.

saires à la germination et au développement des
parties végétales.

L'oxigène est le grand agent de la germination ; il enlève le carbone à l'*albumen*, et en fait
un suc nutritif, capable d'alimenter la jeune
plante. L'eau facilite cette action, charrie la matière nutritive délayée, et rend la plante plus
propre à recevoir ses alimens. Elle développe le
tissu cellulaire, et est, en ce sens, nécessaire à
l'action végétale ; mais l'oxigène seul fait germer.

Lorsque le germe s'est développé, et que les
cotylédons se sont desséchés et sont tombés, la
radicule prend de l'accroissement et jette des
rejetons chevelus dans la terre ; la plumule s'é-
lève et se divise en rameaux, les feuilles se forment, la plante végète dans l'air : les parties
vertes décomposent l'acide carbonique qui y est
contenu (1), s'emparent du carbone, s'assimilent
une partie de l'oxigène du gaz acide, et produisent du gaz azote.

---

(1) M. De Saussure plaça sept plantes de pervenche
sous un récipient, dans une atmosphère artificielle,
composée de

4199 cent. cubes de gaz azote.
1116 de gaz oxigène.
431 de gaz acide carbonique.
‾‾‾‾
5746

Cet appareil fut exposé pendant six jours de suite
aux rayons du soleil ; l'analyse de cette atmosphère
donna alors

4338 cent. cubes de gaz azote.
1408 de gaz oxigène.
0 de gaz acide carbonique.
‾‾‾‾
5746

La végétation est singulièrement favorisée par la lumière : à l'ombre, il y a respiration de carbone et par conséquent production d'acide carbonique ; la plante s'étiole et dépérit : au soleil le carbone est inspiré et la plante végète. La respiration et l'inspiration de l'oxigène n'appartiennent qu'aux parties vertes ; un arbre, dépouillé de ses feuilles, se développerait mal et finirait par succomber. Placé dans une atmosphère chargée d'acide carbonique, il ne végéterait pas, car ce gaz ne favorise sa perfection qu'autant qu'il est en faible dose dans l'air.

L'oxigène pénètre encore dans la plante par ses racines ; aussi est-il très avantageux d'ameublir le sol qui sert à sa végétation. Proches de la superficie de la terre, elles sont plus propres à l'accroissement des arbres ; dans une terre bourbeuse, aqueuse, dans du fumier, elles se divisent à l'infini et cherchent de toutes parts le gaz qui leur sert d'aliment ; dans une terre légère, au contraire, elles ne se donnent pas tant de mal. Aussi les racines pivotantes, qui ont peu de chevelu, s'y plaisent-elles généralement mieux.

Le sol fournit à la plante des sucs nutritifs, et s'appauvrit par les récoltes : de là la nécessité de le pourvoir d'engrais. L'eau favorise la réaction des élémens, dissout les sels terreux nécessaires à la végétation, les porte, par les racines, dans le sein même des plantes, et y pénètre d'autant plus facilement que la viscosité de la dissolution est moins grande. Ces phénomènes nous permettent de concevoir la nécessité du choix des fumiers, l'effet produit par la chaux et les sels projetés à la surface de la terre, et la composition alcaline des cendres végétales.

Tandis que les racines cherchent l'obscurité et les alimens humides, la tige s'élève dans l'air et la lumière, protégée par son épiderme contre les intempéries. La sève circule dans l'épaisseur du bois, par les vaisseaux poreux; l'étui médullaire se resserre peu à peu; le bois s'endurcit; l'aubier se change en bois, l'écorce en aubier; le liber se métamorphose en écorce. Les phénomènes de la végétation se manifestent sur une plus grande échelle : l'arbre se développe, se perfectionne et jouit de la plénitude de la vie.

Il suit de là que le centre est la partie la plus dure et la plus compacte d'un arbre; que cette dureté va en diminuant du bois à l'écorce, et que les branches sont plus tendres que le tronc. Aussi la végétation est-elle plus active dans les branches, la respiration y est-elle plus libre, les sels alcalins plus abondans. Mille parties de cendres d'un chêne (*quercus robur*) analysées par De Saussure ont donné :

Bois séparé de l'aubier.....   2 parties de cendres.
Aubier..   4
Ecorce (liber et épiderme
    compris). 60
Liber de cette écorce...... 73

De jeunes branches de chêne ont donné le résidu suivant de cendres, pour mille parties :

Tiges ou branches écorchées...............   4
Ecorce de ces tiges (liber et épiderme compris). 60

Les feuilles du chêne précédent donnaient 53 pour 1000 de cendres.

Les sels solubles à base de potasse, contenus dans ces cendres, sont :

Bois..........................	0,77
Aubier........................	1,28
Ecorce........................	4,20
Liber.........................	5,11
Branches écorchées............	1,04
Ecorces de ces branches.......	4,20
Feuilles......................	24,91

Nous ne tenons point compte ici du déficit énorme que produit, dans la calcination, la combinaison d'une portion des sels solubles avec les sels insolubles, par laquelle ils échappent à l'action de l'eau.

Les bois tendres acquièrent plus vite et plus facilement les sels alcalins ; ils s'en laissent aussi plus facilement dépouiller par l'eau de pluie qui les dissout : il en résulte que les bois durs contiennent, lorsqu'ils sont séchés, plus d'alcalis que les bois tendres ; que les cendres de l'écorce en sont moins chargées que celles du bois et de l'aubier. Les bois durs, à canaux serrés, reçoivent plus difficilement ces sels, mais aussi ils les gardent mieux.

La silice, qui est un élément des cendres, n'est abondante que lorsque les sels alcalins y sont en petite quantité. A mesure qu'un arbre avance en âge, la proportion des sels diminue, celle de la silice augmente. Néanmoins, elle est rare dans le tronc des arbres et beaucoup plus abondante dans les feuilles. Si la plante est exposée à la pluie, le lavage entraîne les alcalis, et la silice les remplace : il est donc important de mettre à couvert le bois qui doit servir au traitement métallurgique du fer.

Les sous-phosphates de chaux, de magnésie et de potasse, se rencontrent dans les jeunes plantes; mais ils disparaissent avec le temps, et ne figurent plus dans le bois bien formé. Le carbonate de chaux, au contraire, y est plus abondant que dans l'aubier, en raison de l'absence des phosphates. Il se trouve en très grande quantité dans l'écorce, qui, étant exposée à des lavages successifs, perd facilement ses parties alcalines, qui se renouvelle d'ailleurs lentement et est chargée d'une substance morte : l'épiderme.

Les plantes contiennent, en outre, des oxides de fer et de manganèse, dont la proportion augmente avec l'âge, et des sels qui ont pour base la potasse, la soude, la chaux et la magnésie, tels que des sulfates, des nitrates, etc.; mais ces élémens sont de peu d'importance : nous croyons pouvoir les passer sous silence.

Ainsi, l'analyse des bois donne au chimiste :

Oxigène.
Hydrogène.
Carbone.
Silice.
Chaux.
Soude.
Potasse.
Magnésie.
Oxide de { fer.
{ manganèse.
Acide acétique.

La quantité de cendres obtenues dans la combustion, dépend de la nature du sol; les élémens qui constituent ce sol ont aussi beaucoup d'influence sur la composition des cendres : si le sol est siliceux, la silice y domine; s'il est calcaire, la chaux y existe en forte dose ; s'il contient des oxides métalliques , on les retrouve dans la combustion de la plante.

Une terre forte, franche ou argileuse, convient aux essences compactes, aux arbres qui végètent vigoureusement, aux bois d'une grande pesanteur, tels que le chêne; le hêtre croît mieux dans les terrains légers et peu profonds, qui ne conservent que peu d'humidité; le charme demande une terre sèche , mais grasse et profonde ; le frêne prospère dans un sol sablonneux et léger ; l'orme dans une terre grasse et humide. Il faut au bouleau, au peuplier, et généralement aux espèces qui portent le nom de bois blancs, et qui sont classées parmi les amentacées, des terrains maigres et légers. Les terres médiocres conviennent au pin (*pinus silvestris*, *pinus picea*, *pinus abies*), ainsi qu'au châtaignier, à l'érable, au sicomore, etc.

L'exposition, le climat, la disposition du terrain sont encore des conditions importantes de la végétation : le chêne recherche une pente douce, inclinée au nord ou à l'est ; le bouleau une exposition au sud ou à l'ouest ; le châtaignier croît plus généralement dans le midi de la France ; le hêtre, au contraire, dans la partie septentrionale du royaume ; le chêne, ce roi des forêts, végète bien partout, quoique les dispositions et le terrain que nous avons indiqués lui soient plus favorables. Lorsqu'il pousse dans un sol humide, il est assez souvent accompagné de bois blanc.

On trouve rarement le sapin rouge (*pinus picea*) et le tremble isolés : le sapin n'a qu'un faible pivot et ne peut résister au vent qui le déracine ;

le tremble est fragile et se rabougrit, s'il n'est protégé par les grands arbres des influences dangereuses du vent.

Le chêne est très dur, brûle lentement et donne une chaleur forte et soutenue; le charme a les fibres moins serrées et brûle plus vite; le hêtre donne un feu clair, une flamme vive, mais dure moins; le bouleau se consume très vite et avec un grand éclat, il est très poreux et fort léger. L'érable est un bon bois, qui tient le milieu entre le hêtre et le chêne; le frêne est très propre à donner beaucoup de flamme, mais il dure peu; l'aune, le tremble et le sapin, sont des bois tendres peu économiques; le châtaignier éclate et pétille dans sa combustion.

Rumfort a fait sur la pesanteur spécifique des bois, des expériences qui tendraient à prouver que le poids de la substance ligneuse est le même pour toutes les essences. Ce résultat assez probable est sans doute remarquable dans l'intérêt de la science, mais il est de peu d'utilité au maître de forges. Nous avons pris le poids d'un pied cube de diverses espèces, et, en y joignant les expériences citées par Hassenfratz et celles de M. Hartig, qui se rapprochent sensiblement des nôtres, nous avons formé le tableau suivant de la pesanteur d'un pied cube d'essence :

Chêne sec........................	18 » kilogr.
Hêtre...........................	15 $\frac{1}{2}$
Bouleau........................	15 »
Orme...........................	13 $\frac{1}{2}$
Sapin (*Pinus abies*)............	13 »
—— (*Pinus silvestris*).........	12 $\frac{1}{2}$
Tremble........................	7 »

Ces données ne peuvent être exactes : l'in-

fluence du terrain, l'exposition et toutes les conditions nécessaires au développement de l'arbre,
apportent à leur dureté des modifications naturelles : un chêne du voisinage de Moulins, coupé
depuis un an, a pesé 12,72 kilogr. ; la même
essence prise dans les environs de Cahors, et pe-
sée après un an de coupe, a donné 17,62 kil. ;
enfin, le premier arbre, gardé pendant trois ans,
pesait, au bout de ce temps, 16,15 kilogr.

MM. Clément et Desormes sont arrivés à cette
conclusion que, sous des poids égaux, tous les
bois ont la même valeur calorifique. Ce résultat,
très probable d'ailleurs, puisqu'il est d'accord
avec l'analyse chimique, n'a pas été obtenu par
Rumfort, et ne répond pas à la pratique, qui
donne aux bois blancs une plus grande valeur
calorifique qu'aux bois durs ; mais la faute en
doit être attribuée tout entière à ce qu'on ne
brûle pas le combustible avec la vitesse convenable à sa densité, et qu'il y a toujours quelques
parties soustraites à la combustion.

Le bois de bonne qualité sur pied a l'écorce
bien filée, le tissu serré, la fibre forte et vigou-
reuse ; il est sonore, sec, et se développe largement. Un bois gras, mou, faible, qui se re-
courbe en parasol à la cime, indique une vieillesse languissante ou une maladie qui l'altère.
L'écorce qui se couvre de mousses et de lichen
annonce un dépérissement progressif. Si l'arbre
se couronne et qu'il se forme un bourrelet de
galle à l'extrémité de sa tige, la dégradation est
très grande et la plante ne tardera pas à périr.

Une réunion d'arbres de l'âge de vingt-sept ans
et au-dessous porte le nom de taillis ; on l'appelle
haut-taillis, lorsque le bois a de trente à quarante

ans; demi-futaie, s'il est parvenu entre quarante et soixante; haute futaie, jusqu'à cent vingt ans. Les forêts sont ordinairement aménagées par coupes, réglées de manière à ce que la première coupe reste tranquille et pousse pendant dix à vingt-cinq ans. Dans les bois bien réglés, la révolution d'une coupe est de dix-huit à vingt années; c'est ce qui arrive pour les forêts du gouvernement; mais les besoins des particuliers apportent des différences très grandes dans l'âge des coupes.

Le bois à brûler se vend au stère, qui est égal à un mètre cube. La corde, ou l'ancienne mesure, varie pour chaque pays et pour chaque usage.

La grande corde
   de vente..... $= 8\,p^s \times 5\,p^o \times 3\,p^s\,6\,p^o = 140\,p^s\,cub.$
Celle des eaux et
   forêts. ...... $= 8\,p^s \times 4\,p^o \times 3\,p^s\,6\,p^o = 112\,p^s\,cub.$
Dans la Bretagne
   elle est de... $8\,p^s \times 4\text{-}6\,p^o \times 2\,p^s\,6\,p^o = 90\,p^s\,cub.$
Dans le Dauphiné $6\,p^s \times 4\,p^o \times 2\,p^s\,6\,p^o = 60\,p^s\,cub.$
    Ainsi une corde de vente. ... $= 4{,}80$ stères.
    Des eaux et forêts.......... $= 3{,}84$
    De la Bretagne............ $= 3{,}08$
    Du Dauphiné.............. $= 2{,}05$

Un arpent de 100 perches carrées de 22 pieds chacune, ou 48,400 pieds carrés $= 51$ ares.

On retire ordinairement pour chaque stère de bois de chauffage, 4,5 stères de charbonage, ou 130 bourrées. Cela posé il est aisé de concevoir que le produit d'un arpent de bois dépendra, 1°. de l'âge du taillis ou des futaies; 2°. de la nature du terrain sur lequel ils végètent. Ces élémens connus ont donné lieu au tableau ci-après.

AGE de LA COUPE.	MAUVAIS SOL.		SOL MÉDIOCRE.		SOL EXCELLENT.	
	Stères.	Cordes.	Stères.	Cordes.	Stères.	Cordes.
10 ans.	9,5	2	16,5	3,5	21,5	4,5
15	12	2,5	27,5	5,75	43	9
20	18	3,75	46,5	9,75	71	15
25	25	5,25	63	13,25	100	21
30	31	6,5	80	16,75	129	27
35	33,5	7	100	21	167	35
40	33,5	7	118	24,5	200	42
50	28,5	6	148	31	267	56
60	24	5	180	37,5	334	70
70	14	3	198	41,5	382	80
80	9,5	2	220	46	430	90
90	4,5	1	229	48,5	456	96
100	»	»	243	51	487	102

La mort des végétaux est causée par la maladie ou par la vieillesse : les plantes annuelles meurent après avoir fourni leur carrière et s'être conformées aux lois de la reproduction ; les plantes vivaces renouvellent leur racine ou meurent après leur fructification qui dure souvent plusieurs années. Quelques botanistes ne croient pas à la mort naturelle des plantes ligneuses, et ils fondent leur opinion sur l'extrême vieillesse de certains arbres qui jouissent de la force vitale depuis la plus haute antiquité. Adanson cite des boababs du Sénégal qui ont, suivant lui, de cinq à six mille ans.

Quoi qu'il en soit, la nature du sol influe beaucoup sur le dépérissement des arbres ; soit qu'il ne leur fournisse pas une nourriture suffisante, et que les matières alcalines et terreuses obstruent les vaisseaux conducteurs ; soit qu'étant trop gras et trop humide, il donne un grand développement à telle ou telle partie de la plante, au détriment de quelques autres. L'eau, l'air, le vent, la lumière, les insectes, le froid, etc., sont encore des causes de lésions, d'écoulemens, de débilité, de cachexie et de putréfaction. La nosologie des végétaux, traitée d'une manière si brillante par Philippe Ré, présente une foule de maladies dont les principes sont plus ou moins connus.

Lorsque les plantes sont soustraites à l'influence de la vie, elles s'altèrent peu à peu et donnent lieu à la fermentation putride. L'eau, l'air et la chaleur jouent ici un grand rôle : il paraît que l'hydrogène et l'oxigène se dégagent en partie, que l'azote se produit et que le carbone reste l'élément principal. Le terreau qui provient de la putréfaction des matières végétales donne à l'analyse (108.,614).

Gaz hydrogène carboné........	2,456	} cent. cubes.
Acide carbonique.............	673	

Eau contenant de l'huile, des acétates ou des carbonates d'ammoniaque...............	2,81	
Huile empyreumatique........	0,59	} grammes.
Charbon.....................	3,13	
Cendres.....................	0,424	

Les cendres contiennent les mêmes principes que le bois.

L'altération des arbres a quelquefois eu lieu

dans de vastes proportions : des forêts entières se sont abîmées, ont été inclinées, submergées sous des influences qui paraissent tenir à des causes immenses. On donne à ces vastes débris le nom de forêts sous-marines. Quelquefois elles sont assez bien conservées ; on y retrouve le bois entier avec ses alcalis : dans d'autres circonstances la décomposition est plus avancée. Cependant on connaît des forêts submergées qui remontent à des époques antérieures aux temps historiques. Rarement la manière d'être du bois semble être propre à conduire à la découverte de la cause de destruction : on cite dans le *Peeland*, une assez grande quantité d'arbres qui sont couchés vers le sud-est, et paraissent indiquer que la force qui les a abattus avait une direction opposée. Nous reviendrons sur cette décomposition des troncs et des branches d'arbres ligneux : arrêtons-nous un moment sur celle des plantes herbacées et aquatiques.

ARTICLE II.

De la Tourbe.

Il existe dans certains pays des planchers durs et compactes, recouverts d'une légère couche de gazon et formés de feuilles en putréfaction, dont la décomposition peu avancée répand une odeur insupportable. Ces couches foliacées se trouvent dans les sols humides, à de légères profondeurs ; quelquefois elles sont recouvertes d'une épaisseur de deux à trois pieds de sable.

Lorsque ces planchers sont arrivés à un état d'altération plus complet, ce qui a ordinairement lieu à une profondeur plus considérable, ils constituent des masses brunâtres, compactes, odorantes et combustibles, auxquelles on a donné le nom de *tourbe* (*torf* de Werner et Karsten, *turf* de Kirwan).

La tourbe est le combustible qui offre le plus de variété dans sa contexture et sa composition : aussi est-il très difficile d'en donner une classification. Lorsqu'elle est due à la décomposition des feuilles, elle est plus serrée, plus compacte et plus pesante; si elle est produite par l'accumulation des mousses et des graminées, elle devient spongieuse et légère; des débris de végétaux peu altérés, entrelacés dans la masse, lui donnent un aspect fibreux et une pesanteur spécifique moins grande encore.

Il semblerait, d'après cela, qu'on devrait diviser les tourbes en tourbes compactes et pesantes, et en tourbes spongieuses et légères.

La tourbe contient toujours une très grande quantité de terres; celle qui provient des varecs et du *fucus digitatus* renferme plus de sels à base de soude que les autres : telle est celle des dunes septentrionales de la Hollande. La lessivation des cendres de la tourbe de Montoire (Loire-Inférieure), dont la mer arrose les marais, donne du sulfate de soude (sel de Glauber) en assez grande proportion.

Les parties constituantes de la tourbe sont extrêmement variables : il est donc bien difficile de donner, sur la combustion de ce fossile végétal, une théorie certaine. Ceci explique les nombreuses contradictions dans lesquelles sont tombées les métallurgistes les plus instruits, notamment Lampadius et Wagner, dont les expériences, ainsi que nous espérons le prouver, n'ont pas été

faites avec tout le soin possible, et dans les circonstances que la théorie indiquait. Hassenfratz
cite les cinq analyses suivantes, dont nous inter-
vertissons l'ordre, afin de nous rendre compte
de la différence de teneur en carbone.

ANALYSÉ PAR	SUBSTANCES vaporisables.	CARBONE.	CENDRES.
Mushet. . .	0,728	0,151	0,121
Thomson. .	0,750	0,240	0,017
Mushet. . . .	0,726	0,252	0,022
Marcher. . .	0,480	0,370	0,150
Id.	0,220	0,650	0,130
TOTAUX. . .	2,904	1,663	0,440

Moyenne.

Substances vaporisables. . 0,580
Carbone. 0,332
Cendres. 0,088
                              ————
                              1,000

Des analyses précédentes il paraîtrait résulter
que la quantité de cendres augmente à mesure
que la teneur en carbone diminue, *et vice versâ;*
mais on n'en peut rien induire de général, car
les tourbes contiennent des proportions de terre
extrêmement variables. Une des espèces compactes a donné à M. Blavier jusqu'à 48 pour cent

de cendres. Les trois analyses suivantes paraissent donner un résultat qui peut être pris pour le terme moyen de la composition des tourbes. Ces analyses sont dues à Bucholz.

Carbone...........	25,50	19,00	16,50	17,00
Cendres...........	21,50	23,00	30,50	30,00
Parties volatiles....	53,00	58,00	53,00	53,00
	100,00	100,00	100,00	100,00

Moyenne.

Carbone..............	19,50
Cendres..............	26,25
Substances volatiles.....	54,25
	100

Si nous rapprochons maintenant ces trois analyses des cinq précédemment citées, il nous sera permis de conclure, 1°. que les substances volatiles contenues dans les tourbes varient très peu pour les différentes espèces de ces combustibles, et qu'elles représentent 5o à 6o pour cent de la tourbe; 2°. que les 4o à 5o pour cent restant sont dus au carbone et aux cendres; 3°. que la proportion de carbone varie entre 19 et 33 pour cent.

Le choix des tourbes, d'après toutes ces observations, ne saurait être indifférent : chargée de substances terreuses, elle donne trop de cendres à la combustion, empêche le contact de l'air et obstrue les grilles de fourneaux; elle retarde la réduction du fer dans le haut-fourneau et donne de mauvais laitiers. Celle sur laquelle l'eau de mer a séjourné est très propre à l'affinage, surtout lorsque la fonte provient de la réduction au coke, en raison des sels à base de soude qu'elle contient. Les cendres, si nuisibles dans le haut-fourneau, ont, dans le feu de rechaufferie, l'avantage de défendre le fer du contact de l'air, et peuvent rendre plus de service au maréchal et au forgeron, en préservant le métal de l'oxidation. La tourbe est employée à tous ces usages dans beaucoup de pays.

La tourbe la plus pesante n'est pas toujours la meilleure : il faut que sa compacité soit très grande. On préfère, pour cette raison, celle qui est à une certaine profondeur. La tourbe légère et spongieuse, prise près de la surface, est chargée de terres en si grande quantité, qu'elle ne peut quelquefois servir à aucun usage.

ARTICLE III.

Du Lignite.

Les feuilles et les plantes herbacées ont fourni les matériaux de la tourbe : les troncs et les branches ont donné naissance au lignite. Nous comprenons sous cette dénomination les bois altérés, fossiles ou bitumineux, qui se convertissent en braise et donnent à la distillation des produits analogues à ceux du bois.

Le lignite est un combustible plus ou moins compacte (1) (compact carbonated wood), d'une couleur brune ou noirâtre, d'une pesanteur spécifique de 1,2 à 1,4, ayant souvent le tissu du bois, brûlant avec ou sans flamme, et répandant à la combustion une odeur balsamique, bitumineuse ou fétide.

---

(1) Bois fossile, jayet, houille piciforme, houille scapiforme.

La série des lignites commence aux bois altérés pour ne finir qu'à la houille ; elle est remarquable par la forme végétale conservée dans la plupart des variétés, même dans une décomposition avancée. Le volume seul est diminué, la fibre ligneuse s'est resserrée et la compacité est devenue plus grande. Le premier degré de cette série c'est le *bois fossile*, bois bitumineux (bituminose holzerd de Werner et Karsten, bituminous wood de Thomson) ; il est facile de remarquer dans cette variété les traces de l'organisation précédente ; elles sont conservées encore dans le lignite de Bovery (Devonshire), Bovery coal, Brown coal ; elles commencent à se perdre dans le jayet, cannel coal, qui passe à la houille piciforme par des nuances très délicates à saisir. Lorsque la métamorphose d'une variété en l'autre est complète, il reste quelquefois encore, dans le nouveau produit, des vestiges de la substance qui a servi à le former : le passage est marqué par des débris de la variété précédente. C'est ainsi que le lignite accompagne la houille dans toutes ses formations.

« On peut assurer sans témérité que le bois
« fossile et le lignite sont encore aujourd'hui,
« pour ainsi dire, en train de se développer :
« c'est ce que prouvent communément, dans les
« mines de lignite, les morceaux de combustible
« qui offrent un passage évident du bois fossile
« au lignite. A l'égard de la houille, on n'est
« pas aussi fondé à supposer que la formation de
« ce combustible soit encore en train de s'ac-
« complir, ou qu'un changement de rapport
« dans ses élémens dure encore et se continue ;

« mais cela n'est pas invraisemblable. » (1)

Les bois de hêtre et de chêne contiennent, d'après MM. Thenard et Gay-Lussac (abstraction faite de cendres) :

	Hêtre.	Chêne.
Carbone............	51,45	52,53
Hydrogène..	5,82	5,69
Oxigène..	42,73	41,78
	100	100

Le bois fossile de Brühl, près Cologne, a donné à l'analyse :

Carbone..............	64,10
Hydrogène...........	5,03
Oxigène...........	30,87
	100

Ainsi, dans le premier degré de la série des lignites, le fossile a acquis 11,57 à 12,65 de carbone, il a perdu une égale portion d'oxigène, son hydrogène n'a pas sensiblement varié.

Nous allons voir cet effet augmenter d'intensité dans le second degré, ou le passage du bois fossile au jayet. Ce dernier combustible, analysé d'après un échantillon de Uttweiler, sur la rive droite du Rhin, a donné :

Carbone............	77,879
Hydrogène..........	2,571
Oxigène...........	19,550
	100

(1) *Annales des Mines*, tom. XIII, pag. 126.

Enfin, la houille schisteuse, passant à celle piciforme du troisième degré, contient :

Carbone................. 82,144
Hydrogène.............. 3,233
Oxigène................ 14,623
                        ______
                        100

D'où il est évident que dans tous ses degrés de décomposition, le combustible avance en se chargeant de carbone et en cédant de l'oxigène.

Dans les analyses précédentes, nous avons considéré les combustibles comme s'ils étaient dans leur plus grand état de pureté et nous avons fait abstraction des terres combinées. Nous allons rétablir les proportions de cendres qui ont été trouvées :

	Bois fossile.	Jayet.	Houille piciforme.
Carbone.....	54,97	77,100	81,323
Hydrogène...	4,313	2,546	3,207
Oxigène......	26,467	19,354	14,470
Cendres......	14,25	1,000	1,000
	100	100	100

Le lignite est un très bon combustible employé dans plusieurs localités à des usages domestiques. Celui de la première section (bois fossile) brûle avec facilité et jette une flamme assez vive. Nous ignorons s'il est employé à quelque traitement métallurgique. Le jayet rend le service de la houille ; il brûle avec facilité et tient long-temps sa chaleur qui est assez intense.

Ces combustibles réussiraient sans doute fort bien dans le travail du fer. Ils n'ont cependant pas été essayés, quoiqu'ils présentent des avantages assez considérables.

Les cendres du lignite ne contiennent aucune trace d'alcali fixe ; elles sont en général composées de silice, argile, oxide de fer, sulfate de chaux, chaux et magnésie, dans des proportions très différentes qu'on doit attribuer, sans doute, aux circonstances locales sous l'influence desquelles s'opéra le dépôt des matières dans les gîtes naturels de ces combustibles.

ARTICLE IV.

De la Houille.

Schwartz kohle de Werner ; steinkohle de Karsten ; mineral carbon impregnated with bitumen de Kirwan ; block coals de Thomson ; merda di diavolo des Siciliens ; vulgairement charbon de terre.

De tous les combustibles employés dans la métallurgie, celui qui paraît devoir jouer le plus beau rôle c'est, sans contredit, la houille. Répandue avec une sorte de profusion dans l'écorce du globe, elle est destinée à survivre à nos forêts et à fournir aux exigences de la société un aliment que nos bois lui refuseront bientôt. Son abondance, sa facile extraction, la modicité de son prix l'ont placée au premier rang, quant à sa valeur domestique ; son inflammabilité, sa teneur en carbone, sa valeur calorifique, lui accordent une des premières places dans l'économie industrielle.

A l'entrée de la houille, le combustible perd un de ses caractères qui le rattachait à l'organisation végétale : le lignite donnait de l'acide acétique à la distillation, on n'en retrouve dans la houille qu'avec les variétés qui se rapprochent le plus du bois fossile. En général les substances que donne ce dernier sont carbone, bitume, terre et acide ; celles laissées par la houille sont carbone, bitume et terre. L'ammoniaque manifeste sa présence dans les deux espèces.

Ces produits de la voie sèche sont facilement reconnaissables dans les deux combustibles : le lignite donne plus de bitume; celui-ci est plus clair, plus transparent, moins chargé de carbone. Dans la houille, il est plus épais et laisse un fort résidu charbonneux. Les analyses suivantes peuvent donner une légère idée de la teneur en carbone de certaines houilles.

HOUILLE DE	CARBONE.	BITUME.	CENDRES.	PESANTEUR spéc.
Whitehaven...	57	41,30	1,70	1,26
Newcastle.....	58	40	. . .	1,27
Wigan........	61,70	36,70	1,60	1,27
Leiltrin.......	71,40	23,40	5,20	1,35
Swansey.....	73,60	23,20	3,30	1,36

Sans doute, on pourrait citer de nombreuses exceptions; mais le plus grand nombre des analyses prouvera toujours que le bitume diminue

dans les houilles à mesure que le carbone augmente et par conséquent la pesanteur spécifique;
car le poids des bitumes n'excède jamais 1,2 :
il n'est que de 0,836 dans le naphte.

Le bitume augmente la porosité de la houille,
surtout lorsqu'il se dégage avec la fumée noire
qu'on lui connaît. Il rend donc le combustible
plus facile à brûler. Ceci peut conduire à la classification des houilles, suivant leur degré de
combustibilité. Lorsque nous parlerons du coke,
nous verrons quel rôle le bitume joue dans la
carbonisation.

La quantité de carbone du combustible minéral varie entre 40 et 90 pour cent. Au-dessous
du premier nombre, la houille n'est qu'un lignite
peu avancé en décomposition; au-dessus de 90,
elle perd ses principales qualités et passe à l'anthracite. Si l'effet calorique, produit dans un air
convenable, est en raison directe de la teneur en
carbone, nous savons aussi que la combustibilité
suit une loi contraire : lorsque la houille contient
plus de 80 pour cent de carbone, il est rare d'y
rencontrer du bitume qui est presque toujours
un des caractères du combustible de bonne qualité.

Beaucoup de personnes attribuent exclusivement à la présence du bitume la propriété que
possèdent certaines houilles de se boursoufler
en brûlant; cette opinion n'est fondée que jusqu'à une certaine limite, et Karsten l'a combattue
avec raison. S'il fallait admettre cette assertion
avec toutes ses conséquences, il s'ensuivrait que
la bonté de la houille (considérée sous le rapport de sa qualité collante) dépendrait de la
dose de bitume qu'elle contient, ce qui ne peut

être vrai dans toute son extension. Nous verrons à l'article du coke jusqu'à quel point on peut admettre cette distinction.

Il n'y a point de doute que d'une juste proportion de carbone et de bitume ne dépende la bonne qualité de la houille ; mais la quantité de terres vient contrarier singulièrement cette disposition. La présence de ces matières ne paraît soumise à aucune règle ; elles varient beaucoup et présentent dans les mêmes localités quelquefois des différences notables : quelquefois, elles s'interposent entre les galets ou feuilles du combustible, et lui donnent un aspect terreux et fendillé ; parfois elles se mêlent à la masse charbonneuse et en altèrent toutes les qualités. Dans une couche de houille, les parties qui se trouvent en contact avec la gangue, le toit et le lit, donnent les plus mauvaises espèces pour le traitement du fer ; aussi les bancs minces passent-ils souvent au schiste bitumineux. Dans une couche puissante, on doit préférer les parties centrales, comme celles dont la qualité est moins susceptible d'être altérée. Voici quelques exemples d'analyses dans lesquelles on peut voir quel rôle jouent le plus souvent les cendres dans la composition du combustible.

HOUILLE DE	CARBONE.	SUBSTANCES volat.	CENDRES.
La Marck....	88,680	11,320	0,000
Kilkenny....	74,470	25,030	0,500
Westphalie..	92,020	3,380	0,600
Newcastle. ..	84,263	14,874	0,863
Westphalie..	92,101	6,899	1,000
Eschweiler...	89,1614	9,6586	1,1800
Alfreton.....	52,47	45,50	2,04
Boulavoonen.	82,97	13,80	3,24
Butterly.....	52,88	42,80	4,29
Welsh......	84,17	9,10	6,73
Schisteuse...	69,74	16,66	13,50
Cannel coal..	47,60	23,50	20,00

Veut-on savoir quelle est la composition de
ces cendres? On la trouvera dans le travail ci-
après, fait à l'école des mines de Moustiers :

ESPÈCES.	GISSEMENT.	EAU, HUILE, GAZ.	CARBONE.	OXIDE DE FER.	SILICE.	CHAUX.	PYRITE.
Sèche...	Champany....	2,00	59,20	14,70	7,60	»	21,60
Maigre.	Entrevernes..	39,50	47,80	6,90	»	5,10	»
Grasse..	Rive de Giers.	41,00	62,00	2,20	1,50	»	»

Quelquefois il s'y rencontre de l'alumine,

mais en très petite quantité : la houille tarentaise analysée par Dolomieu a donné :

Carbone................	72
Substances vaporisables..	08
Oxide de fer............	10,40
Silice................	1,30
Alumine............	0,30
	92,00

Il semble, d'après toutes ces considérations, que la meilleure classification des houilles, sous le rapport métallurgique, est celle qui les divise en houilles grasses et houilles maigres. La houille la plus bitumineuse est à la tête de la première classe ; celle qui contient le plus de carbone forme le dernier degré de la seconde. On voit que les variétés passent insensiblement de l'une à l'autre et descendent jusqu'à l'anthracite, qui est une houille entièrement dépourvue de bitume.

Cette division a le grand avantage d'être en même temps scientifique et de s'accorder parfaitement avec la pratique du chef d'atelier le moins instruit : la houille grasse est généralement très combustible, donnant une flamme longue et intense ; elle se gonfle au feu, se boursoufle et semble bouillir (caking coal); elle s'agglutine très facilement, grâce au bitume qu'elle contient en abondance, et laisse peu de résidu, attendu qu'elle est presque pure. Son aspect varie, mais sa structure est plus généralement lamelleuse (blatter kohle), ou schisteuse (schiefer kohle). Telles sont les houilles de Saint-Étienne, Anzin, le Creusot, etc.

La houille maigre ou peu bitumineuse forme

la seconde classe : il serait bien difficile de fixer le premier degré de cette échelle ; elle finit à l'anthracite, combustible dans lequel le bitume manque totalement.

La houille maigre est moins noire que l'espèce précédente ; sa couleur varie du brun foncé au gris de fer ; elle est plus pesante puisqu'elle est plus forte en carbone, brûle en conséquence avec plus de difficulté, ne se gonfle point dans la combustion, ne jette point de flamme, et ne donne à la distillation ni bitume ni ammoniaque. Il faut rapporter à cette variété les houilles de La Mothe, du Peschanard, près de Grenoble, celles des environs de Marseille, d'Aix et de Toulon.

Il est facile de concevoir maintenant que la pesanteur spécifique va en augmentant depuis la houille la plus grasse jusqu'à celle la plus maigre, et que cette pesanteur dépend presque uniquement de la plus ou moins grande quantité de carbone combiné : la densité de la houille d'Alfreton, qui renferme $45\frac{1}{2}$ pour cent de matières volatiles, est 0,98 ; celle de la houille de Corgée qui n'en contient plus que 9 pour cent, est 1,656 ; la houille de Kilkenny, qui passe à l'anthracite, est d'une densité de 1,8.

Il n'est pas impossible, d'après cela, de trouver la pesanteur de chaque espèce de houille en France ; mais comme ce calcul peut présenter quelques difficultés, nous donnons ici le poids d'un hectolitre de houille des principales mines de France.

Le Creusot	79 à 80	kilogr.
Decize	82 à 83	
Saint-Etienne	83 à 84,5	
La Taupe	85 à 86	
Anzin	85 à 86	
Combelle	86 à 87	
La Barthe	88 à 89	

Ces poids ont été pris sur des houilles demi-grosses et mélangées, dont les morceaux laissaient quelques vides dans la mesure de l'hectolitre. C'est pour cela que le résultat obtenu diffère tant de celui que désignait la théorie.

Toutes les considérations qui précèdent, quoique purement théoriques, nous conduisent à assigner à chaque espèce de houille la place qui lui convient le mieux dans les arts et la métallurgie. Nous allons emprunter ces détails au Mémoire de M. Karsten sur les combustibles minéraux. (1)

Ce savant illustre divise toutes les houilles en trois sections, d'après les charbons ou cokes qu'on en peut obtenir. La classe des houilles à coke boursouflé se rapporte à la houille grasse; celles à coke pulvérulent répond à la houille maigre; les houilles à coke fritté occupent le milieu.

D'après l'extrême variété de composition des houilles, il est facile de voir que plus la houille est riche en carbone, plus il faut qu'il se développe de chaleur dans sa combustion; car, pour

---

(1) *Untersuchungen über die Kohligen substanzen des mineralreichs überhaupt*, etc. Berlin ; et *Annales des Mines*, tom. XIII.

se décomposer, elle exige d'autant plus d'oxigène qu'elle contient plus de carbone. D'un autre côté, la faculté de s'allumer décroît dans le même rapport : aussi de semblables houilles ne peuvent-elles brûler qu'avec le secours d'une puissante affluence d'air. Par cet inconvénient, et parce que d'ailleurs une houille très pauvre en oxigène et en hydrogène donne peu de flamme, l'avantage de pouvoir développer beaucoup de chaleur est comme anéanti dans les houilles à coke pulvérulent (houille maigre), avec une grande teneur en carbone. C'est pourquoi, dans tous les cas où la caléfaction doit être opérée par le moyen de gaz qui brûlent, c'est-à-dire avec flamme, les houilles à coke pulvérulent, avec une grande teneur en carbone, doivent céder le pas aux houilles à coke boursouflé (houille grasse), avec grande teneur en carbone.

Au contraire, ces mêmes houilles à coke pulvérulent font le meilleur service dans les cas où le combustible se trouve immédiatement en contact avec les corps à échauffer ou à fondre : par exemple, dans la cuisson de la chaux et des briques, dans le grillage des minerais, et pour souder le fer dans une forge de maréchal. Mêlées avec des houilles à coke très boursouflé et à grande teneur en carbone, elles seraient aussi très susceptibles d'emploi dans les feux de flamme. Pour de telles destinations, les houilles à coke boursouflé, ou du moins celles qui se boursouflent très fortement, ne conviennent pas, employées seules : c'est parce que ces houilles, en se gonflant sur la grille, empêchent l'accès de l'air, ou plutôt rendent difficile le dégagement de l'air décomposé, et s'opposent ainsi à l'activité du tirage.

Dans les cas où il s'agit de produire une très forte chaleur, ces mêmes houilles ne conviendraient pas non plus, parce qu'elles donneraient une vive chaleur de fusion , qui à la vérité serait prompte, mais qui ne se soutiendrait pas. Un combustible excellent pour ce dernier objet, c'est la houille à coke fritté (houille grasse moyenne), soit qu'elle ait beaucoup, soit qu'elle ait peu de teneur en carbone ; mais elle convient encore mieux au service du fourneau à flamme, si elle passe à la houille à coke boursouflé.

Pour les feux ordinaires de ménage, pour les chauffes de machines à vapeur, pour le service des brasseries et des distilleries, la houille à coke boursouflé, avec grande teneur en carbone, est celle qui convient le mieux, parce que là on n'a pas besoin d'une forte chaleur de fusion. On l'emploie aussi de préférence, dans plusieurs cas, pour souder le fer et l'acier, parce que ce combustible forme une voûte naturelle, sous laquelle on peut donner au fer la chaude suante, sans l'exposer au vent des soufflets.

La houille à coke fritté, avec une moindre teneur en carbone, est encore un excellent combustible pour développer une chaleur prompte et tout à la fois soutenue. S'agit-il moins d'obtenir une forte chaleur, que de profiter complétement de la flamme? on peut encore employer très avantageusement les houilles à coke boursouflé avec une moindre teneur en carbone.

La houille à coke pulvérulent, avec teneur moyenne en carbone, n'est pas propre à développer une forte chaleur ; elle convient encore moins pour cet objet, si la teneur en carbone est très faible. C'est alors la plus mauvaise sorte de houille, car la chaleur qu'elle produit n'est ni prompte ni soutenue.

Cette manière de se comporter des houilles en général peut cependant être considérablement modifiée par d'autres circonstances. Le charbon de bois minéral, qui ne manque presque jamais de s'y trouver, et qui, en sa qualité de houille à coke pulvérulent, avec une excessive teneur en carbone, est déjà très difficile à s'allumer, le devient encore davantage par sa contexture, qui empêche l'accès de l'air. Dans les bonnes houilles, soit à coke boursouflé, soit à coke fritté, l'obstacle qui résulte du mélange d'une grande quantité de charbon de bois minéral devient moins sensible ; mais une houille à coke pulvérulent peut devenir ainsi tout-à-fait incapable de servir, parce que la masse en devient trop compacte, ce qui arrête le passage de l'air.

Un autre obstacle encore provient de la quantité de terre qui se trouve mêlée dans la masse du combustible. Une houille qui laisse beaucoup de cendre ne peut servir, ou du moins ne développe qu'une chaleur lente et faible, parce que la cendre s'oppose à l'accès de l'air. Cet obstacle se présenterait encore dans le cas où le corps même du combustible laisserait, à la vérité, peu de cendres, mais où la couche serait comme entremêlée d'argile ou de schiste. Est-ce le corps même de la houille qui se trouve très divisé par de nombreuses fissures ou cloisons ? Cette circonstance peut, s'il s'agit d'une houille à coke pulvérulent, la rendre tout-à-fait inca-

pable de servir ; car une telle houille, en brûlant, tombe en petits morceaux qui, loin de se
coller ensemble de manière à former une masse
lâche et légère, s'appliquent au contraire si pe-
samment les uns sur les autres que l'air affluent
n'y trouve aucun passage

La houille grasse et collante, en définitive,
brûle le mieux. A mesure que l'état gras est remplacé par l'état vitreux, le degré de combustibilité décroît ; on arrive ainsi, à travers une infinité de nuances, à la houille maigre et éclatante
qui ne brûle qu'avec la plus grande difficulté.
La couleur est encore un assez bon moyen de
connaître la qualité de la houille : lorsqu'elle est
noire, elle brûle avec rapidité ; l'effet contraire
se manifeste lorsque ce noir passe au gris bleuâtre. Un noir intense, joint à beaucoup d'éclat et
de dureté, annonce que la houille contient beaucoup de carbone et de bitume. On doit encore
avoir égard à la masse du charbon en général :
si elle présente peu de fissures et une parfaite
homogénéité, elle est de bonne qualité ; si elle
est friable, elle offre peu de résistance au feu, et
passe à la houille maigre.

ARTICLE V.

De l'Anthracite.

Charbon fossile incombustible de Guyton, anthracite de Dolomieu, houillite de Daubenton,
anthracolite de Deborn, glanzkohle de Werner,
anthracite de Karsten, native mineral carbon de
Kirwan, glance coal de Thomson, kohlenblende,
blende charbonneuse, de Brochant.

Nous avons peu de choses à dire sur l'anthracite : une partie des observations que nous avons faites sur la houille maigre sont ou peuvent être applicables à celle-là. Néanmoins, nous parcourrons rapidement son histoire afin de la faire mieux connaître.

L'anthracite ressemble à la houille sèche et maigre ; elle en a la couleur brune et grise, à laquelle elle joint parfois un éclat presque métallique ; elle est cependant et assez ordinairement plus friable, elle est moins grasse au toucher, tache les doigts en noir et laisse sur le papier une trace bleuâtre, qui paraît fort noire lorsqu'on la regarde de près. Sa pesanteur spécifique est 1,8.

Pure, elle ne donne à la distillation que de l'acide carbonique et un léger résidu de cendres. Elle diffère donc de la houille, en ce que toutes les substances bitumineuses et volatiles ont disparu. L'anthracite du Clos du Chevalier contient :

Carbone.	97,25
Oxide de fer.	1,50
Silice.	0,95
Alumine.	0,30
	100

Cette absence totale du bitume et des gaz a fait penser long-temps que l'anthracite était un combustible particulier qui n'avait d'autre rapport avec la houille que celui d'avoir le même élément principal ; mais nous verrons dans les analyses suivantes de la houille de Kilkenny le passage marqué de la houille à l'anthracite.

	MATIÈRES volat.	CHARBON.	CENDRES.	PESANTEUR spécif.
Houille schisteuse...	13,00	80,48	6,00	1,445
Houille maigre.....	4,25	92,88	2,87	1,602
Anthracite..........	0	97,30	3,70	1,53 »

Ici, comme dans toutes les houilles, le charbon augmente en raison inverse du bitume, et la pesanteur spécifique est d'autant plus grande que la proportion de carbone est plus forte. La dernière variété semble présenter à cet égard une anomalie; mais il a dû se glisser quelque irrégularité dans cette analyse due à Kirwan, puisque le résultat excède de 0,01 celui qu'il aurait dû obtenir. Son procédé d'analyse n'est pas, d'ailleurs, à l'abri de toute critique : il consiste à réduire la houille en poudre très fine, à la jeter peu à peu dans du nitre fondu à une légère température, jusqu'à ce que toute déflagration ait cessé, et à déterminer la quantité de carbone d'après les qualités relatives de houille et de nitre consommées. Kirwan suppose que les matières bitumineuses se volatilisent complétement, avant que le nitre commence à réagir sur la houille, et que 15 de carbone décomposent 100 de nitre. Ajoutons encore que la pesanteur 1,602

de la houille maigre de Kilkenny est due à la
présence de l'oxide de fer dans les cendres.

Cet oxide se trouve en effet dans un grand
nombre de variétés de l'anthracite ; il indique le
passage de ce combustible à la plombagine , qui ,
comme on sait, est composée de carbone et de fer
dans les proportions suivantes , indiquées par
Monge et Berthollet :

Carbone.................. 91
Fer................'...............   9
                          ————
                           100

Les trois analyses suivantes indiquent la composition des terres qui se trouvent dans le combustible dont il est ici question.

CARBONE.	OXIDE DE FER.	SILICE.	CHAUX.	ALUMINE.
84,00	0,40	13,00	1,00	1,10
90,00	3,00	0,20	»	0,50
90,00	10,20	0,40	»	0,40

Le dernier échantillon , dont l'analyse est due
à Panzerberg , ne se distingue du graphite ou
plombagine que par la présence des terres. C'est
en effet ce qui caractérise le combustible. Il arrive que ces terres sont en si grande proportion

que l'anthracite devient impropre à la combustion et au traitement du fer, lorsque surtout la
silice domine, comme dans l'échantillon suivant
analysé par Vauquelin :

Carbone. 68
Silice. 30
Fer. 2
                                  ——
                                  100

On a long-temps regardé, et beaucoup de personnes regardent encore aujourd'hui l'anthracite
comme incombustible : c'est le nom que lui donnent les ouvriers mineurs ; mais cette erreur ne
provient que de la grande difficulté que présente
sa combustion. Lorsque nous traiterons de l'air
atmosphérique, nous verrons que l'ignition de
cette matière tient à des circonstances particulières dont on n'a tenu aucun compte. On peut
lire à cet égard une notice de B. Silliman, sur
la manière de brûler l'anthracite à l'aide d'un
simple tirage. Nous lui empruntons le morceau
suivant. (1)

« Avant de faire connaître les précieuses qualités de l'anthracite, dit-il, nous appellerons
l'attention sur quelques faits chimiques, dont il
résulte que la flamme de la plupart des substances combustibles provient, en grande partie,
de la combustion du gaz hydrogène qui se dégage par la décomposition de l'eau, et que le
carbone en ignition décompose toujours ce liquide avec énergie. On peut citer une foule
d'exemples qui prouvent ce fait. Lorsqu'une ma-

____

(1) *Industriel*, tom. ii, pag. 309.

chine à vapeur projette de l'eau en quantité modérée à la fois sur un bâtiment en feu, la flamme, au lieu de diminuer, est augmentée pour le moment ; quelquefois elle s'élance comme une vaste colonne au premier jet de l'eau. Le carbone, chauffé jusqu'au rouge, est ici l'agent des décompositions, s'emparant de l'oxigène de l'eau, et s'envolant avec lui dans les airs, sous la forme de gaz acide carbonique ; tandis que l'hydrogène, mis en liberté, s'allume et ajoute au volume de la flamme ; si on verse, à cet instant, l'eau par torrens, la température se trouve abaissée à la fois par le contact et par la formation de la vapeur ; le carbone cesse de décomposer l'eau à mesure que le feu décline. Le même phénomène se présente lorsqu'on jette un peu d'eau dans un fourneau chimique où la combustion s'opère avec la plus grande énergie, le gaz hydrogène est dégagé en telle abondance, que la flamme non seulement siffle avec un bruit remarquable, à mesure que ce gaz passe avec plus de violence et en plus grande quantité jusqu'à l'orifice de la cheminée, mais encore que ce vent enflammé, étant presque toujours insuffisant pour l'entraîner à mesure qu'il se forme, jaillit à travers le grillage, s'élance et passe dans le cendrier, en formant un jet de feu dans la chambre. L'anthracite de Rhode-Island, à l'état de siccité, produit cet effet d'une manière très frappante. Les expériences qui ont été faites sur ce combustible ont appris que lorsqu'il était puissamment en incandescence dans un fourneau, et qu'il n'y produisait qu'une flamme modérée, il en faisait jaillir une très grande dans l'appartement, lorsqu'on jetait un peu d'eau sur le feu. Ces effets remarquables ont été parfaitement exposés par M. Samuel Morey, dans les différens mémoires qu'il a publiés sur ce sujet, et qui sont imprimés dans les volumes du *Journal American*, et republiés dans le *Technical repository*. »

L'anthracite brûle sans difficulté dans le foyer dont on fait usage pour brûler le charbon de Philadelphie, et il paraît que le premier de ces combustibles brûle aussi bien que le dernier, pour ne pas dire mieux. La méthode de brûler les anthracites à fourneau ouvert ne paraît pas être la meilleure, et il paraît que plusieurs personnes n'en sont pas satisfaites, et renoncent à ce moyen.

La meilleure méthode de brûler ce charbon est dans le fourneau de fonderie, ou dans un fourneau revêtu de briques réfractaires (1) ; de cette manière on a le feu à son commandement, et on peut produire à volonté une chaleur douce et intense.

L'anthracite brûle avec une flamme rouge, abondante et brillante, à moins qu'on ne l'ait préalablement fait sécher. Cette flamme commence à prendre, presque aussitôt que ce combustible est jeté sur le charbon en ignition ; en moins de quinze à vingt minutes, la flamme est très remarquable, et, après un temps double, elle remplit le fourneau, et continue, quoiqu'en diminuant au bout d'un certain temps, jusqu'à ce que le charbon soit entièrement consumé.

____

(1) Récemment, on a substitué un cylindre de fonte au revêtement de briques.

C'est dans ce cas que l'anthracite excelle particulièrement, ce qu'on regardait d'abord comme difficile. Lorsque le charbon a été long-temps hors de la mine, il demande à être arrosé de temps en temps avec un peu d'eau. Il ne faudrait cependant pas jeter sur ce charbon une plus grande quantité d'eau qu'il n'en peut absorber ou décomposer, car au-delà de cette limite, l'eau serait nuisible en diminuant la combustibilité du charbon.

La chaleur produite par l'anthracite de Rhode-Island est intense, et peut suffire, sans aucun doute, pour tous les besoins domestiques et pour les arts auxquels on peut l'appliquer.

Le gaz dégagé par le charbon de Rhode-Island est le gaz hydrogène légèrement carburé, mêlé conséquemment avec le gaz acide carbonique. Il ne répand pas d'odeur de soufre, lors même qu'en le brûlant avec une grande activité dans le fourneau, on jette de l'eau dessus; et si parfois quelque odeur vient à se faire sentir, c'est simplement celle de l'hydrogène légèrement carburé.

Ce combustible produit une chaleur de longue durée : dans une expérience faite à ce sujet, un fourneau ayant été allumé à dix heures du soir, entretint pendant la nuit dans l'appartement une chaleur douce de 60 à 65° Farenheit (15 à 18° centigrades), tandis que le thermomètre indiquait au-dehors 20° Farenheit; à six heures du matin, il restait des charbons allumés en quantité suffisante pour rétablir le feu sans rien ajouter que quelques morceaux d'anthracite.

A ces détails sur l'emploi domestique de l'anthracite, nous ajouterons que nous avons vu employer dans une finerie anglaise, à la Basse-Indre, l'anthracite de Sablé (Sarthe), dont la teneur en carbone était 89 pour cent. Ce combustible ne jetait point de flamme ; il brûlait en déposant une cendre très blanche, et, quoique le vent fût loin d'avoir la densité nécessaire, il se comporta fort bien dans le creuset, et abrégea même l'opération de quelques minutes.

ARTICLE VI.

Taxologie.

Revenons sur l'histoire particulière de chaque combustible ; parcourons-en rapidement les points de ressemblance, et comparons ensemble les différences de composition que nous avons remarquées. Cette étude pourra conduire par la suite à des applications heureuses : elle nous enseignera l'usage auquel est propre chacun d'eux en telle ou telle circonstance.

Si nous examinons les combustibles à raison de leur teneur en carbone, nous n'en trouvons qu'un seul qui soit pur, et c'est le *diamant :* ce corps, en brûlant dans l'oxigène, ne produit que de l'acide carbonique et ne laisse aucun résidu. Tous les autres combustibles à base de carbone donnent des cendres dans leur combustion. Ce caractère qui les sépare du carbone, ne peut servir à les distinguer les uns des autres ; il nous faut donc avoir recours à la différence de composition de ces cendres, ou aux autres produits de la distillation.

Les combustibles qui donnent des résidus en brûlant, peuvent se diviser en deux classes : combustibles qui ne donnent que des cendres, et ne contiennent conséquemment que des substances terreuses combinées avec le carbone ; combustibles qui fournissent, outre les cendres, des produits distillés, liquides ou aériformes.

Dans la première classe se placent la plombagine et l'anthracite.

La *plombagine* ne contient que du carbone et du fer dans la proportion de 9,1 à peu près.

L'*anthracite* contient, outre l'oxide de fer, diverses terres, à la tête desquelles il faut placer la silice : 1°. parce qu'elle y existe ordinairement en plus forte dose que les autres terres ; 2°. parce qu'elle est de nature à altérer sensiblement la qualité du fer.

Ce qui distingue la seconde classe de la première, ce sont les produits obtenus à la distillation ; outre les cendres semblables à celles précédentes, ces produits sont des substances formées de différentes combinaisons de l'hydrogène et du carbone, ou des substances acides.

La *houille* se distingue par une forte proportion de bitume. Ce caractère la sépare de l'anthracite ; son aspect lithoïde empêche qu'elle ne soit confondue avec les espèces suivantes, qui ont toutes plus ou moins la structure ligneuse ou herbacée.

Le *lignite* tient de la houille, par la présence d'une petite quantité de bitume ; et du bois fossile, par son apparence et ses autres produits.

Le *bois fossile* ne se distingue du bois végétal que par son caractère plus ou moins altéré. Les résultats de la distillation sont les mêmes pour les deux combustibles.

La *tourbe* diffère du bois fossile par la ténuité des matériaux qui ont servi à la former ; elle se comporte du reste comme lui à la distillation.

Le *bois* enfin est remarquable par son tissu ligneux ; il donne de la térébenthine lorsqu'il végète, et du goudron quand il est abattu. Un des produits très importans de sa distillation est l'acide acétique, qui se retrouve encore dans les espèces précédentes, mais avec une diminution progressive, à mesure qu'on s'éloigne du bois.

On peut, d'après toutes ces considérations, établir une taxographie raisonnée des combustibles. Celle qui suit nous paraît dériver naturellement des différences que nous venons de remarquer.

Carbonides. Famille de combustibles à base de carbone divisée en deux classes.

Ire Classe. CARBONIDES proprement dits. Carbone pur, combustion sans résidu. Espèce unique, *diamant.*

IIe Classe. CARBONIDES laissant un résidu de cendres. Deux genres : 1°. résidu purement cinériforme ; 2°. résidu cinériforme, et résidus aériforme, acidiforme et oléiforme.

Ier GENRE, deux espèces. Ire Espèce : *Carbosidéride.* Fer pur combiné au carbone dans la *plombagine.* Composition :

Carbone............ 90 à 91
Fer................ 10 à 9
                    ——— ———
                    100 100

IIe Espèce : *Carbo - silicide.* Résidu cinériforme à base de silice. *Anthracite.* Composition moyenne :

Carbone.............. 87
Oxide de fer.......... 3
Silice................. 8
Matières terreuses..... 2
                        ———
                        100

IIᵉ Genre. Carbonides à résidus cinériforme et fluidiforme; cinq espèces.

Iʳᵉ Espèce : *Carbo-bituminide*. Combustible abondant en bitume. *Houille*; deux variétés.

Iʳᵉ Variété : *Carbo-bituminide* proprement dit. Houille grasse. Composition moyenne :

Carbone.............. 65
Bitume................ 3o
Oxide de fer
Silice et terres ⎫........ 5
                        ———
                        100

IIᵉ Variété : *Carbo-bituminéïde*. Houille maigre. Composition moyenne :

Carbone................... 88
Bitume.................... 8
Résidu fort en silice........ 4
                            ———
                            100

IIᵉ Espèce : *Carbo-ligni-bituminéïde. — Lignite*. Aspect plus ou moins ligniforme, présence du bitume, acide. Composition moyenne :

Carbone.................... 77
Bitume..................... 10
Cendres.................... 3
Produits acides et gazeux, perte. 10
                            ———
                            100

IIIe Espèce : *Carbo-lignéide. — Bois fossile.* Texture ligneuse. Produits distillés : goudron, acide acétique ; résidu cinériforme alcalin. Composition moyenne :

$$
\begin{aligned}
&\text{Carbone.....\ ....} &55 \\
&\text{Produits distillés.......} &31 \\
&\text{Cendres...............} &14 \\
\hline
& &100
\end{aligned}
$$

IVe Espèce : *Carbo-lignéacide — Tourbe.* Accumulation visible de feuilles, de mousses ou de plantes herbacées ; aspect compacte, terreux, spongieux, fibracé. Produits de l'espèce précédente ; cendres abondantes, souvent chargées d'alcalis. Teneur très variée qui ne permet de donner qu'une moyenne approchée de sa composition :

$$
\begin{aligned}
&\text{Carbone.............} &27 \\
&\text{Produits distillés.......} &56 \\
&\text{Cendres alcalines.......} &17 \\
\hline
& &100
\end{aligned}
$$

Ve Espèce : *Carbo-lignide. — Bois.* Fibre végétale non altérée ; goudron et acides à la distillation ; résidu alcalin, sels à base de potasse.

$$
\begin{aligned}
&\text{Carbone................} &25,40 \\
&\text{Substances volatiles......} &66,00 \\
&\text{Potasse................} &8,20 \\
&\text{Cendres ....} &0,40 \\
\hline
& &100
\end{aligned}
$$

Les cendres des combustibles sont intéressantes pour le sidérurgiste en ce que, lorsque le métal et le carbonide sont en contact, elles se retrouvent dans les laitiers et les scories, et leur donnent un caractère particulier ; mais comme les combustibles bruts se trouvent rarement aussi rapprochés du fer, nous renvoyons à l'article des combustibles préparés pour en donner une idée.

ARTICLE VII.

Géologie.

La composition des combustibles nous a conduit à montrer les passages de l'un à l'autre depuis la fibre végétale jusqu'au plus dur des minéraux, le diamant ou carbone pur. Ainsi se complète l'échelle immense des êtres naturels, depuis ceux qui jouissent de l'intelligence, de la vie et du développement, jusqu'à la pierre qui ne possède que la dernière de ces facultés (1). La tourbe, le bois fossile, etc., sont à la plante végétante, ce que la sensitive, la dionée, les rossolis et les plantes irritables sont aux animaux. Les anneaux de cette chaîne sont tellement rapprochés que le passage de l'un à l'autre est imperceptible ; mais cette étude étant plus du ressort du naturaliste, nous ne pouvons qu'en indiquer le résultat et nous allons jeter un coup d'œil sur le gissement géologique des combustibles et apporter de nouveaux faits à l'appui de leur décomposition et de leur formation souterraines.

A la surface du globe et dans cette couche légère qu'on appelle communément terre végétale,

----

(1) *Lapides crescunt ; vegetabilia crescunt et vivunt ; animalia crescunt, vivunt et sentiunt.* Linnée.

les arbres croissent et se ramifient suivant des lois que le célèbre voyageur M. de Humboldt a le premier déterminées. Ces êtres organisés vivent à des hauteurs données et dans des localités désignées, hors desquelles leur reproduction ne serait plus qu'un monstre. Nous ne suivrons pas le savant observateur dans la classification des zones végétales ; nous nous hâtons d'arriver aux détritus qui forment la partie intéressante des combustibles minéraux.

On dit qu'une plante végète ou vit, tant qu'elle possède cette force inconnue qui résiste à la pesanteur et s'oppose avec plus ou moins d'activité aux lois des affinités chimiques. À mesure que l'arbre prend de l'âge et que ses organes se développent, diverses causes diminuent la faculté végétante, et cette diminution augmente jusqu'à ce qu'enfin elle cède totalement aux lois chimiques générales. C'est alors que commence le phénomène de la décomposition, phénomène qui n'est séparé de la végétation que par l'instant où une force l'emporte sur l'autre ; par la mort, en un mot.

Il reste alors à la plante un autre rôle à jouer dans la constitution des couches terrestres : les élémens gazeux sont rendus à l'atmosphère dans la putréfaction, et les résidus solides forment des terreaux et des substances oxigénées, hydrogénées ou carbonées. Chaque partie du globe qui a fourni à la plante les matériaux de sa charpente, reprend ce qui lui appartient, ou fait échange l'une avec l'autre. Mais il résulte de tout cela une matière charbonneuse qui forme le combustible, et c'est ce résultat que nous devons suivre dans toutes ses transformations.

La première de toutes ces substances décomposées c'est le *terreau*, matière brune, facilement combustible, et qui provient de la décomposition des plantes ou des matières animales. Ce carbonide se forme tous les jours sous nos yeux et contient le carbone dans le plus grand état de division. Il n'en existe pas de masses notables.

La *terre d'ombre*, *terre de Cologne* ou lignite terreux et friable, appartient aux terrains de transport, aux terrains post-diluviens, aux formations les plus récentes. Les couches assez grandes de cette matière renferment des débris de végétaux ; elle conserve elle-même souvent l'aspect ligneux. On la brûle et elle donne une chaleur douce et égale, ordinairement sans flamme, comme le terreau, mais accompagnée d'une odeur assez souvent désagréable. A Cologne, les couches de terre d'ombre ont 25 à 3o pieds d'épaisseur ; elles reposent sur un banc d'argile blanche, & sont immédiatement recouvertes de cailloux roulés. On y trouve des troncs d'arbres renversés confusément, appartenant aux dicotylédons, quelques monocotylédons de la classe des périgynes, tels que des palmiers, enfin des fruits de l'*areca*. (1)

Les *dépôts tourbeux* appartiennent à des dépressions dans lesquelles vivaient les végétaux ; ces dépressions sont encore couvertes d'eau pour

---

(1) Il ne faut pas confondre le combustible terreux qu'on appelle *terre d'ombre*, avec l'espèce d'ocre qui porte le même nom : celui-ci est un sidéroxide ; l'autre un carbonide.

la plupart : dans certaines localités, au contraire, la tourbe surnage et recouvre des masses aqueuses. L'élasticité du terrain est alors remarquable. Il peut arriver que des parties isolées de tourbe flottent sur le bassin et forment des îles errantes qui peuvent porter des animaux. Les tourbes existent ordinairement dans les vallées ; cependant on en trouve sur le sommet des montagnes élevées, sur le Bloksberg (Hartz), dans les cols des Alpes et des Pyrénées.

Les tourbières les plus remarquables en France sont celles de la vallée de la Somme, entre Amiens et Abbeville ; celles des environs de Beauvais ; celles de la rivière d'Essonne, entre Corbeil et Villeroy ; celles des environs de Dieuze (Meurthe) ; de Montoire (Loire-Inférieure), etc. Il en existe dans presque tous nos départemens : dans la vallée de Miremont ; à Chaumont (Oise) ; près d'Hécourt-Saint-Quentin (Pas-de-Calais) ; entre Champagny et Fismes ; dans les marais de Saint-Gon et de Jalons (Marne) ; à Visille et à la Meure (Isère) ; aux marais de Mailleray (Seine-Inférieure) ; dans la vallée d'Urcel (Aisne) ; etc., etc., etc.

C'est aussi dans les parties supérieures du terrain tertiaire, dans les terrains de sédiment qui ont recouvert nos continens en dernier lieu, que se rencontrent les bois altérés et les *bois fossiles*, etc. Les arbres renversés, les bouleaux, les ifs, les chênes, les noix de cocos, sont facilement reconnaissables dans les forêts souterraines ou sous-marines. L'île de Chatou, près Saint-Germain, est presque entièrement composée de bois fossile et de troncs d'arbres peu altérés ; ce combustible existe à Vitry en couches puissantes (1); dans l'Ariége, il est pénétré de sous-carbonate de chaux. A Bovey, dans le Devonshire, on trouve des couches de bois fossile et bitumineux, qui offrent toutes les nuances du passage de la fibre végétale au *surtubrand*, ou charbon de pierre de ce pays.

Au-dessous des alluvions modernes, on rencontre encore de temps en temps des bois purement altérés; mais les parties inférieures du terrain tertiaire appartiennent presque exclusivement au *lignite* : quelquefois des branches isolées ont été entraînées avec les matières sableuses de transport; quelquefois les parties ont été broyées et réagglutinées en amas plus ou moins solides. Les couches de lignite sont assez généralement séparées les unes des autres par des lits de matières sableuses, argileuses, mélangées de bitume. On y reconnaît parfois le tissu organique du bois, on y trouve des branches, des tronçons de dicotylédons, des coquilles d'eau douce, des animaux mammifères, des mastodontes, des rongeurs, etc.

Le lignite se trouve à Montjardin et à Bugarach (Aube); il y est en grains qui n'excèdent pas 25 kilogrammes; à Sainte-Marie-du-Mont (Manche); à Boulay (Moselle); dans l'Isère, l'Ain, à Vaucluse, les Basses-Alpes, les Bouches-du-Rhône, le Var, l'Ardèche, l'Aude, le Gard, l'Hérault, la Gironde, le Bas-Rhin, à Montrouge et dans les environs de Paris, autour de Soissons, Laon, Reims, Épernon, etc.

---

(1) Un particulier de Vitry en avait bâti une maison pendant la révolution.

Le lignite apparaît dans tous les étages de la période secondaire, à commencer du grès houiller, où il ressemble parfaitement à la houille, contient comme elle du bitume et brûle avec une flamme vive. On ne peut souvent le reconnaître qu'à l'aide de sa braise qui ne ressemble nullement au coke et à sa poussière beaucoup moins noire que celle de la houille. La houille appartient aux terrains secondaires moyens ; le lignite aux terrains secondaires moyens supérieurs, et aux terrains tertiaires.

Le terrain houiller est formé de grès de différentes espèces : de grès quartzeux pur, de grès quartzeux feldspathiques, de grès psammites, de grès schisteux noircis par la houille. Ces grès sont tantôt à grains fins, tantôt en poudingues ; le schiste y figure. Les poudingues en gros volumes sont formés aux dépens des terrains de gneiss qui constituaient la bordure des terrains où la houille s'est déposée ; c'est ce qu'on rencontre en Saxe. Dans d'autres localités, les granits, au lieu de fournir des détritus en fragmens, ont fourni des masses volumineuses de plus d'un mètre cube. La pierre calcaire est rare dans les terrains houillers ; elle n'existe qu'à la partie supérieure. A Bédarieux, le calcaire alterne avec la houille ; les roches calcaires à poissons du Palatinat recouvrent le terrain houiller.

Les schistes de ce terrain sont quelquefois alumineux et contiennent du sulfure de fer ; ils sont exploités pour l'alun et le sulfate. Souvent le fer carbonaté se trouve au milieu des schistes et endurcit les grès. Les monocotylédons qui existent dans ces couches sont très variés ; ce sont des plantes communes, arondinacées, qui ont

appartenu à des tiges herbacées ; plusieurs espèces sont des *calamites*.

Les terrains houillers sont le résultat de matières transportées, déposées successivement ; ils
alternent en petite couche : souvent une couche
de houille succède à une couche de métaxite
(grès quartzeux avec kaolin) ; la houille revient
jusqu'à soixante fois avec d'autres matériaux en
couches de 2 pouces à 20 pieds et plus d'épaisseur. Les matières n'ont pas été portées bien
loin : elles appartiennent aux terrains avoisinans
et n'en sont que les débris. Les schistes eux-
mêmes participent de la nature des terrains voisins ; ils sont surtout remarquables aux environs
des roches talqueuses.

Les couches sont quelquefois très multipliées ;
on ne cite qu'un seul exemple où la masse ne
présente qu'une seule couche : c'est à Litry (Calvados). Près de Liége, le terrain contient plus
de cent couches, mais le mineur ne tient compte
que des couches qu'il peut exploiter. Leur puissance varie infiniment ; dans l'Aveyron, à Aubin, on trouve une couche verticale de plus de
300 pieds de puissance dans un endroit.

Les terrains houillers sont très bouleversés ;
ils sont ondulés parallélement au terrain inférieur, repliés, contournés, en zigzag, fractu-
rés. A Olbuck, la houille fait seize replis en deux
lieues, et le mineur est obligé de suivre ces on-
dulations.

Les têtes des couches qui viennent aboutir à
la surface du sol sont en général de mauvaise
qualité ; aussi les premiers produits d'une couche attaquée par le haut sont-ils toujours mauvais, parce que le bitume est moins abondant.

On trouve au Creusot une couche de houille qui, sur une certaine étendue, est incombustible et presque à fleur de terre; plus loin, elle s'enfonce dans la montagne et devient de bonne qualité.

Le niveau des mines de houille ne paraît soumis à aucune règle constante : les mines de Valenciennes sont exploitées à plus de 650 mètres de profondeur; le plateau de Santa-Fé-de-Bogota, qui contient des houilles, est à 4,400 mètres au-dessus de la mer; les mines de Saint-Ours, près Barcelonnette, ont 2,160 mètres d'élévation; celles d'Entreverne, en Savoie, 1,000 mètres, etc. Les directions ne sont pas plus constantes : les couches du Creusot, de Fins, de Noyant (Allier), de Saint-Georges (Maine-et-Loire), de Newcastle, sont dirigées du sud-ouest au nordest; celles de Decize (Nièvre), Sarre-Louis (Bas-Rhin), Alais (Gard), le sont du sud-est au nord-ouest; la direction des couches d'Anzin, de Litry (Calvados), d'Hardingen (Pas-de-Calais), etc., est de l'est à l'ouest; celle de White-Heaven, du nord au sud; celles de la Taupe, de la Combelle et de quelques autres du Puy-de-Dôme, du sud au nord. On n'en peut donc rien induire de général, pas plus que de leur inclinaison.

La formation d es terrains houillers a eu lieuà une époque qui a du être remarquable par une grande révolution, laquelle l'a terminée d'un seul coup. Il est probable que ces grands phénomènes ne se renouvelleront plus, et que les grès à teintes bigarrées et la grande région des roches calcaires supérieures à la houille, dénotent le commencement d'une autre révolution dans laquelle les agens ne sont plus les mêmes et qui ont marqué leur passage par une stratification non concordante.

La houille se prolonge dans les roches inférieures du terrain secondaire ; mais c'est en couches isolées. Les roches philladiennes, les grauwacks, les amagénites sont plus ordinairement le siége de l'anthracite qui paraît appartenir aux terrains intermédiaires et être voisin des gneiss et des roches micacées.

Le calcaire des terrains anthracifères offre des fossiles très remarquables : des ammonites, des orthocères, des productus, des spirifères ; on y a trouvé dix espèces de productus, sept à huit de spirifères ; les premières ont leur valve supérieure ondée transversalement ; les secondes ont une charnière très étendue, et les parties organiques intérieures sous la forme de spire ; on y rencontre des nérites, des nautilites, des mélanites, des madrépores, etc. ; mais point de trilobites.

La houille est, à proprement parler, un alliage de bitume et d'anthracite ; la houille chauffée se boursoufle, brûle tant que la masse contient du bitume, cesse ensuite de brûler et produit le coke, qui est de l'anthracite boursouflé.

CHAPITRE II.

Des Combustibles préparés.

Les combustibles bruts, ainsi que nous l'avons vu, sont en général composés de

Carbone.
Substances volatiles.
Cendres.

Les deux premiers produits sont seuls combustibles ou peuvent l'être. Les cendres sont le résidu de la combustion, elles n'y servent point et paraissent au contraire la contrarier. Le carbone est un des agens de la chaleur : il se développe d'autant plus de calorique, dans une combustion bien réglée, que le combustible a une plus forte teneur en carbone ; mais la combustibilité décroît en raison inverse de cette teneur : elle est donc due tout entière aux matières volatiles, ou du moins à une partie des matières volatiles.

Ces dernières substances ont pour principes l'hydrogène, le carbone et l'oxigène, rarement l'azote, qui est incombustible. Le carbone et l'oxigène forment à une haute température des composés particuliers qui deviennent agens de la chaleur plutôt que de la combustibilité. Celle-ci dépend entièrement de l'hydrogène.

Un kilogramme d'hydrogène fond, dans le calorimètre, 295 kilogrammes de glace, tandis qu'un kilogramme de charbon pur n'en fond que 94 kilogrammes : la valeur calorifique du combustible gazeux est donc plus que triple de celle du carbone. On devrait, en conséquence, retirer un grand avantage de la combustion des combustibles bruts, qui ont, en général, une plus ou moins grande teneur en hydrogène.

Mais l'hydrogène et l'oxigène n'atteignent pas cette haute température : bien avant la chaleur rouge, ils forment, avec une petite dose de carbone, de nouvelles combinaisons, et se dégagent à l'état d'eau, d'huile, de gaz combinés, d'acide acétique, etc. L'azote vient encore diminuer, par son incombustibilité, l'ignition produite. Il ne reste en résumé, à une température élevée, que le charbon sur lequel on puisse compter, et qui soit d'un effet durable : brûlant dans l'air atmosphérique, l'hydrogène et l'oxigène produisent une flamme très vive, mais ils sont promptement consumés. Néanmoins, ils sont propres à donner un coup de feu violent, quoique peu prolongé.

Un autre inconvénient des combustibles bruts résulte de la quantité de cendres qu'ils déposent en brûlant. Nous avons déjà fait sentir une partie des conséquences de l'incinération ; nous pouvons y ajouter les observations suivantes.

Les cendres sont ferrugineuses, siliceuses, alumineuses, calcaires, alcalines ou pyriteuses.

Celles ferrugineuses ne peuvent qu'ajouter au produit ; celles siliceuses, alumineuses ou pyriteuses lui donnent une mauvaise qualité ; celles calcaires ou alcalines servent de réactif, et neutralisent souvent l'effet de la silice.

Les cendres des combustibles lithoïdes, tels que le lignite, la houille et l'anthracite, contiennent principalement de la silice ; la houille renferme souvent des pyrites. Les cendres des combustibles ligniformes sont à bases alcalines. La tourbe est remarquable par le résidu terreux qu'elle donne.

En conséquence de toutes ces données, l'économie métallurgique indique, comme le premier élément des combustibles, le carbone, qui en forme la base : c'est donc à ce principe qu'il faut s'attacher, et tel est le but qu'on se propose par la carbonisation.

ARTICLE PREMIER.

De la Carbonisation en général.

La carbonisation est l'opération par laquelle on réduit un combustible à l'état le plus voisin du carbone pur.

Pour arriver à ce résultat, on sépare les matières hétérogènes, les unes sous la forme de gaz ou de liquides, les autres sous la forme de cendres. Cette séparation a lieu ou en plein air, ou dans des fours plus ou moins bien fermés.

En plein air la purification est plus entière, en ce que l'oxigène forme des combinaisons et sert de réactif; mais il se forme aussi de l'acide carbonique aux dépens du combustible, et le résultat de l'opération est sensiblement moindre.

En vase clos, dans des fours, la carbonisation est moins parfaite. Nous choisirons pour exemple la houille, qui est presque toujours accompagnée de pyrites : le bi-sulfure se décompose par la chaleur, passe au sulfure simple, et il est très difficile de le séparer entièrement : il reste toujours du proto-sulfure en combinaison. En plein air, au contraire, le sulfure est dégagé à l'état d'acide sulfureux.

Ainsi le produit carbonide obtenu dans un four est plus pesant que celui obtenu en plein air. Cette différence se remarque encore dans les différens fours : celui qui laisse une entrée à l'air atmosphérique donne toujours un résultat moindre en poids que celui qui est hermétiquement clos. Voilà pourquoi les charbons obtenus dans les laboratoires des chimistes, diffèrent tant de ceux qu'on obtient dans les usines.

Les combustibles qu'on carbonise ordinairement, sont le bois, la tourbe, le lignite et la houille. L'anthracite est trop près du carbone pour être soumise à la carbonisation.

On carbonise généralement en meule ou en four. La construction et l'entretien des derniers coûtent assez pour qu'on n'emploie la méthode des fours que lorsqu'on veut distiller et recueillir tous les produits du carbonide. Le procédé des meules est au contraire simple, facile et peu dispendieux.

Le bois, la tourbe et le lignite diminuent de volume dans la carbonisation ; la houille se gonfle et augmente au contraire. Moins le combustible contient de carbone, plus la cuisson des meules exige de précautions, car l'union du carbone avec les substances volatiles étant alors plus intime, celles-ci pourraient l'entraîner en grande partie avec elle. Le bois subit d'ailleurs un grand déchet et prend un retrait considérable, ce qui peut, en dérangeant l'économie des meules, nuire singulièrement à la conduite du feu.

La tourbe demande moins de ménagement, surtout lorsqu'elle jouit d'une certaine compacité ; elle peut même, dans certains cas, être exposée à un courant d'air. Mais si elle est mousseuse, fibreuse et légère, elle exige toutes les précautions possibles dans la conduite de la carbonisation.

Quant au lignite, le retrait seul pourrait occasionner quelque difficulté dans la marche de la cuisson. Nous manquons d'ailleurs de données précises sur sa carbonisation et son emploi dans les fourneaux. Nous croyons qu'il offrirait de grands avantages dans les pays où ce combustible existe abondamment, mais nous devons nous borner, faute de l'expérience nécessaire, à former des vœux pour qu'on en fasse l'essai en grand.

Les procédés de carbonisation pour le bois, la tourbe et la houille, sont à peu de chose près les mêmes ; cependant les différences qu'on y peut trouver exigent que nous en fassions des articles séparés : nous allons donc nous occuper tour à tour de la carbonisation du bois, de celle de la tourbe et enfin de celle de la houille. (1)

ARTICLE II.

De la Carbonisation du bois.

L'âge du bois est peut-être une des considérations les plus importantes pour la carbonisation. La première raison qui guide ordinairement les propriétaires de forêts, c'est l'économie du temps et l'abondance des produits. Quoique ces considérations doivent être modifiées par les influences particulières que nous avons désignées déjà, il n'en existe pas moins des connaissances expérimentales qui peuvent nous conduire à une théorie plus ou moins certaine des lois de la végétation et de l'économie des coupes.

Les sucs nutritifs de la plante sont portés, dans les vaisseaux du bois, par une force de succion qui paraît être très puissante (2). Tant que la chaleur

(1) Nous appellerons tout simplement *charbon* le produit de la carbonisation du bois ; *charbon de tourbe*, celui qui provient de ce combustible, et *coke* le résultat obtenu de la houille.

(2) Hales, Mirbel et Chevreuse ont mesuré cette

de l'atmosphère favorise cette attraction capillaire, la sève monte et la plante se développe et grandit ; à mesure que le calorique diminue, son influence décroît, la sève se ralentit, elle paraît même cesser d'agir tout-à-fait. Le printemps donne le signal de la marche ascendante des principes végétaux à travers le tissu organique ; l'automne indique le moment du repos ; l'hiver, tout semble avoir cessé. Mais la sève a grossi la tige, et lorsqu'elle s'arrête elle marque la cessation de travail par une espèce de nœud, un calus qui se distingue de la sève suivante par le bourrelet léger qui règne sur la tige.

En comptant la distance d'un calus à l'autre, on se rend compte du progrès de l'arbre pendant une année ; il est facile alors de déterminer le développement pris par la plante à tel ou tel âge, dans telle ou telle période. C'est ainsi qu'on trouve que dans les cinq premières années un arbre croît de 15 pieds à peu près ; que de cinq à dix ans il atteint la hauteur de 22 pieds, et qu'à l'âge de vingt ans, il s'est élevé de 30 pieds.

Ainsi, l'accroissement dans les arbres diminuerait de cinq à vingt ans, comme les nombres 30, 14, 8 ; il semblerait, d'après cela, qu'il

___

force de succion par des expériences très ingénieuses : ils ont prouvé que la force d'aspiration dans certaines plantes était égale à la pression d'une colonne de mercure de 28 à 38 pouces (2 ou 3 atmosphères), d'où ils ont conclu que cette force était cinq fois plus grande que celle qui pousse le sang dans la grande artère crurale d'un cheval, sept fois plus grande que la force du sang dans la même artère d'un chien, et huit fois plus grande que la force du sang dans la même artère du daim.

serait plus avantageux de couper les bois fort jeunes, et c'est peut-être cette raison qui porte, en certaines localités, les propriétaires de taillis à aménager à l'âge de dix à douze ans.

Mais la carbonisation ne présente d'avantages que dans les végétaux dont la fibre ligneuse est fortement caractérisée, puisqu'elle contient 52 pour 100 de carbone (1). Ce ligneux, très faible dans les jeunes plantes, se forme de bonne heure, s'accumule avec l'âge, et occupe déjà à vingt ou vingt-cinq ans les 95 à 96 centièmes des différentes espèces de bois.

Il est facile de se rendre compte de ce qui arrive alors, si nous considérons que dans l'homme qui avance en âge, les mucilages s'épaississent, acquièrent de la dureté et deviennent cartilagineux ; que les cartilages deviennent osseux à leur tour ; que les os parviennent à un degré de densité tel qu'ils gênent ou interceptent la circulation des sucs nourriciers. La même cause produit les mêmes effets dans les plantes. A mesure qu'un arbre avance en végétation, sa fibre ligneuse s'épaissit ; les canaux conducteurs se rétrécissent, la sève ne porte plus qu'avec difficulté la petite quantité d'acide carbonique qui lui est fournie par les racines ; les variations de la température des nuits et des jours n'influent plus avec autant de force sur le jeu des pompes capillaires ; les branches et les feuilles s'approprient seules le carbone de l'atmosphère ; la transpiration de la tige principale n'est plus réparée ; elle continue cependant à grossir, mais la dose de carbone n'augmentant plus, le bois

____

(1) *Recherches Physico-Chimiques*, tom. II, pag. 295.

devient plus léger et donne moins de charbon à volume égal.

Il paraîtrait, d'après l'expérience, que ce terme de perfectibilité, relativement à la teneur en carbone, est entre vingt et vingt-cinq ans : ce qu'il y a de bien certain, et ce que nous avons toujours été à portée de constater, c'est que les bois âgés de plus de vingt-cinq ans n'offrent aucune économie dans la carbonisation, et que ceux au-dessous de quinze à vingt ans donnent une moindre quantité de charbon. Il n'est pas étonnant, d'après cela, que les bois vieux, humides et dépérissant, produisent de mauvais charbon et en moindre quantité que les bois sains ; il n'est pas moins évident que le bois qui croît encore donne de meilleurs produits que celui qui ne croît plus.

On doit abattre le bois de charbonnage au printemps, avant que le mouvement de la sève ait commencé à se manifester. Quelques mois plus tard, elle ne produirait pas un effet sensible, et la coupe pourrait nuire au recru, dans les taillis où l'on abat sur tronc. Le bois coupé en automne se conserve mal et est sujet à se piquer. Celui qui a été aménagé au printemps peut sans inconvénient se carboniser avant la fin de l'été.

En futaie, la loi oblige de garder, par arpent, cinq modernes, ou arbres de deux âges, et un ancien, ou arbre de quatre âges. Les baliveaux doivent être laissés sur racines ; cependant quelques propriétaires, entendant mal leurs intérêts, exigent qu'on les laisse sur tronc, ce qui, au lieu de leur donner de beaux modernes, au bout d'un certain temps, nuit considérablement à leur croissance et à leur développement.

Lorsqu'on veut carboniser en meules, on commence par choisir un emplacement convenable. Cette opération a toujours lieu l'été, lorsque le terrain est bien sec. On place la faulde à l'abri du vent, à la proximité des taillis ; on lui donne une légère pente, du centre à la circonférence, afin de favoriser l'écoulement des liquides.

Le charbonnier doit éviter avec le même soin les terres trop légères et celles trop compactes : dans les premières, l'air pénètre à travers le sable de la base et active la combustion, souvent d'une manière inégale ; dans les secondes, l'humidité ne pouvant s'infiltrer dans la terre, remonte dans la faulde et produit des fumerons. Certains fabricans préparent la terre avant d'y construire la meule, soit en formant un parquet de terres et de branchages, soit en y mêlant de la cendre et du fraisil, et formant une assise qui porte le nom de *terre de charbonnier.*

Le bois de charbonnage, ou charbonnette, est coupé à une certaine longueur, ordinairement deux pieds et demi. On lui laisse le plus souvent l'écorce, et il paraît même que les maîtres de forges préfèrent le produit du bois brut à celui du bois pelé. On l'aménage jusqu'à l'époque de la cuisson, de manière à éviter autant que possible les lavages de la pluie.

On place ordinairement au centre de la faulde un large poteau qu'on entoure, à l'extrémité inférieure, de légères branches bien sèches et très combustibles. On appuie ensuite contre ce poteau quelques morceaux de bois moins gros ; puis, autour de ceux-ci, les billettes les plus fortes qui doivent former le rang inférieur ; on arrondit bien la masse, en plaçant vers la circonférence les billettes les plus minces, qui, trop rapprochées de la cheminée, se consumeraient avant que tout le reste ne fût carbonisé. Un second rang est immédiatement placé au-dessus, de la même manière, et l'on forme ainsi jusqu'à quatre rangs dont le dernier est en bois moins gros que les autres. La meule offre alors la forme d'un cône tronqué ; on retire le poteau du milieu et on termine le *dressage*.

La grandeur des meules est assez indifférente en elle-même. Les précautions indiquées sont seules nécessaires dans tous les cas. Quelle qu'en soit la forme et la dimension, les principes de la cuisson sont toujours les mêmes et le traitement n'en change point. Le cubage des meules varie entre 15 et 40 cordes.

Il est essentiel de remplir les espaces vides dans les meules afin d'éviter la circulation trop active de l'air, autrement une partie du bois serait consumée et l'on éprouverait une perte considérable. Les meules à bois couché ont, sous ce rapport, un avantage sur celles à bois debout, en ce qu'il est plus facile d'en garnir les vides. Des essais faits en Suède, en 1811 et 1813, ont prouvé que pour faire $0^{m.c.},209$ de charbon, on consomme $0^{m.c.},260$ de bois quand les bûches sont verticales (resmilor), et $0^{m.c.},231$ quand les bûches sont placées horizontalement (liggmilor); ce qui fait 64 pour 100 dans le premier cas, et 71 dans le second (en volume). Mais cette différence paraît provenir de ce que le fourneau peut recevoir plus de bûches horizontalement que verticalement. (1)

---

(1) *Berættelse om Kolnings-forsœk , bruks-societens bekostnad anstalde.* Stockholm , 1813.

La cuisson commence vers le centre et se répand peu à peu vers la circonférence. Si donc on a du bois tendre à carboniser avec du bois dur, il faut avoir soin de le placer vers les points les plus éloignés de l'ignition, afin qu'il ne commence à brûler que lorsque le centre est déjà avancé et qu'il ne soit pas exposé à une chaleur si intense.

Une fois la meule faite et la surface extérieure bien unie, à l'aide de bûchettes qu'on place dans les intervalles anguleux, on *feuille* le four, c'est-à-dire qu'on le couvre de feuilles, de mousse, de bruyère, etc., le plus souvent de gazon vert dont on tourne la chevelure vers le bois; puis, on enveloppe le tout d'une couche de terre humectée qu'on applique avec une pelle.

Il est important que la sécheresse ne s'empare pas de l'enveloppe avant la mise en feu; on évite ainsi les crevasses. L'époque des grandes chaleurs est donc mal choisie pour cette opération : le temps le plus favorable à la cuisson paraît être, en France, entre avril et juin ou entre septembre et novembre, lorsque les rayons du soleil ne frappent plus qu'obliquement sur la terre : on sait d'ailleurs que la lumière du soleil diminue la combustion. (2)

On allume la meule en projetant dans la cheminée ou le vide qu'a laissé le poteau, des brandons enflammés qui mettent en feu les branches sèches qu'on y a déposées d'avance. Dès que la flamme s'élève au-dessus de la cheminée, on a soin de la boucher avec des feuillées

---

(1) *Voyez* les Expériences de M. Keepler, *Mecanic. Magazine.*

et du gazon. Il ne reste plus qu'à surveiller l'opération.

Bientôt une épaisse fumée s'échappe de toutes parts, la meule s'affaisse peu à peu, des crevasses se manifestent à la couverture, des vides intérieurs se forment ; le moment du travail est arrivé.

Si l'affaissement est inégal, on appelle le feu du côté opposé en perçant avec de longues aiguilles les parties non enflammées ; la fumée annonce d'avance cette disposition inégale : il est facile alors de la prévenir. Partout où l'on peut découvrir des vides, on provoque l'affaissement en refoulant dans l'intérieur le bois et le charbon en feu, et l'on remplit les interstices avec des fumerons, des bûchettes, ou même du fraisil. Enfin, on bouche les crevasses de la couverture et on la renforce du côté où la fumée indique un trop fort tirage.

Lorsque la cuisson est déjà avancée, on hâte le dégagement des vapeurs à l'aide de soupiraux qu'on pratique dans l'enveloppe avec le manche de la pelle ; on ouvre aussi des soupiraux à la partie inférieure de la meule, en ayant soin, autant que possible, de les percer du côté opposé à la direction du vent existant. Si on ne pouvait l'éviter, on ramenerait l'équilibre à l'aide de claies ou de tout autre rempart qu'on opposerait à la force du courant d'air.

Lorsque la fumée épaisse ne s'échappe plus, qu'il ne s'exhale qu'une vapeur légère et bleuâtre, on juge que la cuisson est achevée ; on s'en assure en perçant de toutes parts des ouvraux, qu'on referme quand ils commencent à rendre une vapeur légère, et on termine le travail en bouchant toutes les ouvertures par lesquelles la flamme commence à s'échapper.

C'est alors le moment de *rafraîchir*, c'est-à-dire de renouveler l'enveloppe de manière à étouffer entièrement le charbon : alors on recouvre le cône affaissé de terre et de fraisil, on bouche toutes les ouvertures qui ont pu se former, on frappe à coups de pelle la terre enveloppante, et on laisse étouffer pendant quelques jours.

Lorsqu'on veut tirer le charbon, on ne découvre que peu à peu la meule ; on ramène avec précaution au-dehors les morceaux qui forment les premières couches. Si on s'aperçoit que le noyau est encore incandescent on étouffe de nouveau pour ne retirer que le lendemain. Pour toutes ces opérations il est bon d'éviter la pluie.

Une cuisson dure de 6 à 15 jours, suivant la force des meules qui varie entre 15 et 40 cordes. Dans la Bourgogne, les meules sont assez souvent de 36 cordes, et le temps de la cuisson est de 11 à 12 jours ; dans la Nièvre, on carbonise très souvent des fauldes de 4 cordes seulement : l'opération ne dure que 24 heures. Cette dernière méthode est la moins économique, mais on prétend y trouver moins de *fumerons*, c'est-à-dire de charbons mal cuits, à demi carbonisés.

La quantité de produits de la carbonisation dépend de l'essence du bois, de l'époque de l'abattage, du dressage, de la conduite de la cuisson, de l'état du plancher sur lequel est placée la faulde, du temps, de la saison, etc., d'une foule de circonstances enfin qui compliquent singulièrement le problème. Néanmoins les variations sont retenues dans de certaines limites qu'elles ne dépassent presque jamais. Une corde de Bretagne, de 90 pieds cubes, donne ordinairement en bois de 20 ans ·

En hiver....... 8 à 10 hectolitres de charbon.
En été........ 9 à 11 $\frac{1}{2}$ d°.

Dans le Charolais et la Basse-Bourgogne, la corde de 60 pieds cubes, en bois de 15 ans, donne 6 à 7 hectolitres de charbon. La corde de la Franche-Comté, de 80 pieds cubes, produit 7 $\frac{1}{2}$ à 8 $\frac{1}{2}$ hectolitres. En général on calcule sur 9 hectolitres de charbon pour une corde charbonnière de 80 pieds cubes, lorsque toutes les circonstances sont favorables.

Dans un voyage métallurgique que nous avons entrepris en 1827, nous avons eu soin de faire peser, en chaque département, 7 hectolitres de charbon obtenu du bois de chêne, et nous avons trouvé pour moyenne, et pour le poids d'un hectolitre,

Loire-Inférieure..... 18 $\frac{1}{2}$ kilogrammes.
Indre-et-Loire.. 19
Nièvre............. 18
Saône-et-Loire.. ..... 18 $\frac{1}{4}$
Haute-Saône........ 17 $\frac{1}{4}$
                      ————
                      91 $\frac{1}{2}$

Ce qui donne pour la moyenne générale 18,30 kilogrammes.

Karsten, dans le Mémoire que nous avons déjà cité, donne le tableau suivant du produit en poids de la carbonisation de 100 parties de bois :

BOIS SOUMIS A LA CARBONISATION.	QUANTITÉS OBTENUES DE 100 PARTIES DE BOIS.			
	CARBONISATION RAPIDE.		CARBONISATION LENTE.	
	Charbon.	Cendres.	Charbon.	Cendres.
Jeune chêne.	16,39	0,15	25,45	0,15
Vieux *id*.	15,80	0,11	25,60	0,11
Jeune hêtre (*fagus sylvatica*).	14,50	0,375	25,50	0,375
Vieux *id*	13,75	0,40	25,75	0,40
Jeune charme commun (*carpinus betulus*).	12,80	0,32	24,90	0,32
Vieux *id*.	13,30	0,35	26,10	0,35
Jeune aune.	14,10	0,35	25,30	0,35
Vieux *id*.	14,90	0,40	25,25	0,40
Jeune bouleau.	12,80	0,25	24,80	0,25
Vieux *id*.	11,90	0,30	24,40	0,30
Jeune sapin (*pinus picea*).	14,10	0,15	25,10	0,15
Vieux *id*.	13,90	0,15	24,85	0,15
Jeune pin (*pinus abies*).	16,00	0,225	27,50	0,225
Vieux *id*.	15,10	0,25	24,50	0,25
Jeune pin de Genève. (*pinus sylvestris*). .	15,40	0,12	25,95	0,12
Vieux *id*.	13,60	0,15	25,80	0,15
Tilleul.	12,90	0,40	24,80	0,40
Bouleau qui, pendant plus de 100 ans, avait servi d'étançon dans une mine, et s'était bien conservé.	12,15		25,10	

Le but de la carbonisation est d'obtenir le plus de charbon possible, et l'effet du charbon est en raison de sa densité, de son poids. Il est, en conséquence du tableau qui précède, très avantageux de ne pousser d'abord la cuisson des meules qu'avec un feu modéré, et de chercher à le tempérer par tous les moyens possibles. Cette carbonisation lente augmente, comme on le voit, les produits d'une manière très-remarquable, puisque le résultat obtenu par M. Karsten est, par ce procédé, presque le double de celui donné par la combustion rapide.

Il serait possible de recueillir une partie de l'acide et du goudron qui, dans les meules ordinaires, est entièrement perdu pour le charbonnier; il suffirait pour cela de paver la faulde et de lui donner une pente de la circonférence au centre, où les liquides viendraient se déposer dans un réservoir disposé au-dessous du niveau du sol. Ce moyen proposé par le savant métallurgiste de la Silésie, est d'une grande simplicité et produit des résultats avantageux qu'un maître de forges ne doit pas négliger.

Nous avons dit que la fibre ligneuse du bois contenait 52 pour 100 de carbone; cependant on n'obtient réellement que de 16 à 18 de charbon impur dans la carbonisation en meule. C'est qu'il est impossible, dans cette manière d'opérer, de se mettre entièrement à l'abri des courans d'air et qu'une grande partie du carbone est dissipée sous diverses formes. MM. Foucaud (1)

____

(1) A Bercy, près de Paris.

et de La Chabeaussière (1) ont cherché à éviter
ce grave inconvénient. Le premier, en entourant
la meule d'une cloison en châssis qui s'assem-
blent et se transportent facilement. L'acide pyroligneux, qui se condense sur ses parois inter-
nes, la garantit du feu. On obtient par ce moyen
22 à 25 pour 100 au lieu de 16 à 18. M. de La
Chabeaussière creuse en terre des cylindres vides
ou fourneaux souterrains qui communiquent avec
le sol par des évens pratiqués *ad hoc*. Cette
méthode vicieuse à plusieurs égards, puisqu'elle
peut concentrer l'humidité sur le bois placé dans
le fourneau, est avantageusement remplacée par
le second procédé qu'il indique : il consiste à
former en gazon ou en terre battue un cylindre
dont l'extrémité supérieure est recouverte d'un
chapeau de tôle P, *fig.* 4, portant un soupirail *a*
pour la mise en feu ; des évens G G G sont pratiqués à la base du fourneau, à travers l'épaisseur des murailles. Une cheminée H conduit les
fumées. Le mur d'entourage a huit pieds d'épaisseur à sa base ; le vide intérieur ou le fourneau
a 9 pieds de diamètre au fond, et 10 pieds à la
partie supérieure ; le bord de l'ouverture est garni
de briques. L'opération dure 60 à 80 heures ;
cinq ouvriers suffisent pour charger et décharger
huit fourneaux, diriger le feu, recueillir les
produits de la distillation, réparer, nettoyer,
mesurer et ensacher. Le produit annuel de ces
huit fourneaux est de 16,000 hectolitres de charbon de bois, produits par 500 décastères ou 1823

---

(1) *Mémoire sur la Carbonisation du bois*, par M. le
chevalier de La Chabeaussière.

cordes, ce qui fait près de 9 hectolitres de charbon par corde de 80 pieds cubes ou 25 pour cent en poids.

En adaptant à la cheminée H, un appareil de condensation composé de futailles placées debout, à la suite l'une de l'autre, et communiquant entre elles au moyen de tuyaux coudés en terre cuite ou en bois, on recueille annuellement une certaine quantité de goudron, et 30,000 veltes (2235 hectolitres) d'acide pyroligneux de 2 à 5 degrés à l'aréomètre.

Ce procédé offre de très grands avantages et la construction des fours est facile et peu dispendieuse (1) ; mais il n'est guère susceptible d'être appliqué sur une échelle aussi vaste que le réclament les usines à fer. Il a donc les inconvéniens des fourneaux ordinaires dans lesquels on a pour but principal de recueillir les produits de la distillation.

Chaque fourneau de M. de La Chabeaussière ne peut recevoir à la fois que $3\frac{1}{2}$ cordes de bois (toujours de 80 pieds cubes). Il ne peut donc remplir le but : le goudron d'ailleurs y est mal recueilli, et c'est cependant un produit qu'on ne devrait pas négliger.

Parmi les nombreuses tentatives qui ont été faites pour perfectionner la carbonisation et remplir les trois conditions proposées : 1°. recueillir tous les produits de la distillation ; 2°. atteindre le plus près possible du maximum des produits en charbon ; 3°. opérer sur une échelle capable

---

· (1) *Archiv. für Bergbau und Hüttenwesen , von* Karsten ; 1er vol. , 2e part. , 1825.

de fournir les masses que l'on consomme dans les forges ; M. Schwartz paraît avoir atteint le plus près du but : son fourneau peut carboniser à la fois 57 à 58 cordes charbonnières ; il consomme 1 aln. c.,142 de bois, pour faire une tonne de charbon (1), c'est-à-dire 100 de bois pour 69,7 de charbon. Ce résultat est trop important pour que nous ne donnions pas la description de cet appareil qui est en usage à Brefwen.

Le fourneau, *fig.* 5, consiste en une voûte cylindrique, fermée à ses deux extrémités par des murs verticaux en sable et en argile (la chaux serait attaquée par l'acide qui se dégage). La sole intérieure est légèrement inclinée vers les côtés, afin de faciliter l'écoulement des liquides, qui descendent dans des tuyaux de fer par des ouvertures *d d* ; des tuyaux coudés *e e* font écouler le goudron, dans des cuves *f f*, sans admettre l'air extérieur. Les vapeurs sont conduites par des tuyaux de fonte *g g*, dans des canaux *h h*, renfermés dans des caisses en bois et la fumée arrive ainsi jusqu'à la cheminée *i*. L'intérieur du fourneau *a a* reçoit le bois, qu'on y introduit par les ouvertures *b b b b*, qui servent aussi à retirer le charbon.

Aussitôt que la charbonnière *a a* est complétement chargée, on allume du feu dans le foyer *c c*, et dans la cheminée, par l'ouverture *k*. Cette dernière opération a pour but d'établir un tirage. La flamme est rompue en *c* par l'angle droit, et le bois est converti en charbon sans

______

(1) 1 *tunna* = 36 *kappas* ; le *kappa* est de 4,58 litres. L'*alna*, ou aune = 0,20958 mètres cubes.

qu'il puisse être consommé par un courant d'air ; ce qu'il fallait obtenir.

La méthode de M. Schwartz offre, comme on le voit, de très grands avantages, elle permet en outre de brûler le bois, même lorsqu'il n'est pas sec, ce qui est une grande économie de temps ; mais elle est soumise à deux inconvéniens : le premier est la dépense du fourneau qui est assez considérable, mais dont, suivant M. C. D. de Uhr (1), on est promptement dédommagé par l'excédant des produits ; le second, beaucoup plus difficile à éviter, est le transport du bois. Ne pourrait-on pas établir ce fourneau dans les forêts mêmes soumises à des coupes réglées ? Sans cette condition la difficulté nous paraît insurmontable.

Le charbon bien cuit est d'un noir très prononcé ; il jouit d'une grande sonorité ; il est dur et aigre, se brise facilement et instantanément sous le choc ; présente une cassure brillante et conchoïde, quelquefois irisée, lorsqu'il est cassé étant chaud ; sa pesanteur spécifique est moindre en meules qu'en fourneau.

Le charbon récemment préparé est très avide d'humidité ; il peut s'en charger singulièrement en restant exposé à l'air : on a calculé que dans 24 heures son poids augmente de 12½ pour cent. Cette facilité d'absorption est d'autant plus grande que le charbon est plus frais, et d'autant plus nuisible qu'elle en dissout les alcalis et produit une décomposition qui augmente avec le temps.

____

(1) *Barattelse och utlaatande om det nya svenska koinings soettet.* Stock. 1825.

Il est donc important de mettre le combustible à l'abri des pluies et de l'humidité de l'air, en le serrant le plus tôt possible sous des halles ou des hangars.

Le charbon provenant de jeunes taillis est chargé de sels alcalins à base de potasse, et facilite, par l'affinité de celle-ci pour la silice, le dégagement de l'oxide terreux ; le fer qu'on obtient alors est doux et de bonne qualité. Lorsque l'arbre prend de l'âge, la quantité de potasse diminue, celle de silice augmente : le fer peut alors acquérir plus ou moins d'aigreur suivant la proportion de l'oxide terreux. Ces différentes nuances ont fait donner au charbon, suivant les produits qu'on en obtient, les noms de *doux*, *aigre*, *fort* ou *faible*, dénominations assez vagues, mais qui sont presque d'un usage général.

Le charbon frais et qui a séjourné quelques jours dans la forêt est plus combustible que celui qui a séché dans les halles : les expériences de Beauchamp (1), faites en 1809 par M. Ramus, ne laissent aucun doute à cet égard, et cette espèce d'anomalie peut s'expliquer par la propriété que possède le charbon d'absorber presque au sortir de la faulde toute l'humidité qu'il est susceptible de prendre. Nous savons déjà que l'effet produit par un combustible est en raison inverse de sa combustibilité.

Le charbon retient toutes les parties alcalines du végétal. Il a donc un immense avantage sur le bois quant au traitement du fer. C'est peut-être le meilleur combustible qu'on puisse em-

______

(1) Hassenfratz, *Sidérotechnie*, tom. II.

ployer dans l'affinage, et chaque fois que le carbone se trouve en contact avec le métal à l'état de fusion.

La moyenne de trois analyses de charbon de chêne nous a donné :

Carbone............ 95
Potasse............ 0,95
Substances volatiles.. 0,70
Cendres............ 3,35
———
100

Les cendres contiennent de la silice, de l'alumine, de l'oxide de fer, de la chaux et du manganèse. La potasse existe en différentes proportions dans les différentes essences : voici à peu près la teneur des bois en cet alcali :

Charbon de Chêne ..... 0,80 pour cent.
Hêtre....... 0,50
Orme...... 2,00
Tremble.... 0,60
Sapin...... 0,20

Il suit de là que, pour affiner les fers siliceux, il convient d'employer le charbon d'orme ; que la moyenne teneur des bois est 0,82 pour cent, et que le charbon de chêne représente assez bien ce médium.

Cette forte teneur en alcali dans le charbon d'orme est un précieux avantage que malheureusement la rareté de cet arbre ne permet pas d'apprécier à sa juste valeur. Nous ne saurions trop le recommander aux maîtres de forges et aux propriétaires d'usines et de forêts : ils pourraient en garnir les clairières et se procurer peu à peu, dans leur charbon, une moyenne teneur alcaline plus considérable. L'orme d'ailleurs est un excellent bois de charronnage et est, sous bien des rapports, susceptible d'une vente facile.

ARTICLE III.

De la Carbonisation de la tourbe.

Les terrains à tourbe sont presque toujours humides et marécageux ; ils résonnent sous les pas, forment comme un plancher élastique, et sont quelquefois et dans certains endroits si délayés qu'il y a du danger à s'y hasarder à cheval. C'est probablement à cette mobilité étrange qu'on doit de retrouver dans les tourbières des armes, des ustensiles de ménage, etc. , qui ont dû y être enfouis il y a plusieurs siècles. (1)

On acquiert la certitude qu'il existe de la tourbe sous un gazon en enfonçant un pieu ou un instrument quelconque dans la terre. Les couches qui se trouvent au-dessous de la première couche végétale sont détrempées, molles, et n'opposent qu'une faible résistance.

Si la masse tourbeuse est liquide, comme il arrive presque toujours dans les pays bas, on écarte les premières couches de gazon avec une pelle, des bêches, etc. ; on enlève la tourbe à

____

(1) On a trouvé, dans les tourbières de Montoire, près de Nantes, deux glaives en bronze qui ont appartenu aux Romains. D'après la profondeur à laquelle ils étaient enfouis, M. Athenas a évalué de 5 à 7 pouces par siècle l'élévation qu'acquièrent les marais tourbeux.

l'état de bourbier, on la dépose entre des planches qui forment des compartimens et on laisse sécher. On a soin, avant qu'elle ait acquis toute sa dureté, de couper les morceaux de la forme voulue; on achève de les séparer après l'été.

Lorsque la tourbe est plus solide, on doit favoriser l'écoulement des aux à l'aide de fossés de desséchement; enlever les premières couches qui sont toujours plus ou moins terreuses, et attaquer le banc à sa partie la plus compacte. Le combustible est alors coupé en morceaux d'une certaine dimension et rassemblé en piles dans un endroit sec où il passe l'été.

La tourbe doit être bien sèche avant d'être soumise à la carbonisation : l'humidité retarde l'opération, effectue, à une certaine température, une décomposition partielle qui augmente le déchet et donne d'ailleurs un mauvais produit.

On carbonise la tourbe en tas, en meules ou en fourneaux. La carbonisation en tas, de même que celle en fosse, est une méthode trop vicieuse, qui donne de trop mauvais produits pour que nous nous y arrêtions. Nous allons parler de l'opération en meule et en fourneau.

Lorsque les mottes sont coupées également et en parallélipipède, il est facile d'établir une meule régulière et de laisser le moins d'intervalle possible entre les morceaux. On carbonise ordinairement des mottes de fortes dimensions et on donne aux meules un cubage de 2 ou 3 cordes seulement. Elles ont la forme d'une calotte sphérique, afin que le feu qui est mis par le centre, comme dans la carbonisation du bois, se répande bien uniformément dans la masse. Des ouvreaux sont pratiqués vers la faulde pour fournir l'air nécessaire, et pour servir à gouverner le feu.

La meule étant ainsi préparée, on la *feuille* de la même manière que les meules de bois, et on lui donne l'enveloppe de terre. Les ouvreaux exposés au vent sont fermés avec soin et on met le feu par ceux opposés. Aussitôt que la flamme commence à se montrer, on couvre la calotte et on y appelle l'air à l'aide de soupiraux.

La conduite de la cuisson est à peu près la même que pour le bois. On se sert en outre d'une broche en fer qui sert à sonder la masse et à juger du degré de carbonisation par le plus ou moins de résistance qu'on y rencontre. Bientôt la meule s'affaisse, la fumée s'échappe en flocons blanchâtres, et la cuisson est achevée.

Il reste à boucher les ouvreaux ouverts et à en pratiquer d'autres dans les parties qui ne sont pas aérées, en commençant par le point culminant et descendant peu à peu jusqu'à la faulde. Enfin, on rafraîchit le tout, on laisse refroidir et on retire le charbon.

La qualité de la tourbe désigne toujours le traitement auquel elle doit être soumise : si le combustible est compacte et appartient aux couches inférieures du banc tourbeux, il doit être attaqué vivement par le feu, parce qu'il brûle avec plus de difficulté; si, au contraire, la tourbe est légère et spongieuse, sa cuisson demande beaucoup de ménagement et de soin : on ne doit ouvrir les évens que le temps strictement nécessaire pour réduire en charbon, les fermer à point, en un mot prendre toutes les précautions que les circonstances, telles que la force du vent, la direction des courans atmosphériques et la saison, peuvent rendre nécessaires.

La carbonisation produit ordinairement 15 à 18 pour cent en volume, et 20 à 25 pour cent en poids dans les meules.

À l'exception de quelques essais entrepris et dans lesquels on suivait à peu près le même mode de distillation que pour le bois, la carbonisation en four n'a pas présenté jusqu'à ce jour un cours régulier d'opérations capables de fixer l'attention des métallurgistes. Le fourneau décrit dans le *Journal des Mines* de l'an III, a beaucoup de ressemblance avec celui de M. de La Chabeaussière dont nous avons parlé ; mais il a le même inconvénient, celui de n'être applicable qu'à de petites masses. Nous n'avons que peu de données sur les fourneaux de l'Écosse où l'on traite la tourbe en grand. Cependant les produits de la distillation sont de nature à n'être pas négligés : les expériences de M. Blavier ont fourni pour 577,127 kilog. de tourbe compacte :

236,785 kilog. de charbon.
113,447 de liquide.
3,447 de goudron.

Ce qui fait 40 pour cent en poids de tourbe carbonisée.

Les parties constituantes du charbon de tourbe sont aussi variables que les parties qui forment la pâte tourbeuse. Nous avons fait, avec un soin tout particulier, les analyses de nombreux échantillons de tourbe, sans pouvoir arriver à une moyenne satisfaisante ; et cela se conçoit facilement d'après les différences notables qu'on remarque dans les tourbes d'une même localité.

Quant à la tourbe carbonisée, il n'est pas si difficile de réussir à en déterminer la composition générale. D'après sept analyses que nous avons faites d'échantillons de mottes carbonisées provenant de la tourbière de Montoire, nous croyons pouvoir donner comme moyenne celle qui suit :

$$
\begin{array}{ll}
\text{Carbone.............} & 87 \\
\text{Cendres ....} & 13 \\
\hline
& 100
\end{array}
$$

Les essais infructueux de Wagner (1), ceux de M. Karsten, et la haute teneur en cendres de la tourbe carbonisée et de la tourbe crue, ont pu autoriser ce dernier à dire qu'en carbonisant ce combustible on en diminuerait le volume, mais que la quantité des cendres resterait la même ; et c'est là que gît la difficulté. La seule différence qui pourrait en résulter, ajoute-t-il, ce serait une *economie en combustible*, économie qui serait chèrement payée par les frais de carbonisation. (2)

Nous combattrons en leur lieu les opinions de Wagner qui, dans ses expériences, n'a tenu aucun compte de la densité de l'air nécessaire pour la combustion de la tourbe ; nous nous contenterons de rapporter les faits suivans qui nous paraissent tellement péremptoires qu'ils peuvent se passer de commentaires.

1°. Lampadius, dans ses opuscules chimiques, rapporte des essais qu'il a faits dans un haut

---

(1) *Journal des Mines*, t. xiv et xv.
(2) *Manuel de la Métallurgie du fer*, t. 1er, p. 324 ; traduction de M. Culman.

fourneau de Radnitz ; essais qui furent couronnés d'un plein succès. (1)

2°. Le même succès fut obtenu dans le haut fourneau de Wernigerode (Hartz).

3°. Un grand nombre de hauts-fourneaux en Écosse sont alimentés par ce combustible et fournissent cependant d'excellente fonte.

Ainsi la quantité de cendres contenues dans ce charbon ne paraît pas être un obstacle pour le traitement du minerai et la production de la fonte. Voyons maintenant ce qui arrive dans le travail du fer et de l'acier.

1°. Des essais faits à Paris, par MM. Besson et Liegeon, sur l'ordre de la Commission d'agriculture et des arts, dans les ateliers de la république , il résulte qu'on a forgé à l'aide du charbon de tourbe, deux dos de rasoirs avec l'acier anglais, et une lame de couteau avec l'acier d'Allemagne ; que différens morceaux de fer ont été de même soumis à une forge alimentée par le même combustible ; que l'acier soudé avec lui-même a donné de bons résultats ; qu'en un mot la tourbe carbonisée paraît plus propre aux petites forges que le charbon de bois, qu'elle *crasse* moins et qu'elle ne découvre pas si facilement. (2)

2°. Dans l'arrondissement de Chateaulin (Finistère), où l'on carbonise la tourbe en petites meules, les habitans d'Estael et des communes voisines vendent au forgeron du pays, la charge de

---

(1) *Journal des Mines* , t. xv.

(2) Notre mémoire ne nous permet pas de citer l'ouvrage où cette expérience est consignée; nous croyons que c'est le *Journal des Arts et Manufactures.*

ce combustible, à raison de dix centimes (1); ceux-ci l'emploient dans leurs forges, l'estiment plus que le charbon de bois parce qu'il produit un feu plus vif, et prétendent même qu'il donne de la qualité au fer.

Si nous voulons savoir jusqu'à quel point est fondée leur opinion sur la chaleur produite par la tourbe carbonisée, nous n'avons qu'à recourir aux expériences de M. Blavier, ingénieur en chef des mines, lesquelles furent faites le 11 juillet 1816, en présence des adjoints de la mairie de Reims. (2)

Sept tonnes d'eau de pluie furent placées dans deux chaudières; l'une, en cuivre rouge, fut chauffée par un feu alimenté par de la houille de Mons de bonne qualité; l'autre, en cuivre jaune, le fut par de la tourbe mousseuse de Muison.

L'opération dura 1 heure 42' pour le feu de houille, et 1 heure 41' pour le feu de tourbe, ce qui est sensiblement la même chose.

Il fut employé 50 kilogrammes de houille d'une part, et 158 kilog. de tourbe de l'autre. La houille vaut à Reims 28 fr. le millier (500 kilog.), et la tourbe 45 fr. (3) la pile de 520 pieds cubes environ = 3671 kilog. Le combustible coûta donc

(1) Une charge équivaut à un hectolitre et demi.

(2) *Voyez* le procès-verbal dressé à cette occasion, dans les *Annales des Mines*, t. 1er.

(3) Ces prix ont été exagérés à dessein : la houille coûtait 30 francs les 500 kilog. et la tourbe 35 francs la pile. Si on se donne la peine de faire le calcul, on verra que la différence en faveur de la tourbe est de 1 f. 50 c., c'est-à-dire 50 pour 100.

Houille........ .... 2 f. 80 c.
Tourbe........................ 1 93
____
Différence en faveur de la tourbe.. 0 87

Nous sommes entré dans quelques détails sur l'emploi de la tourbe et de son charbon, parce qu'il nous a paru utile de combattre un préjugé qui s'oppose à l'usage de ce combustible ; préjugé d'autant plus fort qu'il est appuyé par des métallurgistes distingués et des savans dont l'opinion fait loi en pareille matière. Mais plus l'insouciance, assez naturelle aux propriétaires des tourbières, paraît avoir de raisons pour se retrancher derrière cette barrière redoutable, plus il est de notre devoir de lui opposer l'arme du raisonnement et de l'expérience. Nous perdons une de nos plus belles richesses territoriales, tandis que l'Écosse trouve dans les mêmes matériaux que nous négligeons une source inépuisable de prospérité.

ARTICLE IV.

De la Carbonisation de la houille.

Le produit de la carbonisation de la houille porte le nom de *coke*.

Toutes les houilles ne sont pas propres à être également carbonisées ; la quantité de produits diffère au contraire tellement que les unes ne donnent pas plus de 48 pour cent de coke, les autres offrent jusqu'à 90. Jamais cependant dans les arts on n'atteint ce maximum qui n'a encore été obtenu que dans les laboratoires et avec des précautions qu'il est impossible de prendre dans les grandes usines.

Il ne faut pas croire pour cela qu'il faille rejeter, au premier examen, une houille peu bitumineuse qu'on n'a pas réussi à carboniser : la
manière de conduire l'opération donne presque
toujours des résultats différens. Il existe des
houilles qu'il faut attaquer fortement à l'aide
d'un courant d'air considérable; il s'en trouve
d'autres qu'il ne faut porter que lentement et par
degrés à une haute chaleur. Une houille bitumineuse, grasse, telle que celles que nous avons
appelées *carbo-bituminides* proprement dites, se
gonfle considérablement si elle est exposée à un
feu vif et prompt : si on essaie de la brûler lentement, à une chaleur d'abord faible, puis élevée par degré, le boursouflement est moins
considérable, le coke devient plus compacte, la
pâte est moins étendue, moins fragile : on obtient
un coke fritté. Une houille maigre, au contraire,
un *carbo-bituminéïde*, demande à être carbonisée
lentement et à une douce température. Nous
avons vu cuire, dans un fourneau, de la houille
maigre de Mouzeil (Loire-Inférieure); le feu
fut en peu d'instans porté à une haute intensité
et continué outre mesure ; le vase était mal fermé
et donnait prise à l'air qu'appelait encore le
tirage mal entendu d'une cheminée : on n'obtint
au bout de 24 heures que des cendres, tandis
qu'avec une cuisson mieux dirigée et faite avec
plus de soin, on eût eu un résultat beaucoup plus
satisfaisant. (1)

Néanmoins il est des houilles qu'il faut déses-

---

(1) Cette opinion est d'autant plus probable que tout
récemment on est parvenu à carboniser en grand la
houille de Mouzeil dans l'usine d'Abbaretz.

pérer de carboniser : ce sont celles qui passent à l'anthracite, au *carbo-silicide*, et celles dont les feuillets bitumineux sont divisés par des matières terreuses qui tiennent plus ou moins de leur gangue. On essaierait vainement de carboniser la houille de Layon et Loire près de Chalonne (Maine-et-Loire), qui n'est à proprement parler qu'un schiste bitumineux ; on n'obtiendrait que peu de produits de celle de Decize, dont la combustibilité ne peut être révoquée en doute, mais qui a une faible teneur en carbone, et est souvent altérée par des substances étrangères.

En général la houille grasse est la plus propre à donner du coke et doit être carbonisée en meules, lorsqu'on a pour but principal de recueillir un charbon compacte et serré. La houille de Saint-Étienne, celles du Creusot, de Fins, de Litry, de Carmaux, d'Anzin, etc., donnent, sous ce rapport, d'excellens produits. On ne carbonise en four que le combustible dont on veut obtenir tous les produits distillés.

La carbonisation en meule ne présente aucune difficulté : on y emploie ordinairement la houille menu ou celle mi-grasse (1). La forme et les dimensions des meules sont indifférentes : elles sont circulaires, prismatiques ou coniques. La première forme est la plus avantageuse, lorsque surtout elle se rapproche d'une demi-sphère, c'est l'ancienne méthode qu'on a abandonnée ;

---

(1) Dans le grand bassin houiller de la Loire, on donne à la houille tirée en fragmens considérables le nom de *Pérat* ou *Péra* ; à celle en morceaux moins forts, celui de *Chappelé*.

la seconde est employée plus généralement, dans les grands établissemens ; c'est celle que nous avons vu préférer à la Basse-Indre, au Creusot, etc. ; la troisième enfin nous vient d'Angleterre et a été adoptée depuis peu d'années au Janon près de Saint-Étienne.

La cuisson d'une meule de houille est bien conduite, lorsque le feu se répand bien uniformément dans toutes les parties de la masse, avec une égale intensité. Cet effet est produit plus sûrement dans les meules circulaires et sphériques qu'on peut allumer par le centre ; il est presque impossible de l'obtenir avec les meules allongées ou cubiques, dont les côtés angulaires soustraient toujours quelques portions à la cuisson générale. Pour éviter une partie de cet inconvénient, on donne aux meules allongées la figure d'un demi-cylindre, dont la section est tournée vers le sol.

Le choix de l'emplacement des meules exige les mêmes précautions que pour la carbonisation du bois. Le plus souvent on dame et on aplanit le terrain, après l'avoir recouvert d'une couche d'argile ou de poussière de coke ; quelquefois on forme un plancher avec un double rang de briques à plat.

On prépare le lit inférieur de la meule, en y pratiquant des canaux, soit avec des briques placées de champ et inclinées l'une vers l'autre, soit avec des fragmens de houille. Des piquets sont fixés verticalement, au centre, si la meule est circulaire ou conique ; à égales distances, si elle a toute autre forme. Le plus ou moins de combustibilité de la houille doit servir de guide pour déterminer l'intervalle qu'il convient de laisser entre eux.

La grosseur des morceaux de houille doit aller en diminuant depuis la faulde ou base de la meule, jusqu'à la partie supérieure qui est couverte en menuaille. Les vides trop considérables sont remplis de fragmens ou de menu, et on tâche de donner à la masse une densité uniforme.

Si la houille est grasse et collante, on donne à la meule une plus grande élévation, et on la recouvre d'une couche plus épaisse de menu. La houille maigre demande une moindre élévation, afin que sa surface soit plus exposée à l'influence de l'air, et une couche plus légère, pour que le passage n'en soit pas entièrement intercepté.

Aussitôt que la construction de la meule est achevée, le carboniseur retire les piquets destinés à former les cheminées, et introduit dans les vides une barre de fer rougie au feu, ou des charbons allumés. Il attend que la flamme annonce la combustion, pour refermer les cheminées avec de gros fragmens de houille et recouvrir de menu. Le travail se réduit alors à une simple surveillance semblable à celle qu'exige l'opération de la carbonisation du bois.

Dans les environs de Saint-Étienne, et particulièrement au Janon, on carbonise la houille menue en tas prismatiques ou coniques, d'une manière analogue à celle qui est pratiquée en Angleterre. Voici la description de ce procédé. (1)

---

(1) M. De La Planche, élève ingénieur des mines,

La meule est construite à l'aide d'un moule de bois (*Fig.* 6), ayant la forme d'un cône tronqué, percé, dans sa hauteur, de trois rangs de trous circulaires, dont le premier est presque à fleur de terre. Lorsqu'on veut carboniser, on place ce moule sur sa base, et on fixe au centre un piquet carré, ou mieux rond, vertical. Dans les trois rangs de trous du cône, on introduit des pieux armés à leur extrémité extérieure d'anneaux en fer qui servent à les retirer; ces pieux sont un peu plus gros vers le moule que vers le centre, ce qui facilite leur sortie. Ils sont placés comme le montre la Figure 6.

Cette première disposition prise, on remplit le moule de menue houille, en ayant soin de l'égaliser et même de la tasser; on place les pieux à fur et à mesure que les couches de houille se succèdent et s'élèvent, et on parvient ainsi jusqu'au faîte. Alors on retire les pieux à l'aide de leurs anneaux, et on désassemble les parties du moule. Le reste de l'opération est facile à concevoir, d'après ce que nous avons dit du travail en meules.

Ce procédé a le très grand avantage de réduire en coke une sorte de houille (celle menue), dont il était assez difficile de trouver l'emploi auparavant; il mérite d'être adopté partout, et nous le recommandons aux personnes qui peuvent être à même d'en faire usage.

La houille, en se carbonisant, ne change pas

---

a donné, dans les *Annales des Mines de* 1826, t. XIII, une description qui diffère peu de la nôtre. Nous avons cru devoir conserver celle-ci.

sensiblement de volume : celle grasse et collante rend 105 à 115 pour 100; celle maigre donne 100 à 105. 100 kilogr. de houille, au contraire, ne fournissent que 40 à 50 kilogr. de coke.

Les fourneaux dans lesquels on carbonise la houille ressemblent assez aux fours de boulangers : ils ont de 8 à 10 pieds de diamètre intérieur; leur voûte est élevée de 30 à 36 pouces. On construit les murs en briques réfractaires posées à plat et maintenues par des cercles de fer boulonnés. La sole est faite également de briques placées de champ. Une ouverture circulaire d'un pied de diamètre sert de cheminée pour l'évaporation; et le long des murs sont pratiquées, à hauteur de la sole, plusieurs portes qui servent à charger et à retirer le combustible. On a soin de les tenir fermées pendant l'opération.

Ces fourneaux ne donnent point un coke aussi compacte que les meules, quoiqu'il soit en apparence plus lourd. Le produit diffère encore suivant que le four est plus ou moins ouvert. Nous pouvons citer deux essais de carbonisation qui ont eu pour but de s'assurer de cette différence : ils forment la moyenne d'une longue série d'expériences que nous avons faites sur les combustibles.

Le four, semblable à celui que nous venons de décrire, avait quatre ouvertures latérales qu'on pouvait fermer à volonté, à l'aide de briques; l'ouverture supérieure tenant lieu de cheminée restait toujours ouverte; on chargeait à la fois 20 hectolitres de houille grasse.

Le four fut d'abord exactement fermé; l'opération dura trente-trois heures, pour la carbonisation complète des 20 hectolitres de houille, qui produisirent 19,5 hectolitres de coke ; chaque hectolitre pesa, terme moyen, 37,75 kilogr., ce qui donna, pour les 1600 kilogr. de houille, 736,12 kilogr. de coke.

Dans l'autre série d'expériences, le même four fut ouvert de toutes parts, et on ne plaça devant les portes latérales que quelques briques crénelées, dans le but de rompre la force du courant d'air. L'opération dura quinze heures ; les 20 hectolitres rendirent 22 hectolitres de coke, dont chacun pesa 30,5 kilogr. Ainsi, les 1600 kilogr. de houille produisirent 671 kilogr. de coke.

L'opération donna donc le résultat suivant, pour cent parties de houille :

Four bien fermé.. $\left\{ \begin{array}{l} 98 \text{ en volume.} \\ 46 \text{ en poids...} \end{array} \right\}$ 33 heures.

Four ouvert...... $\left\{ \begin{array}{l} 110 \text{ en volume.} \\ 42 \text{ en poids...} \end{array} \right\}$ 15 heures.

Les produits de la carbonisation dans les vaisseaux parfaitement clos sont le coke, le goudron (coal tar) et les gaz. Dans les établissemens d'éclairage, en France, on retire 16,000 litres de gaz hydrogène carboné, de 100 kilogr. de houille ; il reste encore, après cette distillation, 60 à 65 kilogr. de coke, et les autres produits ammoniacaux et empyreumatiques. Mais cette opération n'ayant pas pour but principal la carbonisation de la houille, et le coke qu'on en obtient étant d'ailleurs chargé de substances grasses étrangères, les bornes de cet ouvrage ne nous permettent pas d'en suivre les procédés qui ont d'ailleurs peu de rapports avec la métallurgie.

Le coke est gris de fer, à éclat soyeux et presque métallique ; il est très poreux et conséquemment

1.   20

assez léger ; plus il est mat dans sa cassure, moins il contient de substances étrangères. Son aspect varie avec les différentes espèces de houille : obtenu d'une houille très bitumineuse, il se boursoufle et prend la forme de choux-fleurs ; il y a des houilles dont on n'obtient que des cokes frittés, d'autres qui ne donnent que des cokes pulvérulens.

Le coke doit être en fragmens de 2 à 3 pouces cubes pour être employé dans le traitement des minerais ; mais un signe certain de sa bonne ou mauvaise qualité, c'est la teneur en cendres : plus elle est considérable, moins le combustible doit être recherché. Il est facile de s'assurer de cette composition à l'aide d'une simple expérience que tous les maîtres de forges sont à même d'exécuter : il ne s'agit que de brûler un hectolitre de coke de chaque espèce, et de tenir compte du résidu en cendres. Ce résidu ne doit jamais excéder 10 pour 100 ; au-dessus de 4 à 5 pour 100, il annonce que le coke n'est pas propre au haut-fourneau. Les deux analyses suivantes sembleraient prouver que le coke en petits fragmens ne contient pas plus de cendres que celui qui est en morceaux considérables. Les échantillons analysés provenaient du Creusot.

Coke en petits morceaux.

Silice...............	0,77
Alumine...............	0,33
Chaux....................	3,00
Oxide de fer........... ..	6,66
Carbone.................	89,24
	100

Coke en petits morceaux.

Résidu terreux............ 3,00
Soufre................... 0,30
Carbone 96,70
                          ——
                          100

Quant aux cendres du coke, leur composition est assez constante : elle consiste en silice, chaux, alumine et oxide de fer.

La pesanteur spécifique du coke est à peu près 0,557 ; le poids d'un hectolitre est extrêmement variable, suivant la qualité ; cependant on peut prendre pour moyenne les termes suivans que nous avons obtenus :

Hectolitre ras........... 24 kilog.
Hectolitre comble........ 35 kilog.
  id.   *id* .... 36 kilog. Coke exposé
                             à l'air depuis trois
                             mois.
  id.   *id*........   33 kilog. Coke frais.

CHAPITRE III.

Considérations générales sur les Combustibles.

Nous venons de passer en revue les différentes espèces de combustibles : nous avons tracé d'une main timide une classification appliquée à la métallurgie ; nous espérons qu'elle sera accueillie avec indulgence et considérée comme un essai seulement. Une main plus habile viendra sans doute réformer à grands traits cette esquisse et porter dans cette partie de l'art, une lumière plus vive et plus digne d'elle.

On se tromperait beaucoup si l'on croyait que tous les combustibles sont propres au même usage ; autant vaudrait dire que la chaleur doit toujours avoir la même intensité : une flamme vive et brillante, un feu ardent et soutenu, ne seront pas plus produits par le même combustible, que les minerais réfractaires ne seront réduits également par la tourbe et l'anthracite. Le charbon de bois, dans un four à reverbère, ne produirait pas le coup de feu violent de la houille ; le coke et l'anthracite ne brûleraient que difficilement sur les grilles où le charbon de bois est promptement consumé. Les variétés d'un même combustible produisent quelquefois des différences notables : la houille sèche est nuisible dans la forge de maréchal ; la houille grasse au contraire y produit un bon effet et préserve de l'oxidation le métal sur lequel elle se boursoufle et forme une voûte.

Quelques combustibles ne produisent que de la flamme, et ne sont propres qu'à élever la température. Tel est l'hydrogène dont on a essayé de se servir en Angleterre pour certaines opérations métallurgiques. Les combustibles produisent d'autant plus de flamme qu'ils contiennent plus d'hydrogène ; ainsi, sous ce rapport, le bois s'enflamme plus facilement que la houille, et celle-ci donne plus de flamme que l'anthracite. Nous avons déjà dit que l'hydrogène avait la propriété d'augmenter le tissu cellulaire des plantes ; nous avons vu que cette propriété n'avait plus lieu pour le bois en état de décomposition et que l'hydrogène diminuait à mesure que le combustible devenait plus compacte. L'inflammabilité est donc en raison inverse de la compacité ; ainsi, un corps est d'autant plus combustible qu'il contient plus d'hydrogène, mais il brûle alors beaucoup plus vite et avec plus d'éclat.

Le carbone, au contraire (les analyses que nous avons citées prouvent qu'il augmente à mesure que l'hydrogène décroît), est d'autant plus abondant que le combustible est plus compacte, la fibre végétale plus serrée, ou la décomposition des plantes plus avancée. Les combustibles pesans sont donc plus forts en carbone que ceux légers, et les combustibles légers sont donc plus chargés d'hydrogène que ceux d'une grande pesanteur. La combustibilité d'après cela serait en raison inverse de la pesanteur spécifique, si des dispositions particulières ne venaient l'altérer en certaines circonstances.

La combustion du diamant n'a lieu qu'au moyen de la plus haute température ; l'anthracite brûle avec une grande difficulté et en dégageant beaucoup de chaleur ; la houille a une valeur calorifique bien plus grande que celle de la tourbe, et celle-ci produit plus d'effet que le bois : il suit de là que la chaleur développée par les combustibles est en raison directe de la quantité de carbone qu'ils contiennent et, par conséquent, en raison inverse de leur inflammabilité.

Le tableau suivant représente assez bien la valeur calorifique et l'inflammabilité de chaque combustible, si l'on prend pour l'une la teneur en carbone, et pour l'autre la teneur en hydrogène. Nous y joignons la colonne des pesanteurs spécifiques.

	PESANTEUR spécifique.	TENEUR EN	
		Carbone.	Hydrogène.
100 kilog. de dia-mant	3,5	100 kil.	
Id. Coke......	0,6 à 0,7	96	
Id. Charbon de bois......	0,5 à 0,6	95	
Id. Charbon de tourbe....	0.4 à 0,5	87	
Id. Anthracite .	1,5 à 1,8	87	traces.
Id. Houille....	1,3 à 1,9	77	3 à 5
Id. Lignite....	1,2 à 1,4	75	2 à 3
Id. Bois fossile.	0,9 à 1,2	55	4 à 5
Id. Tourbe. ...	variable.	27	très variable.
Id. Bois.......	0,7 à 0,8	25	6 à 8

La valeur industrielle des combustibles se compose de ces deux principes : production de chaleur et inflammabilité; elle ne dépend pas seulement de l'une d'elles, mais elle est proportionnelle à l'effet qu'elle produit pour obtenir tel ou tel résultat. Ainsi, s'il est question de chauffer une chaudière, le bois aura plus de valeur industrielle que le coke, parce qu'ici cette valeur ne dépendra pas de la valeur calorifique, mais bien de la flamme produite qui entourera la chaudière et la chauffera en moins de temps que ne l'aurait fait le charbon de houille. Les matières étrangères, d'ailleurs, le soufre, la magnésie, contenus dans certains combustibles , le prix ou la valeur commerciale , la facilité de l'approvisionnement, compliquent cette valeur industrielle de tant d'élémens, qu'il est extrêmement difficile de tracer des règles précises à ce sujet. Nous aurons soin à chaque opération où le combustible sera employé, d'indiquer le moyen d'obtenir le maximum d'effet dans le fourneau.

Les combustibles forts en hydrogène sont les plus mauvais pour le traitement des minerais : la flamme seule ne suffirait pas pour opérer la réduction des minerais de fer. Il est probable qu'elle n'aurait pas davantage lieu dans un courant de gaz acide carbonique ; car , malgré la grande affinité du carbone pour le fer, la désoxidation ne pouvant avoir lieu qu'à une haute température , l'expansion du gaz y apporterait plus ou moins d'obstacle.

Lorsqu'on essaie d'allumer un combustible très inflammable , le bois par exemple, sur le sommet d'une haute montagne et dans un air raréfié, on éprouve une certaine difficulté à le faire brûler ; tandis que dans une vallée, au pied de cette montagne, le même bois brûle avec une flamme vive et ardente. Le coke compacte ne peut s'enflammer dans nos cheminées domestiques ; si on se sert d'un soufflet, il s'allume facilement et brûle très bien : qu'on arrête le soufflet, et la combustion cesse, le combustible se rembrunit et finit par s'éteindre. Quel rôle joue donc l'air des montagnes, celui des vallées, celui des soufflets dans la production du feu ? Pourquoi faut-il au coke un air plus dense qu'au charbon de bois, dont nous nous servons dans nos cuisines? pourquoi l'air épais de la vallée convient-il mieux au bois que celui raréfié de la montagne? La section qui va suivre est destinée à répondre à ces questions intéressantes.

SECTION III.

DE L'AIR ATMOSPHÉRIQUE.

La terre est enveloppée de toutes parts d'une couche épaisse d'air atmosphérique transparent, invisible, inodore, insipide, pesant et compressible; on donne plus particulièrement le nom d'*air* à la substance de cette enveloppe, et celui d'*atmosphère* à l'enveloppe elle-même.

Considérée sous ses rapports physiques, l'air donne l'exercice à notre vue par sa transparence et son invisibilité; il est le propagateur du son, de la parole et de l'harmonie, grâce à sa sonorité et à sa substance homogène; son élasticité produit un ressort immense que les arts n'ont pas encore su mettre à profit; sa compressibilité joue un des principaux rôles dans les fonctions de nos organes; enfin nous devons à sa pesanteur les pompes, le baromètre et une foule de phénomènes intéressans.

Mais si ses propriétés physiques excitent à un si haut degré notre intérêt, son action comme agent chimique est digne de toute notre attention, et présente un des points les plus importans de la métallurgie : en effet, l'air, par sa composition, est le principe de la combustion ; sans cesse en contact avec tous les corps , il les dénature, en se décomposant lui-même , et donne naissance à une foule de combinaisons nouvelles.

De la Combustion.

L'oxigène se combine avec tous les corps simples, et avec un grand nombre de corps composés. Lorsque cette combinaison produit un dégagement de chaleur, on appelle le phénomène *combustion;* dans le cas contraire, il porte le nom d'oxidation. On pourrait donc définir la combustion : la combinaison de l'oxigène avec un corps quelconque, lorsqu'il se produit de la chaleur. Le corps qui se combine ainsi avec l'oxigène porte le nom de *combustible.*

Un des élémens les plus propres à développer une grande chaleur pendant le phénomène de son oxidation, c'est le carbone ; il se trouve abondamment dans les combustibles ordinaires, et ceux-ci sont d'autant plus propres à produire une haute température , que la quantité de carbone combiné y est plus considérable.

Si l'on brûle dans l'oxigène un morceau de charbon de bois , il se forme deux résultats différens : le carbone se combine avec le gaz oxidant et produit de l'acide carbonique, tandis qu'il reste, après la combustion, un résidu incombustible qu'on appelle cendres.

Le produit gazeux est toujours de l'acide carbonique, quel que soit le combustible brûlé, pourvu que le carbone en soit l'élément principal. Quant au résidu solide, il varie pour chaque corps employé à la combustion ; mais, comme il ne forme qu'une très faible partie du charbon, nous n'en parlons ici que pour mémoire.

Dans la combustion complète, tout le carbone du combustible est consumé. Si donc nous connaissons la quantité d'oxigène nécessaire pour convertir le diamant en acide carbonique, il nous sera facile de trouver combien chaque combustible exigera d'oxigène pour brûler complétement.

L'acide carbonique est, ainsi que nous l'avons déjà dit, composé, en poids, de

$$
\begin{array}{ll}
\text{Carbone.} & 27,67 \\
\text{Oxigène.} & 72,33 \\
\hline
& 100
\end{array}
$$

Cent kilogrammes de charbon pur demanderont donc, pour se convertir en acide carbonique, 261,40 d'oxigène. Cette quantité doit varier avec les différentes espèces de combustibles, puisqu'elle dépend surtout de leur teneur en carbone. Il en résulte le tableau suivant :

	OXIGÈNE.
100 kilog. de Diamant exigent pour leur combustion complète...	261,40 k.
Id. Coke, id............ .	250,94
Id. Charbon de bois, id....	248,33
Id. Charbon de tourbe, id...	227,42
Id. Anthracite, id.........	227,42
Id. Houille, id....	201,28
Id. Lignite, id.........	196,05
Id. Bois fossile, id..	143,77
Id. Tourbe, id............	70,57
Id. Bois, id...	65,35

D'après les expériences modernes, 1 décimètre cube d'air atmosphérique pèse 1,2991 gramme à 0° du thermomètre et à 0,76 de mercure ; ce qui donne pour 100 pieds cubes 4,4147 kilogr. Comme il peut être important de connaître les parties constituantes de ces 100 pieds cubes, nous allons en entreprendre l'analyse.

L'air atmosphérique contient de l'azote, de l'oxigène, de l'acide carbonique, et de l'eau à l'état de vapeur : telles sont ses principales parties constituantes. Quelques gaz légèrement répandus dans les couches qui avoisinent une forge peuvent y figurer encore, mais en si faible dose que nous ne balançons pas à les porter à 0,001, ce qui, pour 4,4147, donnerait 0,00415

Dalton a reconnu que la quantité de gaz acide carbonique contenu dans l'air, et qu'on portait autrefois à 0,01, ne s'élève pas à plus de 0,001, ce qui forme encore un total de 0,00415.

Suivant une évaluation moyenne, l'air des forges contient 0,01 d'eau à l'état de vapeur élastique, soit qu'on ait pour moteur une roue hydraulique, soit qu'on fasse usage d'une machine à vapeur. Ainsi 0,04147 se trouvent dans 100 pieds cubes; mais l'eau se forme de 88,29 d'oxigène, et 11,71 d'hydrogène, ce qui donne en poids :

$$
\begin{array}{lr}
\text{Oxigène} \dots\dots\dots\dots\dots & 0,03614 \\
\text{Hydrogène} \dots\dots\dots\dots\dots & 0,00533 \\
\hline
 & 0,04147
\end{array}
$$

Ainsi des 4,4147 kilogr., nous devons d'abord déduire :

$$
\begin{array}{lr}
\text{Substances gazeuses étrangères} \dots\dots & 0,00415 \\
\text{Acide carbonique} \dots\dots\dots\dots\dots & 0,00415 \\
\text{Vapeur d'eau} \dots\dots\dots\dots\dots\dots & 0,04147 \\
\hline
 & 0,04977 \\
\text{le reste} \dots & 4,36493 \\
\hline
 & 4,41470
\end{array}
$$

se composera uniquement d'oxigène et d'azote, dans la proportion de 281,925; ce qui forme :

$$
\begin{array}{lr}
\text{Oxigène} \dots\dots\dots\dots\dots & 1,01703 \\
\text{Azote} \dots\dots\dots\dots\dots & 3,34790 \\
\hline
 & 4,36493
\end{array}
$$

La vapeur d'eau se décompose dans les fourneaux et donne son oxigène au combustible : 100 pieds cubes d'air atmosphérique contiendront donc l'oxigène suivant, sous la pression d'une atmosphère :

1,01703 de l'air proprement dit.
0,03614 de la vapeur aqueuse.
——————
1,05317

On peut donc, avec cette donnée et la table précédente, trouver la quantité de pieds cubes nécessaires à chaque combustible, et former la table suivante :

	Pieds cubes d'air atmosphérique.
100 kilog. de Diamant exigent..	24,820
Id. Coke.............	23,800
Id. Charbon de bois..	23,578
Id. Charbon de tourbe.	21,590
Id. Anthracite........	21,590
Id. Houille..........	19,110
Id. Lignite..........	18,610
Id. Bois fossile......	13,650
Id. Tourbe..........	6,700
Id. Bois.............	6,200

La force de cohésion des combustibles est un obstacle à leur combinaison : à la température ordinaire où cette force est à son maximum, il ne peut se produire d'acide carbonique, par conséquent de combustion. Mais si on élève la température, la cohésion diminue jusqu'à devenir nulle, tandis que l'affinité du carbone et de l'oxigène reste la même qu'auparavant et tend à les combiner. Si l'on brûle un combustible riche en carbone, une anthracite par exemple, dans l'air atmosphérique ordinaire, il se forme beaucoup d'oxide de carbone, parce que l'oxigène n'est pas en quantité suffisante, et alors la chaleur développée dans la combinaison est bien au-dessous de celle indiquée par la teneur du combustible. Pour remédier à cet inconvénient, il faut plonger le carbone dans un air plus dense et plus riche en oxigène; il faut lui en fournir une plus grande quantité dans un temps donné. Ainsi, ce n'est pas seulement le volume d'air qu'il faut calculer, mais encore la pression sous laquelle il est lancé dans les fourneaux. Cette pression dépend, en même temps, de la nature du combustible et de l'espace dans lequel le vent se dilate : la dilatation étant en raison de la grandeur des foyers, on doit augmenter la pression à mesure qu'on agrandit la capacité de ceux-ci.

Il existe deux moyens de fournir le vent nécessaire à un fourneau, ou par un simple *tirage*, ou par des *machines soufflantes*.

ARTICLE II.

Du Tirage des fourneaux.

La terre est enveloppée de toutes parts d'une couche épaisse d'air atmosphérique qui pèse sur sa surface, la presse dans tous les sens, et, avec l'élasticité la plus parfaite, tend continuellement à se mettre en équilibre. Comprimées par les couches supérieures, celles qui avoisinent la surface du globe portent tout le poids de l'atmosphère ; et cette compression diminuant à mesure qu'on s'élève, il s'ensuit que les densités de l'air décroissent suivant une loi constante, et que le fluide élastique est d'autant plus léger qu'on s'éloigne davantage du sol.

Si donc, dans un fourneau quelconque, on place un combustible enflammé, la chaleur se porte vers les parties supérieures, le conduit de la cheminée s'échauffe peu à peu, l'air intérieur se dilate, l'équilibre est rompu ; la colonne intérieure devient plus légère et s'élève dans l'atmosphère, tandis que celle extérieure s'introduit par une ouverture ménagée à dessein, perd tout son oxigène et augmente ainsi la chaleur, en même temps que la dilatation. Une nouvelle masse d'air se précipite sur le foyer et éprouve le sort de la première ; d'autres se succèdent, s'entraînent mutuellement et produisent par cette décomposition successive une action dynamique à laquelle on a donné le nom de *tirage*.

Dans les arts industriels où il s'agit de brûler un combustible donné, pour produire un maximum de chaleur, on arrive à ce résultat chaque fois qu'on fournit au combustible l'air qui lui est nécessaire pour convertir tout le carbone en acide carbonique. Mais il est presque impossible d'obtenir ce maximum d'effet, et de ne pas s'écarter de la limite que pose la théorie : si l'air n'est pas fourni par le tirage assez vite et en assez grande quantité, il se forme de l'oxide de carbone, et il se produit moins de chaleur ; si au contraire le tirage est trop fort, et que l'air arrive trop abondamment, une grande portion s'échappe sans avoir servi à la combustion et emporte une partie de la chaleur produite. Dans la plupart des anciens hauts-fourneaux au bois, il se forme 5 à 6 pour 100 d'oxide de carbone.

On rend le mouvement de l'air plus rapide, et par conséquent le tirage plus fort, par l'élévation de la cheminée du fourneau : la pression de l'air extérieur étant moins forte dans les hautes régions, celui intérieur qui remonte après la dilatation éprouve d'autant moins de résistance que le conduit est plus élevé. On favorise encore le courant par le rétrécissement de la cheminée ; mais ce moyen est dangereux, et a d'ailleurs des limites très étroites et qu'il ne faut pas dépasser. Nous en parlerons à l'article des fourneaux.

ARTICLE III.

Des Machines soufflantes.

Toute machine à l'aide de laquelle on lance dans l'intérieur d'un fourneau de l'air recueilli au-dehors, porte le nom de machine soufflante, ou plus simplement de soufflet.

Les soufflets ont sur le simple tirage l'avantage d'augmenter la densité de l'air, et de donner au vent une vitesse calculée et variable à volonté, sans que cette vitesse soit soumise à des bornes aussi étroites que celles mises à la puissance du tirage ; mais ils ont le désagrément d'exiger une machine, quelquefois puissante, pour les faire mouvoir. Néanmoins chaque fois qu'il est nécessaire de se procurer une grande masse de vent, et qu'on doit brûler un combustible très charbonneux et qui exige un air très dense, les machines soufflantes sont les seuls instrumens que le maître de forges ait à sa disposition et dont il puisse obtenir cet effet.

Il existe bien des espèces de machines soufflantes : dans les unes une surface inflexible
comprime l'air en se rapprochant d'une autre
surface aussi inflexible, à laquelle elle est réunie,
à l'une de ses extrémités, par un axe ou charnière ; ce sont les *soufflets ordinaires ;* dans les
autres, les plans comprimans sont indépendans
l'un de l'autre, et celui mobile est renfermé
dans une caisse où l'air est comprimé ; ce sont
les *machines à pistons ;* dans les troisièmes, l'eau
remplace ce plan mobile et chasse l'air devant
soi ; telles sont les *trompes* et les *machines à
tonneau ;* dans les quatrièmes enfin, l'eau tient
lieu du plan immobile des pistons contre lequel
une surface inflexible et mobile vient comprimer
le vent ; c'est ce qui a lieu dans les *caisses hydrauliques,* les *chapelets soufflans* et les *vis à
vent* d'Archimède.

Quelle que soit celle des quatre classes à laquelle il faille rapporter une machine soufflante,
elle a toujours trois parties essentielles qui sont
indépendantes de sa forme : *le corps* du soufflet,
dans lequel l'air est introduit et comprimé ; l'*ouverture* ou la *soupape* d'introduction de cet air,
et la *buse,* par laquelle il est forcé de s'échapper. (1)

---

(1) Dans les calculs que nous allons être dans le
cas de faire, nous appellerons C la vitesse de la surface mobile comprimante, le piston par exemple ;
A cette surface même ; W l'ouverture d'introduction ;
K la pression de l'atmosphère ou la hauteur d'une
colonne atmosphérique de densité uniforme ; h la hauteur d'une colonne d'eau qui lui fait équilibre ; u la
vitesse due à la hauteur K ; g la gravité.

L'ouverture par laquelle l'air entre dans le soufflet doit être aussi grande que les circonstances le permettent dans la construction d'une machine soufflante; car lorsque l'air a été entièrement chassé de l'âme, la surface mobile comprimante éprouve, pour reprendre sa première place, une résistance due à la pression atmosphérique, et cette résistance est d'autant plus grande que l'ouverture d'introduction de l'air est plus petite; elle serait nulle en effet, si cette ouverture était égale en surface au plan comprimant, et atteindrait son maximun, si, par un événement quelconque, l'ouverture venait à être complétement oblitérée. On trouve, par le calcul, que cette résistance est en raison inverse du carré de l'ouverture par laquelle l'air entre dans le soufflet. (1)

---

(1) Le rapport des densités de l'air et de l'eau est $:: \delta : \Delta$; d'où l'on tire $k : h :: \Delta : \delta$, et $k = h \dfrac{\delta}{\Delta}$; or le carré de la vitesse étant proportionnel à la hauteur

$$u^2 : 4 g h :: k : h :: \Delta : \delta,$$ on aura $u^2 = 4 g h \dfrac{\Delta}{\delta}$

et $u = 2 \sqrt{g h \dfrac{\Delta}{\delta}}$; ce qui donne la vitesse due à la compression totale de l'atmosphère, en vertu de laquelle l'air entre dans un espace parfaitement vide.

L'air s'introduit par l'ouverture W avec une vitesse qui dépend de celle avec laquelle on élève la surface comprimante $= S$; or $S : C .: A : W$, donc $S = C \dfrac{A}{W}$, et tant que $C \dfrac{A}{W} < u$, il entrera de l'air sous le plan

L'ouverture d'introduction de l'air est quelquefois fermée par une soupape dont le poids vient encore augmenter la résistance que rencontre le plan comprimant ; cette soupape ne s'ouvre que lorsque l'air intérieur est assez raréfié, pour qu'il y ait excès de ressort dans l'air extérieur et que cet excès puisse vaincre la résistance qu'oppose cette soupape ; elle a en outre l'inconvénient de diminuer l'ouverture d'introduction. Il convient alors d'augmenter cette ouverture et d'ajouter un contre-poids à la soupape. (1)

---

comprimant, avec une vitesse dépendante de la différence de la densité de l'air extérieur et de l'air intérieur. Si l'on fait $y =$ la hauteur de la colonne d'eau en vertu de laquelle la vitesse s a lieu, on aura

$$y : h :: s^2 : u^2, \text{ d'où } y = h\,\frac{s^2}{u^2}.$$

La pression exercée sur la surface comprimante équivaut au poids d'une colonne d'eau $= h$; celle exercée sous cette surface et de bas en haut $= h - y$; l'action totale est donc $h - (h - y) = y$; si nous faisons cette pression $= p$, nous aurons $p = A\,y$; et si le poids d'un pied cube d'eau $= B$, nous aurons

$$p = A\,y\,B = A\,h\,\frac{s^2}{u^2}\,\beta.$$

Mais puisqu'on a

$$s^2 = c^2\,\frac{A^2}{W^2} \text{ et } u^2 = 4gh\,\frac{\Delta}{\delta},$$

il faudra donc substituer et dire $p = A\,\dfrac{A^2\,C^2\,\delta}{W\,4\,g\,h}\,\beta.$

(1) Si l'ouverture réelle peut être regardée comme étant réduite à sa quatrième partie par la soupape, la formule $p = A\,\dfrac{a^2\,c^2}{W^2}\,\dfrac{\delta}{4\,g\,h}\,\beta$, deviendrait $= A\,\dfrac{M^2\,\delta}{g\,\Delta\,W^2}\,\beta.$

La vitesse avec laquelle l'air condensé entre dans le vide est la même à tous les degrés de condensation : elle est égale à celle que l'air atmosphérique d'une densité moyenne aurait au premier instant où elle se précipite dans le vide (1); mais l'air atmosphérique est un poids

---

Veut-on déterminer quelle grandeur on doit donner à l'ouverture pour que la résistance soit très petite, et supposer, pour cela, que $\dfrac{A^2\,c^2}{W^2}\dfrac{\delta}{g\,\Delta}=\dfrac{1}{25}$? il en résultera que la valeur p sur chaque pied carré du plan comprimant $= 1$ kilog. ou 2 livres, à peu près, ce qui, dans la plupart des grandes machines soufflantes, peut être confondu avec le poids et le frottement de la surface A. On aura alors

$$W = \sqrt{\frac{25\,A^2\,c^2\,\delta}{g\,\Delta}} = A\,c.\,5\,\sqrt{\frac{\delta}{g\,\Delta}}\;;\ \text{et si, pour simplifier, on fait } g = 16, \text{ et } \frac{\delta}{\Delta}=\frac{1}{800},\ \text{on aura}$$

$$W = 5\,A\,C\,\frac{1}{12800} = A\,C\,\sqrt{\frac{25}{12800}} = A\,C\,\sqrt{\frac{1}{512}} =$$

$$A\,C\,\frac{1}{22,6},\ \text{d'où l'on peut prendre sans inconvénient}$$

$$W = \frac{1}{22}\,A\,C = \frac{M}{22}.$$

(1) Soit v la vitesse avec laquelle l'air comprimé sort par la buse ; δ, la densité de l'air extérieur; $m\,\delta$, la densité de l'air intérieur ; h, la hauteur d'une colonne d'eau $=$ la pression atmosphérique ; $h + z$ la hauteur d'une colonne d'eau faisant équilibre à l'air condensé :

$$m\,\delta : \delta : : h + z : h\,;\ \text{donc } m = \frac{h + z}{h}\ \text{et } z = h\,(m - 1).$$

La densité de l'air atmosphérique : celle de l'eau $:: \delta : \Delta :$ si λ est la vitesse d'un corps grave tombant

qu'il faut vaincre en sortant, aux dépens d'une partie de la vitesse ; le vent ne pourra donc jamais atteindre une condensation intérieure telle, qu'il puisse entrer dans l'air commun avec une vitesse égale à celle avec laquelle l'air commun entrerait dans le vide. (1)

---

de $h + z$, on trouvera que la pression de l'air intérieur : la hauteur d'une colonne de fluide d'une densité uniforme $m \delta :: m \delta :$ sa hauteur $= y$, d'où

$$y : h + z :: \Delta : m \delta, \text{ et } y = (h + z)\frac{\Delta}{m \delta}.$$

Soit φ la vitesse due à la hauteur y ; on aura
$$y : h + z :: \varphi^2 : \lambda^2, \text{ et } \varphi^2 : \lambda^2 :: \Delta : m \delta ; \text{ d'où}$$

$$\varphi^2 = \frac{\lambda^2 (h + z)\frac{\Delta}{m \delta}}{h + z} = \lambda^2 \frac{\Delta}{m \delta}; \text{ mais } \lambda^2 = 4 g (h+z);$$

donc $\varphi^2 = 4 g (h + z) \dfrac{\Delta}{\delta}$, et, parce que $h + z = m h$,

$$\text{on a } \varphi^2 = 4 g h \frac{\Delta}{\delta}, \text{ ou } \varphi = 2 \sqrt{g h \frac{\Delta}{\delta}}.$$

(1) $2 \sqrt{g h \dfrac{\Delta}{\delta}}$ est la vitesse avec laquelle l'air sortirait dans le vide φ : les deux pressions δ et $m \delta$ peuvent être représentées par deux colonnes de même hauteur, de densités différentes, mais conservant chacune une densité uniforme dans toute la hauteur ; elles communiquent par la petite ouverture ou buse a.

Soit $q a$ la hauteur totale du fluide le plus dense $= y$; soit $q i$ la hauteur totale du fluide le plus rare $= x$: la pression étant proportionnelle à la densité, on a

$$x : y :: \delta : m \delta ; \text{ d'où } x = \frac{y}{m}.$$

Même effet que si l'un des tuyaux était vide et le se-

La densité de l'air intérieur du soufflet augmentera à mesure que l'orifice de la base diminuera : il est clair que la masse de vent, forcée de sortir, dans un temps donné, par une ouverture quelconque, acquiert une vitesse d'autant plus grande que cet orifice est plus petit ; mais ici la densité nuit à la vitesse, car le volume

———

cond rempli jusqu'à une certaine hauteur $ai = y - x$. Ainsi, la vitesse deviendrait

$$v = 2\sqrt{g\left(y - x\right)} = 2\sqrt{g\left(y = \frac{y}{m}\right)} = 2\sqrt{gy\left(1 - \frac{1}{m}\right)}$$

d'où $m = \dfrac{4gy}{4gy - v^2}$. Mais nous avons vu que $y =$

$k = h\dfrac{\Delta}{\delta}$; il faut donc que $m = \cdot\dfrac{4gh\dfrac{\Delta}{\delta}}{4gh\dfrac{\Delta}{\delta} - v^2}$, et

$$v = 2\sqrt{gh\frac{\Delta}{\delta}\left(1 - \frac{1}{m}\right)}.$$

Dans la note précédente $z = h\,(m - 1)$; d'où l'on tire

$$z = h\left(\frac{4gh\dfrac{\Delta}{\delta}}{4gh\dfrac{\Delta}{\delta} - v^2} - 1\right) = h\frac{v^2}{4gh\dfrac{\Delta}{\delta} - v^2},$$

et $v = 2\sqrt{gh\dfrac{\Delta}{\delta}\left(\dfrac{}{h + z}\right)}$. Puisque $h =$ la colonne

d'eau qui représente l'atmosphère, et $h + z =$ la colonne d'eau qui représente l'air condensé, la résistance sera $h + z - h = z$. Soit P cette résistance, A la surface comprimante : $P = A\,z$; et substituant à z sa valeur, étant diminué donne un moindre quotient en divisant par l'orifice de la buse. (1)

Rien de si facile, au premier aspect, que de connaître la quantité d'air lancée dans une seconde par une machine soufflante ; il suffit, pour cela, de multiplier le volume d'air intérieur par la vitesse du plan comprimant ; mais on ne peut, par ce moyen, obtenir que le calcul du vent à la pression atmosphérique (2). Il faut donc,

$$P = A\,h\,(m-1) = A\,h\,\frac{v^2}{4\,g\,h\frac{\Delta}{\delta}-v^2} \quad \text{en pieds cubes}$$

d'eau.

De tout ce qui précède, il suit que pour avoir

$$v^2 = 4\,g\,h\,\frac{\Delta}{\delta}, \text{ il faut supposer } m = \frac{4\,g\,h\frac{\Delta}{\delta}}{0} = \infty, \text{ et}$$

$$z = h\,\frac{v^2}{0} = \infty, \text{ ce qui paraît impossible.}$$

(1) Soit K' le poids de l'atmosphère ; P, le poids de la surface comprimante employé à condenser l'air intérieur ; V le volume du fluide sous la pression K'.

$$K' : K'+P :: \delta : m\,\delta, \text{d'où } m\,\delta = \frac{(K'+P)}{K} = \frac{K'+P}{K'}, \text{ si}$$

$\delta = 1$. Or le volume est en rapport inverse ; donc $K' : K' + P :: V' : V$; V' étant le volume qui correspond à $K'+P$, ou $V' = \frac{K'\,V}{K'+P} = \frac{K'}{K'+P}$, si $V=1$.

On évalue dans la pratique K' à 15 liv. ; si $P=2$ liv., la densité de l'air comprimé $m\,\delta : \delta :: \frac{17}{15} : 1$ et

$$V' : V :: \frac{15}{17} :$$

(2) Si f est la surface de l'orifice de la buse, on aura

dans ce cas, ramener la pression à celle de l'atmosphère, et pour connaître cette pression on fait usage d'un instrument particulier qu'on appelle *ventimètre*.

Les ventimètres sont à eau ou à mercure; ils se composent en général d'un tube recourbé A B C *Fig.* 7, planche 1re, communiquant d'un côté A, avec l'air atmosphérique, et de l'autre D avec l'intérieur de la machine soufflante, aussi près que possible de la buse. Un liquide est placé dans ce tube et s'établit de niveau en L et F chaque fois que l'air extérieur et intérieur font équilibre; mais sitôt que le vent est comprimé, l'équilibre est rompu et le liquide monte en G.

Le ventimètre représenté par la *Fig.* 7 est un ventimètre à mercure, le tube est en fer et se fixe à la machine soufflante à l'aide de vis et d'écrous. Sur la colonne G E communiquant avec l'atmosphère, surnage un bouchon de liége G, au-dessus duquel est placée une petite figure légère, dont le doigt marque sur l'échelle I le degré de pression; chaque degré est éloigné de l'autre de 1 pouce 10,4 lignes. Ainsi, pour 1 liv. de pression la figure monte d'une division; pour 2 liv., de deux divisions, etc.; car 15 liv. $\times$ 1 pouce 10,4 l. = 28 pouces de mercure.

Quelle que soit l'exactitude des machines soufflantes, le plan comprimant ne peut jamais s'ap-

---

la vitesse du vent en disant A $: f :: v : c$, d'où $v = \dfrac{A c}{f}$;

quant au volume d'air, il sera égal, sous la simple pression de l'atmosphère, à A $t c$, t représentant la volée du piston.

pliquer exactement sur la surface immobile du soufflet ; il reste toujours un espace rempli d'air et qui porte le nom d'*espace nuisible* (1). Dans les évaluations, il est nécessaire d'y avoir égard, si l'on ne veut s'exposer à de graves erreurs. (2)

Nous allons passer en revue les diverses espèces de machines soufflantes dont nous avons parlé, et qui forment quatre classes distinctes; nous nous abstiendrons de parler longuement de celles qui sont très connues, pour entrer dans quelques détails sur celles qui le sont moins et qui méritent de l'être.

§. Iᵉʳ.

Des Soufflets proprement dits.

Il existe deux espèces de soufflets : le soufflet de cuir et le soufflet de bois.

---

(1) *Schaedlicher raum.*

(2) Soit b la hauteur de l'espace nuisible; d, la profondeur à laquelle le plan comprimant doit retomber, avant que l'air comprimé dans l'espace b reprenne sa densité atmosphérique; h et h' les hauteurs des colonnes d'eau faisant équilibre à K' et K' + P, on aura $b : d :: h : h'$, et $d = b\dfrac{h'}{h}$. D'un autre côté,

$$d - b = b\,\frac{h'}{h} - b = b\left(\frac{h'}{h} - 1\right).$$ Si t est la volée du piston, le volume d'air chassé par la buse ne sera pas A t, mais $A\left(t - (d-b)\right) = A\left(t - b\left(\dfrac{h'}{h} - 1\right)\right)$.

Il est clair que plus b et h' seront considérables, plus l'effet du soufflet sera diminué.

Le soufflet de cuir (*Fig.* 8) se compose de deux plateaux trapéziens *a* et *b* en bois, assujettis par leur côté le moins large à une pièce de bois *c* appelée *têtière*, à l'aide d'une charnière qui leur permet de se mouvoir indépendamment l'un de l'autre. Les deux plateaux sont joints par un cuir développable *e*, cloué sur les côtés des deux plans. Celui inférieur porte une soupape à clapet *v*, faite en cuir ou en bois léger et garni de laine sur son pourtour. La têtière est percée de manière à laisser sortir l'air dans la buse.

Lorsqu'on éloigne les deux plateaux l'un de l'autre, le cuir qui forme les parois sidérales se développe et s'étend ; la soupape s'ouvre et laisse entrer l'air. Sitôt que les plateaux se rapprochent, la soupape se ferme, l'air intérieur se comprime et s'échappe par la buse, le cuir se plisse et forme des rides égales.

Dans les forts soufflets, tels que ceux qu'il est possible d'appliquer aux forges, le cuir doit présenter assez de résistance et de roideur ; l'épaisseur de ce cuir s'oppose à ce que les plis soient uniformes, et on est obligé alors d'ajouter des cadres qui permettent de régulariser les rides. Mais, quoi qu'on fasse, les plis gardent toujours une certaine quantité de vent et augmentent l'espace nuisible.

Un autre inconvénient de ces soufflets, c'est de ne donner qu'un vent intermittent : l'air, loin de sortir par la buse, lorsqu'on éloigne les plateaux, rentrerait au contraire dans le soufflet, s'il n'était raréfié à sa sortie et ne trouvait dans le peu d'air comprimé qui reste intérieurement, un obstacle à son retour.

Néanmoins ces soufflets ont le grand avantage

de se mouvoir avec facilité et de n'exiger que peu de force motrice. Assez généralement ils sont munis de poignées qui servent à rapprocher les plateaux et sont destinées à des hommes. Dans les usines, on emploie des roues à cames, qui font fléchir le plateau supérieur tandis que l'autre est fixé et immobile. Un contre-poids le ramène à sa première position.

Pour éviter l'interruption du jet d'air, on a fait les soufflets en cuir à doubles parois, c'est-à-dire qu'ils sont divisés en deux compartimens qui communiquent entre eux par une ouverture pratiquée dans la planche qui les sépare. Le premier compartiment aspire l'air par la soupape v; mais au lieu de le lancer dans la buse, lorsqu'il se rapproche du diaphragme, il le force à passer dans la soupape, dans le compartiment supérieur qui n'est, à proprement parler, qu'un réservoir d'air; un poids est placé sur le plateau supérieur et le force à descendre dès que celui inférieur s'éloigne : l'air comprimé s'échappe alors par la buse, et, comme il ne tarde pas à se renouveler, le mouvement de sortie est continu, ce qu'on ne peut obtenir dans le soufflet simple.

On augmente la vitesse du vent en augmentant la charge du plateau supérieur; mais il ne faut pas dépasser une certaine limite, car alors, le poids étant trop fort, le plateau supérieur ne pourrait s'élever et l'air sortirait par la têtière, en passant rapidement par la soupape x; l'intermittence recommencerait, et le soufflet ne remplirait plus que l'office d'un soufflet simple. Une charge trop faible occasionnerait une perte de vent et ne pourrait maintenir au surplus l'uniformité du jet.

M. Rabier a imaginé un soufflet triple en cuir,

composé de trois compartimens disposés l'un sur l'autre; les deux inférieurs X et Y (*Fig.* 9) puisent l'air par quatre soupapes et le versent par trois autres dans le réservoir supérieur Z, d'où il se rend dans la buse. Les deux plateaux B et D sont fixes; le diaphragme *c* est mobile, le plan supérieur est chargé d'un poids. Ces différens plateaux sont assujettis à la têtière N; l'air introduit par K dans le compartiment X, passe par *m* dans celui Y, lorsqu'on abaisse le plateau C; mais lorsque celui-ci remonte, la partie X se remplit d'air, le vent contenu en Y s'échappe, par un tuyau *d* et la soupape *b*, pour se rendre dans le réservoir Z. Le mécanisme est facile à concevoir.

Ce soufflet paraît, dit M. Culmann, avoir sur un soufflet de maréchal, assez grand pour fournir dans un temps donné le même volume d'air, l'avantage de donner un vent plus égal et d'occuper bien moins de place. On doit donc le préférer, surtout dans les opérations métallurgiques; sa construction est du reste assez facile et ne paraît guère plus dispendieuse que celle du soufflet double qu'il doit remplacer.

Le soufflet de MM. Jeffries et Halley, pour lequel ils ont reçu un prix de la Société d'Encouragement de Londres, est un soufflet de cuir triple fort ingénieux, mais d'une construction plus difficile que celui de M. Rabier; il est mû par une manivelle circulaire. On peut en voir la description très détaillée dans l'*Industriel* du mois d'août 1826.

Le soufflet principal est en cuir; il est renfermé dans une caisse en fer qui sert de réservoir, et dans laquelle l'air intérieur est comprimé lorsque le soufflet se développe pour l'introduction de l'air extérieur ; si le soufflet se ferme, le vent est chassé dans le réservoir où il y a encore compression. Du réservoir en fer, l'air passe dans une caisse horizontale sur laquelle une charge est placée et qui est elle-même garnie en cuir. Cette caisse fait l'office du compartiment Z, dans le soufflet Rabier.

Il existe beaucoup d'autres espèces de soufflets de cuir ; mais ils ont tous le défaut d'être d'une construction dispendieuse et d'un entretien onéreux : cet inconvénient augmente encore si on veut leur donner une grande dimension et les employer aux usines ; on ne peut donc en faire usage que dans les petites forges et les feux de réchaufferie qui n'exigent pas une grande chaleur. Dans les hauts-fourneaux et dans les forges d'affinage, on leur a substitué les soufflets de bois à charnière.

Le soufflet de bois (*Fig.* 10) a la même forme que le soufflet de cuir ; il est composé de deux caisses pyramidales : l'une mobile H, qu'on appelle *le volant;* l'autre fixe I qui porte le nom de *gîte*. Celle-ci s'applique exactement dans l'intérieur de la première ; elle porte sur ses bords des liteaux pressés par des ressorts de manière à ne pas permettre au vent de s'échapper par l'intervalle qui pourrait exister entre les deux caisses. La tétière qui fait partie de la caisse inférieure est garnie de deux frettes de fer qui l'empêchent de se fendre, et porte une cannelure cylindrique dans laquelle se place la cheville ouvrière de la charnière. C'est encore dans cette caisse inférieure que sont placées les soupapes d'introduction. Toutes les faces du volant sont planes, hormis celle de derrière, nommée *culeton*, qui est une courbe engendrée par le rayon dont le centre est sur l'axe même de la cheville ouvrière. On a soin de garnir l'intérieur de la têtière d'une cloison en tôle pour empêcher, lors de l'inspiration, que quelques étincelles, qui pourraient entrer par la buse, ne se répandent dans sa capacité.

Il est facile de concevoir que, dans les soufflets de bois, l'espace nuisible est inévitable ; il est d'autant plus considérable que les bords à liteaux sont plus élevés : il importe donc, pour que le soufflet produise le plus d'effet, de rendre ces liteaux peu larges et de donner au gîte une forme qui se rapproche le plus possible d'une surface plane.

Ce genre de soufflet exige beaucoup de soin et d'entretien ; on est obligé de le visiter souvent, de *suiffer* les liteaux, de graisser les ressorts avec de l'huile, de réparer les pièces endommagées et de veiller au jeu des soupapes. Il a, en outre, l'inconvénient des soufflets simples ; il faut dans un fourneau employer deux de ces machines (*Fig.* 10 *bis*).

Lorsque le volant du soufflet commence à descendre, il a une rapidité fort grande qui diminue peu à peu et parvient à son minimum vers la fin de la course ; c'est que l'air n'est pas condensé dans le premier moment et qu'il oppose peu de résistance, tandis qu'au point le plus bas de la course du plateau, il a acquis toute sa densité : le vent qui s'échappe d'abord par la buse, n'est donc point comparable à celui qui s'échappe ensuite. Voilà pourquoi on doit disposer les deux soufflets de manière à ce que le volant de l'un commence à descendre lorsque l'autre n'a pas encore achevé sa course. Malgré cette précaution, on obtient bien un jet continu, mais non une densité uniforme. Cette dernière condition est mieux remplie avec trois soufflets ; mais elle ne l'est pas entièrement et ne peut l'être qu'à l'aide de régulateurs dont nous parlerons par la suite.

Lorsque la caisse supérieure a été forcée de descendre, elle remonte facilement à l'aide d'un contre-poids qu'on y adapte à cet effet. C'est ordinairement une poutre faisant l'office de balancier ou de levier ; elle est fixée vers son milieu, et porte à l'extrémité opposée au soufflet une petite caisse qu'on charge de poids ou tout simplement de blocs de pierres qu'on y suspend à l'aide de cordes. Chaque soufflet doit avoir son contre-poids, autrement il serait sollicité par une force oblique qui nuirait au mouvement du volant et à l'exactitude des liteaux. Il faut encore que le contre-poids ne soit pas trop fort, car c'est un obstacle que le moteur doit vaincre ; il est d'ailleurs important que l'air ne se précipite ni trop vite ni trop lentement par les soupapes ; car il n'aurait plus la densité de l'air atmosphérique et occasionnerait des erreurs de calcul.

§. II.

Des Soufflets à piston.

Dans les soufflets de bois, le volant tient au gîte par une charnière et offre ainsi une cause de frottement de plus. Dans les soufflets à piston, c'est un plateau qui se meut dans la caisse fixe et en est indépendant. Ces soufflets sont carrés ou cylindriques.

Le soufflet carré est ordinairement en bois de chêne ou de noyer : le *piston* B (*Fig.* 11) opère son mouvement dans une caisse cubique A, au-dessus de laquelle est placée une soupape de sortie M, conduisant dans le porte-vent D; ce piston porte lui-même deux soupapes d'introduction I I, qui s'ouvrent lorsqu'il descend, et qui se ferment dans le mouvement ascendant. Des liteaux à ressort semblables à ceux des gîtes du soufflet de bois et appliqués sur le plateau mobile, empêchent la perte de vent. Ils ne sont pas néanmoins tellement combinés qu'ils ne laissent aussi un espace nuisible, moins considérable à la vérité que celui des soufflets dont nous avons parlé.

Il est évident que l'air du porte-vent est toujours dans un état de compression, tandis que celui de la caisse n'a que la densité atmosphérique. Il en résulte que la soupape M ne peut se lever que lorsque le piston, en montant, a remis l'équilibre entre les deux fluides, et donné même à celui de la caisse un excès de densité. Dans les usines où l'on se sert de deux soufflets, il est important d'avoir égard à cette irrégularité du vent et de faire jouer l'un des pistons avant que l'autre ait terminé sa course. Encore ne peut-on jamais obtenir par ce moyen une vitesse et une densité égales dans tous les instans.

Le piston est placé au-dessus de la caisse, au-dessous, ou horizontalement. Ce dernier moyen présente le plus de désavantage, en ce que le frottement est considérable et que le piston ne peut être ramené à sa première position que par un moteur *ad hoc* et non par son propre poids; il en est de même dans les pistons en dessus, mais alors on peut les livrer à eux-mêmes pour la descente, en ajoutant sur la partie extérieure du plateau le poids nécessaire à la compression de l'air, poids qu'il faut toujours remonter aux dépens de la force motrice. C'est probablement tous ces inconvéniens qui font donner généralement la préférence aux pistons en dessous ; en effet, le moteur n'est employé qu'à comprimer l'air en faisant remonter le piston, et celui-ci redescend ensuite de lui-même.

On combine ces machines deux à deux, trois à trois, etc. A Saint-Remy, la machine soufflante de la fonderie est composée de 6 soufflets à pistons horizontaux. La tige du piston de chaque caisse (*Fig.* 12, Pl. Ire) est dirigée par une roulette B qui est guidée par une rainure en fer C. Les fonds des caisses portent des clapets en bois recouverts de peaux dont le poil s'applique sur l'ouverture et la bouche beaucoup plus exactement qu'un simple clapet ordinaire, dont les moindres irrégularités suffisent pour laisser perdre beaucoup de vent.

De semblables clapets E, placés sur la paroi supérieure, s'ouvrent en sens contraire des premiers, c'est-à-dire de dedans en dehors, pour laisser échapper l'air qui se rend dans un tuyau F commun à tous les soufflets.

Pour donner à la force motrice une uniformité plus grande et pour que le vent soit régulier, les six manivelles sont placées comme les rayons de l'hexagone régulier sur l'arbre ; s'il arrive qu'on ne se serve que de la moitié des machines soufflantes, les cames sont disposées de manière à ce que celles mises en mouvement soient pla-

cées comme les rayons d'un triangle équila-
téral.

On voit à Paimpont un soufflet à piston double
qui mérite d'être mentionné. Il se compose de
deux caisses B (*Fig.* 13, Pl. 2) surmontées par une
troisième A, soutenue par 4 colonnes E E qui
livrent passage au vent. Les pistons B, en remon-
tant alternativement, forcent l'air à passer par
les colonnes creuses E, et les soupapes G, dans
la caisse supérieure qui n'est, à proprement
parler, qu'un réservoir ; le flotteur C est chargé
d'un poids de 1200 livres, et comprime l'air qui
s'échappe par les tuyaux F.

D'après les expériences faites par M. d'Aubuisson sur les machines à piston du sud-ouest
de la France, la perte d'air de ces soufflets est
très considérable. Il a trouvé que pour cent d'air
aspiré on n'obtenait, dans les usines suivantes,
à la buse, que :

Haute-Garonne.	Aciérie de Toulouse, soufflet en mauvais état...........	0,41
	Aciérie de Toulouse, soufflet neuf en bon état........	0,78
	Martinet Bosc à Toulouse...	0,69
Arriége........	Aciérie de Pamiers...	0,52
Lot-et-Garonne.	Forge de Grèzes, soufflet neuf,	0,61
	du Moulinet	0,43
	de Cuzorn............	0,67
	de Sauveterre...	0,74
	Martinet de Sauveterre.....	0,39

	Forge du Brand............	0,63
	de Beliet, bonne mach.	0,70
	de Castelnau.........	0,34
	id. (affinerie) soufflet	
	perdant...........	0,31
	d'Ichoux...........	0,40
Gironde......	Fourneau de Pissos.........	0,74
	Forge de Pontens, soufflet as-	
	sez bon...........	0,74
	d'Uza (1500 pieds cubes	
	par minute)........	0,77
	de Castels, presque	
	neuve.............	0,59

Ainsi les pertes de vent sont considérables ; elles sont des deux tiers de l'air aspiré dans quelques machines, et d'un tiers ou d'un quart dans les bonnes. Ces pertes proviennent d'une foule de causes ; elles peuvent avoir lieu entre les bords du piston et les parois de la caisse, notamment aux angles, à la jonction du couvercle à la caisse et du porte-vent au couvercle, aux joints du porte-vent qui a quelquefois une longueur de plus de 100 pieds ; à la différence de densité de l'air aspiré et de l'atmosphère ; enfin, à l'espace nuisible (1).

---

(1) Si n est le volume de l'espace nuisible, la quantité d'air aspirée ne sera point A t, mais A $t - n \dfrac{h}{b+h}$, h étant la hauteur du *pèse-vent*, et b celle du baromètre.

Le pèse-vent est un manomètre à mercure, recourbé en deux endroits et formant trois branches principales ; celle inférieure communique avec le soufflet, celle supérieure avec l'air atmosphérique. On trouve par cet instrument la différence de pression des deux airs.

Ces pertes sont bien moins sensibles dans les soufflets cylindriques à piston.

Ces soufflets sont en fonte ainsi que leur piston ; ils sont parfaitement alésés, et le piston est garni de cuir ou mieux de cuivre, de la même manière que dans les cylindres à vapeur. On réunit quelquefois plusieurs de ces cylindres dans une même machine soufflante. Souvent ils portent deux soupapes d'introduction : l'une à la partie supérieure, l'autre à celle inférieure. Le soufflet est alors dit *à double effet*. Les calculs que nous donnons sur les machines soufflantes reçoivent leur application immédiate dans la construction des soufflets cylindriques, et nous dispensent d'entrer dans de plus grands détails.

§. III.

Des Trompes.

La trompe se compose d'un ou de plusieurs tuyaux verticaux nommés *arbres*, b (*Fig.* 14), communiquant, par leur partie supérieure, avec un bassin ou *péchère* A, rempli d'eau, et par leur partie inférieure avec une caisse C, ou *réservoir d'air*, qui porte un tuyau porte-vent D, appelé *homme* ou *sentinelle*, chargé d'une soupape L et conduisant à la buse par un petit tuyau horizontal nommé *burle*, et un conduit en peau qu'on appelle *bourec* ; la buse elle-même porte le nom de *canon du bourec*.

Lorsque l'eau contenue dans la péchère se précipite dans les arbres, elle entraîne dans sa chute une certaine quantité d'air, qui s'introduit par des soupiraux *mm*, et se trouve comprimé dans la caisse C. De là, le vent s'échappe par la sentinelle et arrive à la buse avec une densité acquise.

L'eau contient beaucoup d'air qu'on parvient à dégager en faisant jaillir le liquide sur des blocs ou banquettes de fonte, placés au-dessous des arbres de la trompe de manière à rompre la colonne d'eau. Ces arbres sont d'ailleurs ressérés en H de manière à former des *étranguillons*, et à comprimer la veine liquide qui, en se dilatant ensuite, entraîne une grande quantité de vent avec elle.

Quelquefois l'extrémité supérieure de l'arbre est formée en entonnoir et se trouve continuellement remplie d'eau à une certaine hauteur ; dans d'autres localités, l'eau tombe de 10 à 20 pieds dans ces entonnoirs, auxquels on donne alors une plus grande élévation ; les trompes des Pyrénées ont, dans les entonnoirs remplis d'eau, des tubes coniques appelés *trompilles*, qui portent l'air au-dessous de l'étranguillon ; enfin, quelquefois, on réunit plusieurs de ces conditions, et on emploie tout à la fois les soupiraux et les trompilles.

La hauteur de la chute de l'eau dans les arbres est entre 7 et 9 mètres, depuis le niveau, dans la péchère, jusqu'au tablier sur lequel elle tombe. Plus cette hauteur est grande, plus la vitesse de l'air affluant est augmentée ; mais la largeur des tuyaux influe beaucoup sur cette vitesse ; trop larges, ils ne donnent au vent qu'une faible puissance ; trop étroits, ils ne produisent que peu de vent. Ils doivent donc être en rapport avec la masse d'eau dépensée. (1)

____

(1) En se servant du pèse-vent et prenant pour

Les réservoirs d'air sont de deux espèces : tantôt ce sont des caisses qui ont un fond solide, et ne permettent l'écoulement de l'eau que par une issue ménagée exprès ; tantôt ces caisses n'ont point de fond et reposent dans un réservoir d'eau en communication avec le dehors.

Dans les premières, la densité de l'air dépend non seulement de l'orifice du canon ou de la buse, mais encore de l'orifice d'écoulement de l'eau ; dans les secondes, il faut avoir égard à la pression atmosphérique et prendre pour base de calculs la différence de niveau au-dedans et au-dehors. (1)

---

densité du mercure 10466, celle de l'air à $0^m,76$ étant 1, on a pour la pression de l'air de la trompe $0,76 + d$ (d marquant les degrés du pèse-vent), et pour la densité du mercure $\dfrac{10466 + 0,76}{0,76 + d}$ lorsque celle de l'air

de la trompe $= 1$, ou bien $13,59 \times \dfrac{1}{d'}$ si $d' =$ la

densité de l'air de la trompe, lorsque celle de l'eau $= 1$. Si nous prenons 14 au lieu de 13,59 pour la densité du mercure, nous aurons $14\,d = H$, ou la chute totale de l'eau, chaque fois que la pression de l'air de la trompe égalera la pression de la colonne d'eau qui tombe par les arbres (ce qui ne peut être obtenu). En représentant par S la section horizontale de l'intérieur de la péchère, l'effet dépensé $= S\,H$, et si les observations ont eu lieu à un intervalle de n secondes, pendant lequel l'eau s'est abaissée de h dans la péchère, la formule qui servira à déduire l'effet

dépensé sera $S \times h\,\dfrac{1}{n}\,H$.

(1) $\dfrac{10466 \times 0.76}{0,76 + d}$, $d =$ la hauteur à laquelle est due

Les porte-vents doivent avoir une certaine longueur, afin que l'eau contenue dans l'air, à l'état de mélange, puisse se dégager en partie avant d'arriver au burle; le peu qu'il en reste ensuite dans le fluide élastique, n'est pas de nature à nuire à la combustion et ne doit être l'objet d'aucune inquiétude.

Les trompes donnent un vent continu, mais en faible quantité; elles sont d'une construction facile et d'un entretien peu dispendieux; il est aisé de les diriger et d'en varier l'effet : mais elles ne peuvent convenir que pour les localités où on a de grandes chutes d'eau, et où l'eau est abondante; l'effet produit excède rarement le $\frac{1}{6}$ de l'effet dépensé (1); souvent il ne va qu'à $\frac{1}{10}$; les

---

la vitesse de l'air sortant par le canon du bouree

$$= d \times 13{,}59 \times \frac{1}{d'}\,;$$ si $f =$ la section du canon du

bouree, on aura $f \sqrt{2\,g\,\dfrac{10466 \times 0{,}76}{0{,}76 + d}\,d}$, pour le volume d'air lancé en un seconde, et

$$f \sqrt{2\,g\,\dfrac{10466 \times 0{,}76}{0{,}76 + d}}\Big)\, d',$$ pour la masse d'air lancée dans le même temps; l'effet produit deviendra donc

$$f \sqrt{2\,g\,\dfrac{10466 \times 0{,}76}{0{,}76 + d}\,d}\Big)\, 13{,}59 \times d.$$

(1) L'effet produit est égal à la masse d'air lancée multipliée par la hauteur due à sa chute; l'effet dépensé est égal à la masse d'eau dépensée multipliée par la hauteur de sa chute φ. Le rapport entre l'effet dépensé et l'effet produit serait $= 1$, si la trompe était une machine parfaite.

froids de l'hiver leur nuisent singulièrement, et il est souvent impossible de les en préserver.

§. IV.

Des Soufflets à tonneaux.

Il existe une espèce de soufflet hydraulique, qui, comme les trompes, paraît s'éloigner de la forme des machines soufflantes ordinaires. Il porte le nom de *soufflet à tonneaux.*

Deux tonneaux A A (*Fig.* 15), cerclés en fer, sont suspendus horizontalement sur deux tourillons fixés à leurs fonds. Chacun d'eux est divisé en deux compartimens, par une cloison qui n'embrasse pas cependant toute la largeur intérieure et s'arrête à $0^m,40$ au-dessus de la partie inférieure. Un des fonds contient les soupapes d'introduction, l'autre les soupapes de sortie. On introduit de l'eau dans ces tonneaux jusqu'à moitié de leur capacité, de manière que la cloison plonge dans le liquide de 0,40 mètre, le diamètre des tonneaux étant 1,60. Le porte-vent est en cuir fortement ficelé et attaché aux soupapes de sortie. Des bielles communiquent à ces tonneaux un mouvement de va-et-vient autour de leur axe.

Lorsqu'un des tonneaux se meut, sa cloison se rapproche du niveau de l'eau contenue intérieurement et l'air est comprimé dans ce compartiment dont la capacité diminue; l'eau contenue dans le second compartiment tend à se mettre en équilibre et en augmente ainsi la capacité, l'air y est donc raréfié : il s'ensuit que, dans le premier, l'air doit s'échapper par la soupape de sortie; dans le second, il doit affluer du dehors par la soupape d'introduction. Dans l'oscillation suivante, cet air, nouvellement arrivé, est comprimé et expulsé à son tour, et le compartiment déjà vidé se remplit de nouveau.

Cette machine ingénieuse le dispute en simplicité aux trompes que nous venons de décrire; c'est, suivant la conclusion de M. d'Aubuisson, *une bonne machine soufflante*, d'une construction facile et qui n'exige pas, comme la plupart des autres souffleries, des artistes particuliers. L'eau qui y fait l'office de piston, joint parfaitement et n'occasionne aucun frottement sensible : aussi perd-elle moins de vent que les autres.

Cependant, elle a le désagrément de ne comprimer l'air que faiblement et de produire peu de vent; elle ne peut donc servir aux hauts-fourneaux et à tous les feux qui exigent une grande vitesse d'air. L'espace nuisible y est d'ailleurs considérable et diminue de beaucoup l'effet utile. (1)

---

(1) Les formules de M. d'Aubuisson donnent pour

la vitesse............. $395 \sqrt{\dfrac{T}{0,76 + d}}\, d.$

T étant $= 1 + 0,00375\, t$ ($t =$ degré du thermomètre) : c'est la formule des dilatations cubiques $1 + \Delta\, t$.

Le volume $= 395\, \dfrac{f}{0,76} \sqrt{T\,(0,76 + d)\, d}.$

Le poids $= 676\, f \sqrt{d\, \dfrac{0,76 + d}{T}}$

l'effet produit $= 5 \times 377 \times 500\, f\, d^{\frac{3}{7}} \sqrt{\dfrac{T}{0,76 + d}} = E.$

Prenons la formule de M. Navier, pour comparer

La perte de vent a lieu par les ligatures des tuyaux de cuir et le long du porte-vent; l'effet produit n'est donc pas entièrement égal au maximum pratique. Néanmoins la machine de Ratis (Lot-et-Garonne) donne un effet utile qui est à peu près le tiers de l'effet dépensé, ce qui est bien supérieur au résultat obtenu des trompes.

§. V.

Des Caisses hydrauliques.

Si, au lieu d'employer l'eau comme piston pour comprimer l'air, on la regarde comme une surface immobile contre laquelle le vent est pressé par une paroi quelconque, on aura une idée de quelques unes des souffleries hydrauliques.

Celle qui fait l'objet de ce paragraphe se compose de deux caisses (*Fig.* 16): l'une A, qui contient de l'eau jusqu'à un niveau c, lequel est dépassé par la soupape d'introduction i et celle de sortie n; l'autre B, qui, en descendant dans la première, comprime l'air et le refoule vers le

---

l'effet produit avec l'effet dépensé, et représentons par H la hauteur verticale de l'arc de la roue chargée d'eau; h la hauteur de la chute jusqu'au point où l'eau atteint la roue; v la vitesse de la roue : la quantité d'eau dépensée Q sera

$$= H + \frac{v}{g}(\sqrt{2gh} - v)$$

la formule des trompes est

$$\frac{E}{600 f \times c \times (c - 14 h) h^{1.2} e^{1.04}}$$

c étant la chute d'eau et e la hauteur de l'eau sur l'étranquillon.

porte-vent z. Ces machines sont très-anciennes ; elles ont été perfectionnées par M. Baader, dont elles portent aujourd'hui le nom.

Le volume de l'eau tendant à diminuer celui de l'air contenu sous la caisse supérieure, il est évident que l'effet sera d'autant plus grand que la caisse inférieure contiendra moins d'eau. Suivant les principes que nous avons donnés précédemment, il y aura donc un grand avantage à faire l'ouverture du canal, aussi large que possible, puisque cette disposition, en diminuant la résistance atmosphérique qu'éprouve la caisse B pour remonter, rendra moindre le volume d'eau de la caisse A.

L'espace nuisible est très considérable dans ces machines, on doit donc employer tous les moyens pour le diminuer. Un autre inconvénient qui paraît plus grave d'abord qu'il ne l'est réellement, c'est le séjour continuel de l'air sur le fluide aqueux : l'air se sature facilement de vapeur d'eau, et comme la densité du fluide élastique devient moindre alors (1), l'air lancé dans les fourneaux y arrive à un état de dilatation qui nuit à l'effet. Mais la pression opérée par la cuve supérieure diminue singulièrement cet inconvénient, et l'air qui séjourne sur des nappes d'eau n'en est pas moins bon aux travaux métallurgiques.

On trouve aux forges du Brand (Gironde) un soufflet hydraulique en fonte, qui alimente

---

(1) Si Δ est la densité de la vapeur d'eau, on aura pour la densité de l'air $\delta = \dfrac{\Delta}{0{,}620}$. C'est le résultat de l'expérience.

deux feux d'affinerie. Les cuves sont cylindriques ; elles ont 1^m,70 de diamètre, et 1^m,30 de hauteur. Au couvercle de chaque cylindre est adapté un tuyau de cuir flexible, dont l'autre extrémité aboutit à un petit réservoir commun placé à trois pieds environ au-dessus des cuves. Il en part deux porte-vents allant aux deux affineries ; l'un a 10 et l'autre 18^m de long ; ils sont terminés par des buses de 15 lignes de diamètre. L'air aspiré et l'air respiré sont entre eux comme 1 à 0,70, ce qui indique une assez bonne construction.

On doit ranger au nombre des caisses hydrauliques la machine à *chapelet* que M. Clapeyron a examinée lors de son passage dans le Hartz, et dont il a donné la description dans les *Annales des Mines*.

Un chapelet A B C (*Fig.* 17), à son entrée dans une caisse F, reçoit en E l'eau d'une chute qui le force à descendre ; il entraîne au-dessous de ses plateaux de l'air qu'il transmet par l'ouverture *a* dans un réservoir G, d'où il est porté par le tuyau H dans la buse.

La vitesse de la machine est réglée de manière à ce que l'espace compris entre deux palettes n'ait pas le temps de se remplir d'eau. C'est donc sur cette vitesse qu'il faut porter toute son attention ; car la quantité d'air lancée varie avec la quantité d'eau motrice que contiennent les palettes, et plus cette dernière occupe de place dans la caisse formée alors, moins le volume d'air est considérable.

D'un autre côté, on conçoit qu'en augmentant le volume de l'eau dépensée, on donne à la machine une vitesse plus grande et on tend à augmenter l'effet de l'air. Il est donc important de calculer ces conditions contradictoires de manière à obtenir le maximum d'effet produit. (1)

§. VI.

Des Régulateurs.

Nous avons vu qu'un soufflet simple ne pouvait donner un vent continu : il ne peut donner non plus une densité et une vitesse égales dans tous les instans de la chute du plateau compri-

---

(1) Soit M la masse d'eau dépensée en $1''$; m' la masse d'air lancée dans le même temps ; a la différence de niveau de l'eau à l'extérieur et dans l'intérieur; z la hauteur de la chute; z' la hauteur à laquelle est due la vitesse de la machine.

$m g (z - z') =$ la portion de force vive dépensée utilement en $1''$. Si la pression dès l'origine $= a$, la force vive nécessaire pour introduire dans le réservoir la masse d'air m', sera égale au produit du volume par la pression dans l'intérieur du réservoir; et comme la force vive dépensée utilement par le moteur $=$ celle qui est absorbée par la résistance, nous aurons

$$m g (z - z') = \frac{m' g}{\delta} a.$$

Si u est la vitesse de l'air au point de la tuyère où sa densité est redevenue égale à celle de l'air atmosphérique, on aura

$$m g (z - z') = \frac{m' g}{\delta} a = \frac{m' u^2}{2}, \ m' g z'',$$

z'' étant la hauteur à laquelle est due la vitesse u, et

$$u = \sqrt{\frac{2 a g}{\delta}} = \sqrt{2 g z''}.$$

Soit maintenant V le volume d'eau et v' le volume d'air

mant : au premier instant l'air se comprime, se refoule sur lui-même, et il en sort à peine par la buse ; vers le milieu de sa course, la vitesse a augmenté, mais c'est dans les derniers momens qu'elle a acquis son maximum, en raison de la densité alors maxime du fluide élastique.

Si l'on emploie deux soufflets, et qu'on fasse succéder l'un à l'autre, lorsque ce dernier a épuisé toute la puissance de sa volée, l'inconvénient reste le même ; il faut donc faire partir

---

compris entre deux palettes consécutives ; s la surface des palettes, et f la section de la tuyère au point où la vitesse est $\sqrt{2\,g\,z''}$ la quantité d'air écoulée en $1'' = f \sqrt{2\,g\,z''}$. La quantité d'air fournie

$$= \frac{v'\,s}{v+v'} \sqrt{2\,g\,z'}, \text{ donc}$$

$$\frac{v'\,s}{v+v'} \sqrt{2\,g\,z'} = f \sqrt{2\,g\,z''} ; \text{ ou, faisant}$$

$$\frac{v'\,s}{v+v'} = \zeta, \, f^2\,z'' = \zeta^2\,z'. \text{ Observant que } m\,g = v, \text{ et}$$

$$\frac{m\,g'}{\delta} = v', \text{ on a } v\,(z-z') = a\,v', \text{ et puisque } a = \delta\,z'',$$

on trouve les trois inconnues a, z et z'' par les trois équations suivantes :

$$a = \frac{\delta\,\zeta^2\,v\,z}{v\,f^2 + v'\,\delta\,\zeta^2}$$

$$z' = \frac{f^2\,v\,z}{v\,f^2 + v'\,\delta\,\zeta^2}$$

$$z'' = \frac{\zeta^2\,v\,z}{f^2\,v + v'\,\delta\,\zeta^2}$$

le second avant que la course du premier ne soit terminée. Mais quel que soit le point de départ, on n'obtiendra jamais une uniformité constante, et il ne se trouvera pas un instant qui ressemble à un autre.

En augmentant le nombre de soufflets, on remédie sans doute à ce mal, mais on s'éloigne des principes d'économie si nécessaires dans la métallurgie du fer. On ne parvient pas d'ailleurs ainsi à une régularité mathématique.

De toutes les machines soufflantes, celles qui donnent le résultat le plus régulier, c'est sans contredit les trompes; on en approche beaucoup dans les soufflets de cuir doubles, dans le soufflet triple de Rabier, dans la triple machine à piston de Painpont, etc. : il est aisé de s'apercevoir qu'il y a là plus qu'un soufflet, c'est-à-dire plus qu'un plateau qui, en se rapprochant d'un autre, comprime et chasse le vent; l'égalité de vitesse de l'air est due, dans la trompe, à son propre ressort; dans les machines à réservoir, elle est due au poids de la surface mobile de ce réservoir. Cette idée est féconde et on lui doit sans doute l'invention des réservoirs d'air appelés *régulateurs*.

Dans la caisse de la trompe, le réservoir a une capacité constante: l'air refoulé devient plus dense et réagit par sa propre élasticité. Dans les soufflets à plusieurs compartimens, le réservoir change de capacité, et l'air n'est refoulé dans le porte-vent que par la charge du plateau supérieur. On peut donc concevoir deux espèces de régulateurs, l'un dans lequel l'air occupe un espace constamment le même; l'autre dans lequel le vent est soumis à une pression étrangère dans un espace variable.

Les régulateurs à capacité constante sont de grandes chambres dans lesquelles on force l'air d'entrer, et d'où il se rend à la buse avec une vitesse uniforme. Ces réservoirs étant fort considérables par rapport à la machine soufflante, les variations de vitesse et de densité sont insensibles. Pour des soufflets simples, leur capacité doit être beaucoup plus grande que pour des soufflets doubles; en général, elle doit être augmentée à mesure que l'intermittence est plus remarquable.

Les caves à air sont ordinairement taillées dans le roc même. On choisit pour cela une masse de roches dans laquelle il ne se trouve aucune fissure capable de laisser échapper le vent. A Devon, près d'Alloa, en Écosse, il existe de ces caves creusées dans un grès siliceux à 16 pieds de distance des fourneaux. Ce réservoir a 72 pieds (21,9384 mètres) de long, sur 14 (4,2658 m.) de large, et 13 pieds (3,9611 m.) de haut; l'air y reçoit une pression additionnelle de 2 ¼ livres par pouce carré, et s'échappe par un tuyau de 16 pouces (0,4963 m.) de diamètre.

Lorsque le porte-vent est d'une certaine capacité il peut quelquefois servir de régulateur : M. Culmann a observé que si deux feux sont activés par une seule machine soufflante qui n'a point de régulateur, c'est dans le feu le plus éloigné des soufflets que le travail de l'affinerie s'exécute avec le plus de facilité; c'est ce feu qui reçoit le vent le plus uniforme. D'après cela, on devrait donner aux porte-vents la plus grande longueur possible, lorsque surtout on est à même de les faire en métal, ou de manière à éviter les pertes d'air qui peuvent avoir lieu par les joints.

Les *régulateurs à capacité variable* sont de deux sortes : ou ce sont des réservoirs dans lesquels la pression est opérée par un piston chargé de poids, ou ce sont des caisses dans lesquelles le vent doit éprouver la résistance d'une nappe d'eau portant le poids de l'atmosphère. Les premiers sont appelés *régulateurs à frottement ;* les seconds *régulateurs à eau.*

Les *régulateurs à frottement* ressemblent parfaitement aux machines à piston ; mais le plateau mobile porte une charge qui le fait réagir contre l'air qui arrive du soufflet. Lorsque l'air afflue dans le régulateur, il force le piston de monter ; mais sitôt que l'intermittence a lieu, le piston descend ; l'air éprouve alors une pression uniforme et s'échappe avec une vitesse constante.

Rien n'est plus propre à donner une idée des régulateurs à frottement que la machine de Paimpont que nous avons déjà décrite : la caisse supérieure A (*Fig.* 13) est un véritable réservoir dans lequel le flotteur C remplit l'office de piston ; le vent introduit par les colonnes est continuellement pressé par C avec une charge de 1200 livres, et acquiert la densité voulue avant de passer par le tuyau F.

Quelquefois ces régulateurs sont des cylindres de fonte bien alésés, et les pistons ressemblent à ceux que nous avons déjà décrits en parlant des machines soufflantes cylindriques. Ces cylindres ne portent de soupape qu'à l'endroit qui communique avec le soufflet, afin d'empêcher l'air de rentrer. Ces soupapes doivent être aussi près que possible du soufflet même ; sans cette condition elles augmenteraient l'espace nuisible.

La soupape oppose une résistance à l'entrée de l'air dans le réservoir, et cette résistance est en raison de la densité du vent du régulateur. Le piston du soufflet doit donc parcourir, dans le mouvement descendant, un certain espace avant que l'air de la machine ait acquis la puissance nécessaire pour soulever la soupape de communication (1). Si la densité de l'air qui entre dans le régulateur restait la même, la quantité de vent introduite par la soupape devrait être constante et égale à celle qui sortirait par la buse (2) ; mais l'air contenu dans le cy-

---

(1) Reprenons les calculs de la page 248 : si l'on demande quel espace doit parcourir le piston, avant que l'air comprimé puisse soulever la soupape de communication, l étant la résistance du piston au fond, on aura $l : l - x :: m\delta : \delta$. Ainsi $l - x = \dfrac{l}{m}$, et

$x = l\left(1 - \dfrac{l}{m}\right)$, et comme nous avons vu que

$m = \dfrac{h + z}{h}$, il arrive que $x = l\dfrac{z}{h + z}$. On trou-

vera d'ailleurs que $c = v\dfrac{f}{A}$ et $v = c\dfrac{A}{f}$. Ainsi la densité augmentera d'abord jusqu'au soulèvement de la soupape ; puis, le mouvement deviendra uniforme.

(2) $u = $ la vitesse de l'air par la soupape f.

$u : v :: am\delta : f\mu\delta$; d'où $u = v\dfrac{am}{f\mu}$, et $\mu = m\dfrac{av}{fu}$

si x est du fluide le plus dense et y du fluide le

lindre soufflant et comprimé par le piston, éprouve, à son entrée dans le régulateur, une compression continuelle ; le piston du soufflet a donc à vaincre cette force dans son mouvement, et on est obligé d'augmenter alors sa puissance comprimante. C'est ce que l'on fait en donnant au régulateur une beaucoup plus grande capacité qu'à la caisse du soufflet. Assez ordinairement on la fait double.

La différence de densité de l'air du cylindre et

plus rare,

$$x : y :: m\,\delta : \mu\,\delta, \text{ donc } x = y\,\frac{m}{\mu},$$

la vitesse de l'air dépendra de la hauteur $y - x$ et deviendra

$$u = 2\sqrt{g(y-x)}, \text{ et } 2\sqrt{gy\left(1 - \frac{m}{\mu}\right)}.$$

$$\mu = m\,\frac{a\,v}{f\,u}; \text{ donc } u = m\,\frac{a\,v}{2f\sqrt{gy\left(1 - \frac{m}{\mu}\right)}}, \text{ et }$$

$$\mu\sqrt{1 + \frac{m}{\mu}} = m\,\frac{a\,v}{2f\sqrt{gy}}, \text{ ou }$$

$$\sqrt{\mu^2 - m\,\mu} = m\,\frac{a\,v}{2f\sqrt{gy}},$$

ou, en complétant le carré et extrayant,

$$\mu = \tfrac{1}{2}\,m\left(1 + \sqrt{1 + \frac{a^2\,v^2}{gy\cdot f^2}}\right); \text{ mais on sait que}$$

$$m = \frac{4gy}{4gy - v^2}$$

de celui du régulateur est en raison inverse de l'ouverture par laquelle l'air entre dans le régulateur. Il faut donc la faire de manière à rendre la résistance la plus petite possible (1). Elle doit

$$\text{on a } \mu = \frac{2\,g\,\gamma}{4\,g\,\gamma - v^2}\left(1 + \sqrt{1 + \frac{a^2\,v^2}{g\,\gamma\,f^2}}\right).$$

De même $\gamma = h\dfrac{\Delta}{\delta}$,

$$\text{d'où } \mu = \frac{2\,g\,h\,\dfrac{\Delta}{\delta}}{4\,g\,h\,\dfrac{\Delta}{\delta} - v^2}\left(1 + \sqrt{\frac{a^2\,v^2\,\delta}{g\,h\,f^2\,\Delta} + 1}\right).$$

Soit P la résistance qui s'oppose à la descente du piston, exprimée en pieds cubes d'eau,

$$P = A\,h\left(\frac{v^2 + 2gh\dfrac{\Delta}{\delta}\left(\sqrt{\dfrac{a^2\,v^2\,\delta}{g\,h\,f^2\,\Delta} + 1}\right) + 1}{4\,g\,h\,\dfrac{\Delta}{\delta} - v^2}\right)$$

Si $c =$ la vitesse du piston dans la continuation de son mouvement,

$$P = A\,h\left(\frac{c^2\dfrac{A^2}{a^2} + 2gh\dfrac{\Delta}{\delta}\left(\sqrt{\dfrac{c^2\,A^2\,\delta}{g\,h\,f^2\,\Delta} + 1}\right) + 1}{4\,g\,h\,\dfrac{\Delta}{\delta} - c^2\dfrac{A^2}{a^2}}\right)$$

(1) Quelle grandeur doit avoir l'ouverture f, pour qu'on puisse la négliger dans le calcul, sans qu'il en résulte d'erreur sensible?

$$\text{Nous avons } \mu : m :: \tfrac{1}{2}\,m\left(1 + \sqrt{1 + \frac{1^2\,a^2}{g\,\gamma\,f^2}}\right)$$

avoir une soupape pesante qui ne s'ouvre qu'en partie, afin qu'elle se referme promptement, et que l'air ne retourne pas du régulateur dans le

$$: m :: 1 + \sqrt{1 + \frac{v^2 a^2}{g \cdot \gamma f^2}} : 2.$$

Il suit de là que si $\mu = m$, la fraction $\dfrac{v^2 a^2}{g \gamma f^2}$ disparaît, ce qui ne peut avoir lieu que quand v ou $a = o$, c'est-à-dire quand il n'y a aucune sortie d'air. Alors la densité A est la même que celle de B, ce qui rend la grandeur de f différente; alors il n'y a point de courant d'air. Mais puisque a et v doivent avoir une grandeur déterminée, on ne peut changer la fraction $\dfrac{v^2 a^2}{g \gamma f^2}$ qu'en faisant varier f, et cette fraction disparaîtrait entièrement en faisant $f = \infty$. Comme cette supposition est impossible, il faut faire f assez grande pour que le dénominateur soit plus grand que le numérateur. Soit, par exemple, $\dfrac{v^2 a^2}{g \gamma f^2} = \dfrac{1}{1000}$: on

aura $\sqrt{1 + \dfrac{v^2 a^2}{g \gamma f^2}} = \sqrt{1{,}001} = 1{,}0005$ et $\mu =$

$\dfrac{1}{2} m (1 + 1{,}0005) = 1{,}0002\, m$. Conséquemment m

$= \dfrac{2}{10000} = \dfrac{1}{5000}$ que l'on peut négliger, puisque cette différence n'augmente la colonne z que de quelques pouces. On peut, d'après ce principe, déterminer l'ouverture f, la plus favorable pour des quantités données v et a. On a

$$f^2 = 1000 \frac{v^2 a^2}{g \gamma} = v^2 a^2 \frac{1000}{412500} = \frac{v^2 a^2}{412{,}5}; \text{ on en}$$

déduit $f = \dfrac{v\, a}{20{,}28}$, ou plus simplement $f = \dfrac{1}{20} v\, a$.

cylindre. On doit alors considérer l'espace par lequel l'air sort comme le quart de l'ouverture totale ; et, sans avoir égard à la valeur trouvée par le calcul, il faut que, dans l'exécution, **cette ouverture soit quatre fois plus grande.** (1)

Le piston du régulateur doit être élevé pendant l'entrée de l'air du cylindre, de toute la quantité qui excède celle dépensée par la tuyère, et cette élévation doit être égale à l'abaissement qui a lieu pendant qu'il entre de nouvel air dans le cylindre, et que celui-ci cesse d'en envoyer dans le régulateur; abaissement occasionné par la continuation de la sortie de l'air du régulateur, qui est supposé avoir une densité et une vitesse uniformes. Il est nécessaire que l'élévation commence avant que le piston du régulateur soit descendu jusqu'au fond, pour que l'air sorte sans interruption. Il faut pour cela que la capacité du régulateur soit le double de celle du cylindre.

Le *régulateur à eau* se compose d'une caisse plongée dans l'eau jusqu'à une certaine hauteur; l'air comprimé dans ce réservoir réagit sur l'eau, et ne trouvant plus d'issue par la soupape d'entrée, est forcé de s'échapper par la buse. L'eau

---

(1) De là $f = \dfrac{4}{20}\, v\, a = 0{,}2\, v\, a$ en supposant que la résistance pût être négligée ; sans quoi on aurait

$$P = A\,h \left(\frac{v^2 + 2\,g\,h\,\dfrac{\Delta}{\delta}\left(\sqrt{\dfrac{4\,a^2\,v^2\,\delta}{g\,h\,f^2\,\Delta}}\right) - 1}{4\,g\,h\,\dfrac{\Delta}{\delta} - v^2} \right)$$

de la caisse B (*Fig.* 18) est refoulée par le ressort du fluide élastique, et remonte dans la caisse A, où elle doit vaincre la pesanteur de l'atmosphère. La différence de pression est exprimée par la différence de niveau de l'eau intérieure avec celle extérieure.

Le frottement dans les cylindres est peu considérable, si on le compare à celui que les ressorts occasionnent dans les soufflets de bois. Il est extrêmement difficile d'indiquer à l'avance la valeur de cette résistance, parce qu'elle dépend de l'exactitude de la construction et de la perfection de l'alésage. Cependant les Anglais estiment ce frottement, lorsque la machine est très bien faite, à 1 livre par chaque pouce anglais de diamètre. Il est plus exact de compter sur le double et même le triple. Cette résistance dans une machine mal faite s'élèverait à 20 livres par pouce de diamètre.

SECTION IV.

DES FLUX OU FONDANS.

L'oxide de fer se trouve non seulement combiné avec des oxides terreux, mais il est entouré de terres qui forment sa gangue, et qu'on ne peut entièrement séparer par aucune des opérations préliminaires que nous avons décrites. Ces terres sont la silice, la chaux et l'alumine, auxquelles il faut joindre, pour certains minerais, la magnésie et le manganèse.

L'alumine, la chaux, la silice et la magnésie sont infusibles; prises séparément, elles sont réfractaires, et la magnésie occupe, sous ce rapport, le premier rang. Chaque fois que cette terre est dominante, on n'obtient, dans tous les mélanges, qu'une fusion imparfaite et très difficile. La présence de l'oxide de fer favorise, jusqu'à un certain point, la réduction des terres simples, mais c'est toujours aux dépens d'une certaine quantité de fer. L'oxide de manganèse les rend très fusibles, à commencer par la silice; mais il paraît avoir peu d'influence sur la magnésie, qui résiste au feu le plus violent.

Si l'on combine ces terres deux à deux, leur faculté réfractaire n'en est pas sensiblement diminuée; on remarque seulement que le mélange de silice et de chaux se fond, quoique avec difficulté, et produit une masse translucide.

Les mélanges ternaires sont plus fusibles; ils donnent, au feu, un verre plus ou moins transparent, une scorie translucide; mais ce résultat est surtout remarquable dans les mélanges quaternaires. La vitrification est alors parfaite, et le produit est un *laitier* vitreux, lithoïde ou porcelanisé.

La silice est de toutes les terres celle qui se trouve le plus souvent en présence de l'oxide de fer dans le haut-fourneau, soit qu'elle accompagne le minerai à l'état de combinaison intime, soit qu'elle forme la base de la gangue. Sur quarante-cinq substances minérales qui sont mécaniquement unies à l'oxide de fer, trente-neuf sont des silicides.

Il résulte des expériences faites à l'école de Moustiers, que 4,20 gr. de protoxide de fer, fondus avec 0,80 de silice, n'ont donné qu'une masse grisâtre, pulvérulente, recouverte et entremêlée de grains de fer;

Que 4 gr. de protoxide, 1 gr. de silice et 1 gr. de chaux pure ont produit une masse noirâtre, peu agglutinée, parsemée et recouverte de petits grains de fer brillans et écailleux;

Qu'à 6 gr. de protoxide, 1 de silice et 1 de chaux, ajoutant 1 d'alumine pure, on a obtenu un culot de fer bien réduit et bien réuni; plus un laitier sphérique ressemblant à de la porcelaine, couvert de quelques grains de fer;

Qu'enfin 1 gr. de magnésie ajouté à 8 de protoxide, et 1 gr. de chacune des trois terres, n'a rien changé au produit, et a seulement boursouflé légèrement le laitier.

De ces essais, et de quelques autres rapportés par Hassenfratz, nous devons conclure que la parfaite vitrification des terres exige la présence des trois oxides terreux; que lorsque, dans le haut-fourneau, il manque une de ces substances, ou que la proportion n'est pas convenable pour la vitrification, on doit la favoriser par l'addition des terres nécessaires pour obtenir ce résultat; et ces terres ajoutées prennent alors le nom de *flux* ou *fondant*.

C'est d'après ce principe que les maîtres de forges ont divisé les minerais de fer en trois classes, fondées sur la terre dominante dans chacune d'elles : le fer siliceux, le fer argileux, et le fer calcaire.

Les deux premières espèces exigent un fondant calcaire, que les ouvriers appellent *castine*; la troisième demande un fondant argileux ou siliceux, qu'on appelle vulgairement *herbue*. On

sent fort bien que la proportion des terres contenues dans le minerai doit guider dans la dose
et la nature du flux, et que chaque espèce de
mine exige un flux particulier.

Malheureusement les maîtres de forges ne font
pas cette remarque, et laissent le plus souvent au
hasard le soin de diriger l'espèce et le dosage du
fondant. De là des préjugés ridicules, des théories
absurdes dans le traitement du minerai. Il existe
encore une foule de métallurgistes instruits, en
France et en Angleterre, qui croient de bonne
foi que la qualité du fer en barres dépend de la
qualité du minerai, et qu'il y a tel oxide de fer
qui ne peut donner au haut-fourneau que des produits détestables, quel qu'en soit le traitement.

Si le flux était adapté aux exigences du minerai, de manière à obtenir un laitier pur et bien
vitrifié, nul doute que ce préjugé vulgaire pas-
serait rapidement et sans laisser de trace; mais
on veut réduire suivant une méthode unique des
substances qui demanderaient des traitemens différens; on n'a aucun égard à la composition du
minerai et de sa gangue, à sa plus ou moins
grande fusibilité; on fait usage d'un fondant
universel, la castine, et on n'obtient de résultat
qu'avec une perte considérable d'oxide de fer
entraîné dans la vitrification.

Un maître de forges instruit, et qui a à sa disposition plusieurs espèces de minerais, peut souvent employer ces diverses mines avec un grand
avantage, surtout lorsque les terres qu'elles contiennent sont de nature à servir de fondant. Nous
ne connaissons aucun maître de forges qui ait fait,
à ce sujet, plus d'expériences que le modeste
M. Ramus; soit dans des fourneaux d'essai, soit

dans son excellent fourneau de Beauchamp. Il est à regretter que le résultat de ses travaux n'ait pas été publié.

L'objet essentiel, dans ces mélanges de minerais, c'est d'obtenir un laitier bien fluide, et qui contienne peu de métal. Il doit être composé de

> Silice,
> Alumine,
> Chaux,

et contenir au moins deux de ces trois bases. Souvent on y trouve encore des proportions notables de manganèse et de magnésie. La formule chimique des laitiers est, pour ceux qui proviennent du traitement au charbon de bois, BS^2; et BS pour ceux qui sont produits par le traitement au coke (B représente ici les bases terreuses).

La composition des laitiers qui ont le plus de fusibilité est uniforme; elle renferme 50 à 60 pour 100 de silice, 20 à 30 de chaux, et 15 à 25 d'alumine, de magnésie et d'oxide de manganèse. Il peut arriver qu'ils contiennent moins de 20 pour 100 de chaux; mais alors la proportion d'oxide de manganèse augmente, et la masse n'en est pas moins fusible.

La chaux qu'on emploie comme fondant est contenue dans le carbonate calcaire, auquel les maîtres de forges donnent le nom de *castine*. Le sous-carbonate de chaux est composé de

> Chaux...... 56
> Acide carbonique..... 44
> ______
> 100

Les fondans argileux sont essentiellement composés d'alumine. On en compte de trois espèces les argiles, dont la composition est extrêmement variable, et qui ne sont autre chose qu'un mélange de silice et d'alumine, dans lequel cette dernière terre entre rarement pour plus de 33 pour 100; les minerais argileux et les pierres calcaires argileuses.

Les pierres calcaires magnésiennes et certaines variétés du fer spathique, servent enfin de flux magnésiens.

TROISIÈME PARTIE.

DU TRAVAIL DU FER.

Dans la seconde Partie, nous avons passé en revue les matières premières à l'aide desquelles on parvient à extraire du minerai le métal à son état de pureté; les considérations dans lesquelles nous sommes entré, quoique résultant de l'expérience, ont été purement théoriques. Nous allons maintenant nous occuper de la partie pratique de notre tâche; mais avant d'aller plus loin, il est bon d'examiner les divers états dans lesquels le fer se trouve dans la nature et dans les arts, et de jeter un coup d'œil général sur les opérations métallurgiques qui amènent le minerai à celui de fer pur ou ductile.

Le minerai, après avoir subi les opérations préliminaires que nous avons décrites, est mis pêle-mêle avec le charbon et le flux dans un fourneau plus ou moins élevé, auquel on donne la quantité d'air voulue. Lorsque la chaleur est portée à l'intensité convenable, la réduction commence à s'opérer; l'oxigène se dégage du minerai, qui passe d'abord à l'état de protoxide, et bientôt à celui de fer pur. Alors commence la séparation des terres interposées entre les molécules du fer; le laitier se forme et devient fusible. Le métal, ainsi exposé à l'action du carbone, passe en partie à l'état de carbure; il descend goutte à goutte des parties supérieures du fourneau, se sature de carbone, entraîne une portion du fer pur, et vient enfin former un bain sur lequel les scories surnagent et le défendent de l'oxidation. Il résulte de cette nouvelle combinaison un corps qui porte le nom de fonte, et qui a besoin d'une nouvelle fusion pour être amené à l'état de fer ductile.

Il semblerait cependant que l'oxide, passant d'abord à l'état de fer, puis à celui de fonte, il arrive un moment où le métal, dégagé d'oxigène, avant de se charger de carbone, s'offre dans toute sa pureté au métallurgiste, et que l'opération par laquelle le fer ductile est tenu en contact avec le charbon, et se change par conséquent en carbure, est vicieuse et superflue.

Cette observation n'est que spécieuse. Il est bien vrai que l'oxigène et le carbone ne pouvant exister à la fois dans la fonte, l'un commence par se dégager, tandis que le second pénètre, au fur et à mesure, dans le fer laissé libre par la retraite du premier; mais il est impossible que, dans une semblable réaction, des masses assez considérables de fer pur existent un seul moment sans que, d'après la grande affinité du métal pour le réactif, le carbone ne s'empare du régule mis à nu. On sera donc toujours obligé, dans l'état actuel de nos connaissances, d'obtenir le fer en combinaison avec le carbone.

Le but du métallurgiste est de réduire le minerai de fer et d'en séparer le métal pur; mais ce travail se divise en deux parties distinctes : l'une, dans laquelle il s'agit de chasser toutes les substances étrangères combinées avec le fer; l'autre, qui consiste à resserrer les molécules du régule obtenu, et à lui donner la forme voulue par les arts et le commerce,

D'après cela, nous formerons deux sections du travail du fer ; la première comprendra la partie chimique, la seconde aura rapport à la partie mécanique de la métallurgie.

SECTION PREMIÈRE.

TRAVAIL CHIMIQUE DU FER.

Ainsi que nous venons de le voir, on commence par désoxider le fer et le combiner avec le carbone pour obtenir de la fonte ; puis on réduit, dans un fourneau particulier, le carbone d'abord obtenu, et on en sépare le fer pur. La première opération s'appelle la *réduction du minerai*, la seconde porte le nom d'*affinage*.

CHAPITRE PREMIER.

De la réduction des Minerais.

Nous ferons précéder la réduction des minerais de considérations théoriques sur la construction des fourneaux ; nous donnerons des règles précises sur cette partie importante de l'art des forges, et nous montrerons quelle peut être l'influence des dimensions sur le résultat qu'on doit obtenir.

ARTICLE PREMIER.

Des Fourneaux de fusion.

Les fourneaux dans lesquels on opère la désoxidation du minerai de fer portent le nom de *flussofen* ou de *hauts-fourneaux* ; flussofen, parce qu'on y opère la fusion du métal ; hauts-fourneaux, à cause de leur élévation ordinairement très grande.

La forme extérieure des hauts-fourneaux est peu importante ; aussi varie-t-elle singulièrement suivant la configuration du terrain sur lequel il est assis, et quelquefois d'après le caprice du maître. En général, c'est une masse quadrangulaire prismatique ou pyramidale, de 16 à 60 pieds de hauteur : le plus souvent elle est adossée à une colline, afin qu'on puisse parvenir à la partie supérieure.

La forme la plus convenable et la plus résistante est celle qui tient de la pyramide ; elle est plus légère et plus économique. Dans quelques parties de l'Angleterre, les fourneaux sont adossés deux à deux, ou réunis par un pont ; dans d'autres contrées, ils ressemblent à des tours circulaires, à des colonnes garnies de fer, d'une grande hauteur.

Ces masses sont d'un poids énorme ; on évalue à 400,000 kilogr. le poids des fourneaux de 24 pieds de haut ; à 4 ou 5 millions de kilogr. celui des fourneaux de 60 pieds. Il est donc important d'établir les fondations sur un terrain solide, et qui présente une grande résistance. Souvent on est obligé d'employer les pilotis et les grillages. Dans tous les cas, il est fort important de laisser dans ces constructions, au-dessus du niveau des eaux, des canaux d'asséchement pour l'écoulement des eaux et de l'humidité.

L'intérieur du fourneau A (*Fig.* 19) porte le nom de *cuve* ; c'est la partie essentielle, celle dont la forme et les dimensions ont la plus grande influence sur le produit : nous allons d'abord en décrire succinctement les diverses parties.

Le fourneau proprement dit est une cuve évasée vers la partie supérieure, et divisée en trois sections, qu'il importe de distinguer.

Celle supérieure BDEC, porte le nom d'*étalages*; elle est plus ou moins ouverte à la partie la plus élevée qu'on appelle le *ventre* BC.

Elle est placée immédiatement au-dessus de la seconde partie, qui se nomme l'*ouvrage* D F G E, et dans laquelle s'effectue plus directement l'opération de la réduction du minerai.

Enfin, à la partie inférieure est le *creuset* FHIG, dans lequel descend le métal chargé de carbure, pêle-mêle avec le laitier et les scories, qui, en raison de leur pesanteur spécifique, surnagent bientôt sur la fonte en fusion.

Les scories s'écoulent par une ouverture K, pratiquée à une hauteur convenable, et sortent le long d'une plaque de fonte inclinée L, qui porte le nom de *dame*. Au fond du creuset est une autre ouverture M, nommée *chio*, destinée à la sortie de la fonte liquide. Le vent nécessaire à la combustion est introduit par un troisième espace vide N, un peu plus élevé que celui de la dame, et faisant avec elle un angle droit.

Le creuset a le plus généralement quatre côtés : 1°. celui O, qui est fermé par la dame et où s'opère la coulée de la fonte et des scories ; 2°. la *rustine* P, qui lui est diamétralement opposée ; 3°. le *contrevent* Q, qui reçoit le vent de la tuyère ; 4°. la *costière de la tuyère* R, qui se trouve du côté des soufflets.

Pour faciliter aux ouvriers l'approche du fourneau, on ménage, dans le massif extérieur, deux embrasures ou voussoirs S, T, l'une du côté de la tuyère, l'autre du côté de la coulée. La plate-bande U, qui soutient la maçonnerie au-dessus de ces ouvertures, porte le nom de *tympe*. On place ordinairement au-dessus des tympes, et contre la paroi externe du fourneau, une plaque de fonte destinée à supporter les étalages. Ces embrasures T et S constituent la *poitrine* du fourneau.

Le fourneau que nous venons de décrire est recouvert en entier par la partie supérieure de la cuve V B C X, qui n'en est, à proprement parler, que la cheminée. Quelquefois elle termine la cuve en V X ; plus souvent elle est surmontée d'une véritable cheminée ou *bure*, à parois verticales Y V X Z. L'extrémité supérieure de la cheminée est nommée le *gueulard* ; il est entouré d'une *petite masse* de maçonnerie, et protégé contre le vent par des murs élevés P P, qu'on appelle *batailles*.

Les fourneaux, en France, sont généralement formés de deux masses de maçonneries : l'une qui est la *chemise* intérieure du fourneau, et doit être construite en matières très réfractaires ; l'autre qui n'est qu'une enveloppe extérieure, portant le nom de *double muraillement*. Les parois intérieures doivent s'appuyer contre une forte maçonnerie, et c'est pour cela qu'on construit le double muraillement de manière à offrir une grande résistance. L'espace qui se trouve entre le mur extérieur et la paroi intérieure est rempli de matières peu conductrices de la chaleur : des cendres, du sable sont excellens pour cet usage, chaque fois que la chemise du fourneau est assez réfractaire pour ne pas entrer en fusion.

Quelquefois il existe un triple muraillement, et cette seconde *contre-paroi* forme l'enveloppe extérieure du fourneau.

Le double muraillement doit être d'une grande épaisseur, afin de mieux résister à l'action de la chaleur. On le consolide ordinairement à l'aide de barres de fer et d'ancres, et l'on ménage dans la maçonnerie des canaux pour le dégagement des vapeurs.

La forme extérieure du fourneau est assez indifférente; on lui donne assez ordinairement une figure conique ou pyramidale; cette dernière est moins dispendieuse et plus facile à construire. On adosse le fourneau à une colline.

Le massif extérieur d'un haut-fourneau, et en général toute la masse qui le constitue, portent le nom de *galbe*. On a cru trouver des rapports entre la base et la hauteur du massif; mais on sentira facilement que ces rapports ne peuvent être constans, et qu'il n'existe ici d'autre proportion que celle qu'exige la solidité de la maçonnerie. Cependant, Hassenfratz prétend qu'un fourneau de 20 à 30 pieds de haut a communément autant de largeur, et que lorsque l'élévation est plus grande, la longueur de la base est à la hauteur totale : : 4 : 5. Rien n'est moins exact que cette assertion : il est beaucoup plus vrai de dire que la hauteur et la largeur de la cuve doivent être réglées l'une par l'autre, que d'établir entre cette hauteur et les constructions capricieuses de l'extérieur une proportion au moins inutile.

La hauteur des hauts-fourneaux en France est entre 15 et 30 pieds : dans le département du Cher, ils ont généralement de 22 à 24 pieds de haut. C'est à peu près la hauteur commune de la plupart des fourneaux qui travaillent au charbon de bois. Cette élévation augmente pour ceux alimentés par le coke ; leur hauteur ordinaire est de 40 à 50 pieds. Dans certaine partie de l'Angleterre ils ont jusqu'à 70 pieds de haut.

Lorsqu'on peut disposer à la fois d'un combustible riche en carbone et d'une masse de vent considérable, on doit donner à la cuve une plus grande élévation, afin de mettre à profit toute la chaleur développée par le charbon. Dans les petits fourneaux une partie du calorique s'échappe par le gueulard, et l'on ne peut trouver d'avantage à y brûler du combustible compacte avec la rapidité qu'il exige. Si la machine soufflante ne fournissait pas assez d'air dans un grand fourneau, ou que cet air ne fût pas brûlé avec la vitesse convenable, le haut de la cuve resterait froid, et le surcroît d'élévation serait nuisible.

Un foyer large concentre moins la chaleur que celui qui est plus resserré. Chaque fois donc qu'on traite les minerais avec des charbons légers et un vent faible, on doit rétrécir le ventre du fourneau. Cette attention est surtout nécessaire pour les minerais réfractaires, car alors il convient de porter la chaleur à son plus haut degré d'intensité, et de faire parvenir rapidement les matières à une haute température. Avec des charbons compactes et des soufflets puissans, il n'y a aucun danger à élargir le foyer, car si la chaleur s'y concentre moins, elle est en revanche mieux répartie dans la cuve.

C'est pour dispenser le calorique à la cuve que le fourneau s'élargit au ventre. Cet élargissement procure un passage facile au vent, en empêchant le tassement des minerais. Les dimensions du ventre dépendent tout à la fois de la compacité du combustible, de la fusibilité des minerais et de la puissance du vent. Un ventre étroit ne permet pas aux minerais réfractaires et aux cokes compactes de se préparer, et les fait descendre trop rapidement; il accélère au contraire la réduction des minerais fusibles et la combustion des charbons légers, et ne produit alors que de la fonte blanche trop large; le ventre n'arrête pas assez les minerais qui se font jour à travers les charbons et se présentent en masses solides devant la tuyère.

Ainsi, la capacité intérieure des fourneaux dépend de la quantité du charbon brûlé en un temps donné, toutefois cependant qu'à masses égales le combustible occupe le même volume : un fourneau alimenté avec le coke doit donc avoir des dimensions plus considérables que celui dans lequel on brûle du charbon de bois. Ces dimensions dépendent surtout de la chaleur que chaque combustible est susceptible de produire, et de la force des machines soufflantes. Lorsque celles-ci fournissent 1,000 à 1,100 pieds cubes d'air par minute, un haut-fourneau au charbon de bois peut avoir 38 à 39 pieds de haut, sur une largeur, au ventre, de 9 à 12 pieds; avec des soufflets qui ne donneraient que 160 à 250 pieds cubes d'air, le fourneau n'aurait que 19 à 20 pieds de haut, sur 4 à 5 pieds de ventre.

Plus la cuve est étroite, plus la partie supérieure est échauffée : on doit donc la rétrécir lorsqu'on brûle des charbons légers, pour réduire des minerais réfractaires, si toutefois l'on ne peut élever le fourneau, ce qui est bien préférable.

Les étalages ont une pente très douce pour des minerais de difficile fusion et un combustible peu compacte ; on retarde ainsi la descente des matières dans le foyer, et l'on rapproche la distance du ventre au point de fusion ; ce qui empêche les charbons de trop se consumer dans les régions supérieures du fourneau. On doit, au contraire, rendre plus rapide la pente des étalages pour des minerais fusibles et un combustible fort, sans cependant dépasser 66 à 70 degrés, parce qu'alors les matières, en glissant, se resserreraient et fermeraient le passage à l'air.

Les étalages doivent se rattacher aux parois de la cuve par une ligne courbe, sans présenter aucun angle vif. C'est le moyen de rendre régulière l'allure du fourneau, et de n'arrêter ni comprimer les charges dans leur descente.

Un moyen de concentrer la chaleur dans la cuve, c'est de rétrécir le gueulard ; mais on ne peut le faire que dans le cas où le vent est fort, le charbon léger, et le minerai non susceptible de se tasser : on comprime d'ailleurs les matières par ce moyen. Si le minerai ne se tasse pas fortement, on pourra donner au gueulard 18 pouces seulement, pour un fourneau de 38 à 40 pieds de haut, et de 10 à 12 pieds de large ; avec un minerai terreux, on devra porter la largeur de ce gueulard entre 30 et 50 pouces.

L'ouvrage ne doit pas être trop élevé, car il causerait alors la destruction des parois de la cuve ; il ne doit pas être trop bas, parce qu'on n'obtiendrait que de la fonte blanche, avec une consommation plus forte de charbon. Les minerais réfractaires exigent des ouvrages hauts et resserrés ; pour les fourneaux à coke, ils ont jusqu'à 5 pieds 9 pouces et 7 pieds 3 pouces.

Le vent est introduit dans les hauts-fourneaux par un tube en fer ou en cuivre qui porte le nom de *tuyère*. Lorsque la cuve est large et élevée, on donne au fourneau deux tuyères opposées. Elles sont ordinairement horizontales ; dirigées vers le haut, elles porteraient la chaleur dans la partie supérieure de la cuve, et dérangeraient le fourneau, en accélérant la descente des charges ; inclinées vers le creuset, elles décarbureraient en partie la fonte qui y est assemblée, et produiraient un refroidissement dans la cuve. Cette inclinaison de la tuyère donne lieu à un genre d'affinage appelé *distilliren*, dont il sera question par la suite. On élargit ou rétrécit la bouche de la tuyère, suivant la force ou la faiblesse du vent. La pression de l'air dépendant de la nature du combustible et des dimensions de la cuve, l'ouverture de l'œil de la buse doit suivre les mêmes rapports.

Les fourneaux anglais alimentés par le coke ont de 36 à 80 pieds d'élévation ; ils sont tous terminés par une cheminée cylindrique, dont la hauteur est égale au cinquième de l'élévation totale du fourneau ; le gueulard a 4 à 6 pieds de diamètre ; cette cheminée est en briques et consolidée par des cercles de fer.

La cuve est circulaire ; le creuset est un prisme droit rectangulaire allongé, suivant une ligne perpendiculaire aux axes des tuyères. Les parois en sont faites en grès réfractaire appelé *millstone grit* dans le pays, et fourni par les couches inférieures du terrain houiller. L'ouvrage, formé de la même matière, est pyramidal, et se rapproche beaucoup d'un prisme. Les étalages sont coniques ; leur inclinaison varie entre 35 et 60 degrés ; plus elle est considérable, plus la fonte est noire. Ils sont ordinairement en briques.

La chemise du fourneau (*white work*) est faite en briques réfractaires, blanches après la cuisson ; elle est séparée du double muraillement par une couche d'argile ou de scories pilées.

Nous empruntons à MM. Élie de Beaumont et Dufresnoy (1) le tableau suivant des dimensions de cinq hauts-fourneaux qu'ils ont visités en Angleterre.

	m.	m.	m.	m.	m.
Hauteur du creuset au guculard	13,680	13,808	13,680	14,904	13,072
Hauteur du creuset	1,976	2,128	1,880	2,100	2,128
——— des étalages	2,432	2,432	2,280	1,803	2,432
——— de la cuve	9,272	11,248	9,524	11,001	8,512
——— de la cheminée	2,432	2,432	3,648	3,904	3,040
Largeur du creuset (partie inférieure)	0,760	0,760	0,729	0,605	0,608
Largeur du creuset (partie supérieure)	0,913	0,913	0,860	0,802	0,756
Largeur des étalages	3,891	4,077	4,560	4,102	3,952
——— au tiers de la cuve	3,648	3,952	3,648	3,513	»
——— aux deux tiers	2,675	2,736	2,432	2,905	»
——— au guculard	1,368	1,520	1,371	1,156	1,014
Inclinaison des étalages	59°	58°	57°	52°	60°

La figure 20 représente un fourneau anglais à double tuyère. Celle 21 offre un fourneau appelé *cupola*, et qui est employé dans plusieurs parties de l'Angleterre : il est recouvert d'un manteau de fonte qui remplace le double muraillement et

______

(1) Voyage métallurgique en Angleterre.

enveloppe la chemise de briques. Ce fourneau offre, dans sa construction, beaucoup d'économie en Angleterre, où le fer est à très bas prix. Il est douteux que, pour cette raison, il puisse présenter quelque avantage en France. L'inconvénient de ces fourneaux est d'ailleurs de ne pas concentrer assez la chaleur dans la cuve, et on leur préfère généralement les massifs à double enveloppe.

ARTICLE II.

Travail du haut-fourneau.

Lorsque la cuve d'un haut-fourneau est nouvellement construite, on doit la *fumer* avec précaution, en allumant d'abord un feu léger dans le fourneau, dont on a bouché la tuyère, et jetant ensuite peu à peu, dans le creuset, quelques charbons sur le feu qu'on entretient ainsi pendant trois ou quatre jours. Après ce séchage préliminaire, on verse du charbon dans l'ouvrage, et on continue ces charges de combustible jusqu'à ce que le charbon paraisse au gueulard.

Alors on verse peu à peu une petite dose de minerai, qu'on augmente graduellement. Ce n'est que lorsque le fourneau est en pleine activité qu'il est possible de connaître et d'employer toute la charge de minerai que le charbon peut porter.

Aussitôt qu'on s'aperçoit que le minerai est descendu dans l'ouvrage, on nettoie la sole, on place la dame, on ferme le trou du chio avec de la terre glaise, on arrange la tuyère et la buse et l'on donne le vent. Les soufflets doivent agir au commencement avec beaucoup de lenteur ; ils augmentent progressivement de force, et, au bout de deux ou trois jours, ils reçoivent la vitesse qui convient à la densité du combustible.

Le chauffage d'un fourneau à coke exige encore de plus grandes précautions : ce n'est qu'au bout de huit jours que le vent prend toute son intensité.

Alors le fondeur distribue les charges de minerai, de combustible et de fondans, de manière qu'elles soient bien également répandues, qu'elles ne se tassent pas, et qu'elles n'obstruent pas le creuset qui doit recevoir la fonte. C'est surtout pendant les premiers jours de la campagne qu'il doit user de ménagement et consulter avec soin l'allure du fourneau, chaque fois qu'il veut augmenter les charges. Car les parois et le muraillement n'ayant pas encore acquis le degré de chaleur qu'ils doivent conserver, une surcharge produirait un engorgement qui pourrait avoir des suites fort graves.

Les charbons doivent être bien secs, et les cokes doivent sortir de la meule lorsqu'on les jette par le gueulard. On les charge au volume et non au poids. On doit éviter les variations dans ces mesures, surtout pour le coke, et rejeter la méthode défectueuse de mesurer le combustible dans des paniers appelés *rasses*, et dont rien ne détermine exactement la capacité. Les charbons ne doivent être ni trop gros, ni trop petits ; les charges doivent être telles qu'elles ne puissent refroidir la partie supérieure de la cuve, et qu'elles supportent cependant le minerai.

C'est une bonne méthode que de mélanger bien intimement le fondant et le minerai, avant de les charger dans le fourneau. On n'obtiendrait, au contraire, aucun bon effet d'un pareil mélange entre le charbon et la mine, si surtout celle-ci était réfractaire. Arrivées devant la tuyère, les masses mélangées produiraient un engorgement, et le résultat de l'opération ne serait plus homogène. Les charges dans les Vosges se composent de

6 paniers de charbon, ou... 222 kilog.
$1\frac{1}{2}$ bache castine, ou....... 29,25
13 à 14 baches minerai, ou.. 253,5 à 273.

Pour un fourneau de 22 pieds de haut et de 7 pieds de ventre, elles ont lieu d'heure et demie en heure et demie.

A Château-Lavallière (Indre-et-Loire), la charge qui se renouvelle heure par heure contient

7 rasses de charbon, ou.... 168 kilog.
3 baches de castine, ou.... 93
10 baches de minerai, ou... 310

Le fourneau a 26 pieds de haut et 6 de ventre.

Les fourneaux du Cher, de 24 pieds sur $8\frac{1}{7}$, reçoivent à chaque charge

Charbon............. 150 kilog.
Castine............. 95
Minerai............. 300

Les charges descendent avec d'autant plus de vitesse que la température est plus élevée. Lors donc que le minerai, le charbon ou la castine auront été exposés à l'humidité, ils produiront toujours un refroidissement dans la cuve, et le travail sera retardé. Dans les fourneaux à coke, dont les laitiers sont toujours visqueux, le même phénomène a lieu, sans doute parce que l'accumulation des scories s'oppose au passage du vent. On doit donc avoir grand soin de s'en débarrasser.

De six heures en six heures, le fondeur nettoie le creuset et fait sortir le laitier. Il détache celui qui obstrue la tuyère, les costières, la tympe et la dame, et attire à lui, à l'aide d'un *croard*, le laitier qui est liquide.

Lorsque le creuset est rempli, on procède à la coulée. Le fer liquide sort avec impétuosité et se répand dans une large rigole, qui sert de réservoir et est fermée par une plaque de fer. Lorsque le réservoir commence à se remplir, on lève cette espèce d'écluse, et on laisse le métal se répandre dans le bassin ou moule qu'on lui a préparé dans le sable.

La *percée* doit être faite au niveau de la *sole* du creuset, afin qu'il ne reste point de fonte dans le fond. C'est pour cette raison qu'il serait bien d'incliner légèrement vers la dame la pierre de fond du creuset, si l'on ne craignait pas que la sole ne devînt trop froide après la coulée.

La tuyère doit être bouchée lorsqu'on opère la coulée. Sitôt que le creuset est vide, on bouche le trou du chio, on remplit l'avant-creuset de charbons incandescens qu'on tire du foyer, on débouche la tuyère et l'on remet les soufflets en activité.

La pièce de fonte coulée dans le moule de sable porte le nom de *gueuse*. On en moule une toutes les douze, dix-huit ou vingt-quatre heures, selon la rapidité de la descente des charges, la capacité du creuset et la richesse du minerai. Le poids de la gueuse varie d'après les dimensions du creuset et la manière dont il est rempli. Dans les fourneaux où les machines soufflantes sont faibles, on peut sans danger laisser monter le bain de fonte jusqu'à une certaine hauteur au-dessous de la tuyère; dans les fourneaux à coke, où la puissance du vent est considérable, la fonte ne doit jamais dépasser les trois quarts de la hauteur du creuset, sous peine de subir un commencement de décarburation.

Le travail d'un haut-fourneau est régulier chaque fois que les proportions entre les dimensions de la cuve, la masse du vent fournie par les machines soufflantes et le dosage des matières sont exactement observées. Alors la réduction du minerai a lieu bien avant que les charges soient parvenues à une région où règne la chaleur nécessaire à la fusion du régule. La masse placée d'abord dans les parties supérieures de la cuve, où elle est convenablement préparée, avance peu à peu dans les parties où la température augmente progressivement : alors la vitrification des terres a lieu, le laitier se forme; l'oxide de fer, d'abord réfractaire, perd de son oxigène, qui est remplacé par du carbone, devient plus fusible, coule en gouttes, s'attache aux charbons et se trouve en contact intime avec lui. Il continue à descendre, accolé au combustible, dans une atmosphère riche en carbone, glisse au milieu des charbons, s'en sature et arrive ainsi devant la tuyère, d'où il tombe ensuite sous la couche de scories.

Si le vent des soufflets est fort et que le minerai soit très fusible, celui-ci descendra avec rapidité et se chargera d'autant moins de carbone, qu'il sera moins long-temps en contact avec lui.

Le métal liquide descendu dans le creuset contiendra moins de carbone que celui qui serait provenu d'un oxide plus réfractaire. Le minerai, très réfractaire à son tour, auquel il manquera un degré de température convenable pour sa réduction, ne se désoxidera que dans les régions inférieures, trop près de la tuyère, et trouvera moins de charbons dans l'espace qu'il devra parcourir. Cet effet aura également lieu si le vent est trop faible, ou que les masses soient trop comprimées dans la cuve.

La vitrification des terres ne doit jamais précéder la désoxidation du minerai; car le laitier a une grande affinité pour l'oxide, et s'il se formait avant que le métal ne fût débarrassé de son oxigène, il en entraînerait une grande partie dans la vitrification.

On sent, d'après toutes ces considérations, combien il est difficile de connaître au juste la dépense d'un haut-fourneau et la valeur de son produit; on calcule ordinairement que le minerai rend de 30 à 33 pour 100. Dans la Franche-Comté, pour obtenir 1000 kilogr. de fonte, on dépense

> Minerais mêlés......... 3330 kilog.
> Charbon.............. 1500
> Castine, ou erbue...... 660

Dans les Vosges (à Framont), on dépense pour 1000 kilogr. de fonte.

> Minerai.............. 3390 kilog.
> Charbon............. 1770
> Castine 380

Dans le Berry, 1000 kilogr. de fonte sont produits par

        Minerai.............. 33oo kilog.
        Charbon............. 15oo
        Castine.............   95o

Dans un fourneau de Dudley (Angleterre), où l'on ne brûle que du coke, les élémens de 1000 kilogr. de fer sont

        Minerai.......... 325o kilog.
        Houille.......... 3ooo kilog. ou 2100 coke.
        Castine 1400

A Wrockwordine, ils sont de

        Minerai.......... 3ooo kilog.
        Houille.......... 35oo kilog. ou 24oo coke.
        Castine.......... 1000

Dans le Shropshire :

        Minerai brut.... 2790 kilog.
        Houille........ 452o kilog. ou 316o coke.
        Castine........ 52o

Le terme moyen de la production annuelle d'un haut-fourneau ordinaire, en France, est de 45o,ooo kilogr., lorsqu'il a 20 à 22 pieds et une seule tuyère. Les hauts-fourneaux d'Angleterre, de 5o à 6o pieds de haut, font chacun 3,ooo,ooo de kilogr. au moins ; c'est presque autant que sept de nos fourneaux.

ARTICLE III.

De la Fonte.

Nous avons déjà fait remarquer que, dans les changemens qu'éprouve l'oxide de fer dans les hauts-fourneaux, il passe successivement à l'état de protoxide, à celui de fer pur; puis, environné de carbone, il s'en sature de plus en plus, et descend dans les parties inférieures de la cuve, en entraînant avec lui une portion du fer pur avec lequel il s'unit. Ainsi, le métal rassemblé dans le creuset ne présente autre chose qu'une combinaison du fer avec son proto-carbure.

La masse du carbure n'est pas toujours la même dans le creuset; diverses causes, ainsi que nous l'avons démontré, s'opposent à l'union du carbone avec le fer : une descente trop rapide des masses, ou une désoxidation trop lente achevée dans les couches inférieures du charbon, sont également nuisibles à la carburation. Lorsque les minerais sont très fusibles, et que la puissance du vent est telle que la chaleur dans le fourneau est portée à une haute intensité, le fer descend avec vitesse et n'a pas le temps de se saturer de carbone. Le peu de carbure formé alors s'unit très intimement au métal pur, et l'affinité qui s'exerce entre eux est tellement forte, que, lors de la coulée, le carbone disséminé dans toute la masse y est fortement retenu et ne peut s'en séparer en refroidissant.

Si, au contraire, la marche régulière du fourneau permet au fer de se charger de carbone; que le carbure plonge en forte proportion sous le bain de scories; l'affinité du fer pour le carbone diminuant d'autant plus qu'il en est plus saturé, le carbone surabondant est disposé à se séparer du métal et à former du *graphite*; et si l'on coule le métal dans un lit où il se refroidisse lentement, cette formation s'opère, la fonte se colore, la disposition de ses molécules change, et comme le graphite, en se séparant, fait épaissir promptement la masse, il reste encore beaucoup de carbone sous la forme de proto-carbure, qui n'a pu devenir libre et est resté en combinaison. Le carbure peut donc exister en même temps que le graphite dans la fonte grise.

Il peut arriver que la fonte, sans être sursaturée de carbone, donne naissance cependant à du graphite, qui, n'étant pas assez abondant pour colorer toute la masse, se répand çà et là dans l'étoffe, et forme des points gris parsemés sur un fond blanchâtre. Cet état moyen entre la fonte blanche et la fonte grise est susceptible d'une infinité de variations; il donne lieu à la fonte truitée, qui passe de la fonte blanche légèrement graphitée à la fonte truitée de la teinte la plus grise.

Le manganèse des minerais se réduit en même temps que le fer, descend avec le carbure dans le creuset, et forme un composé ternaire particulier. Lors du refroidissement, la décomposition ne peut plus avoir lieu de la même manière : le manganèse combiné retient le carbone surabondant, et empêche ainsi la formation du graphite. La fonte alors ne prend une teinte brune que lorsqu'elle est sur-saturée de carbone, ou que le manganèse y est en faible dose. Le plus souvent elle est d'un blanc argentin, d'une structure cristalline, quoiqu'elle contienne quelquefois autant de carbone que la fonte grise. Diverses substances agissent dans la fonte de la même manière que le manganèse; elles possèdent comme lui la propriété d'empêcher la séparation du graphite, et de donner de la fonte blanche, quelle que soit la quantité de carbure combinée avec le fer.

Nous avons déjà vu quelle influence a le calorique sur la disposition intérieure des corps. On met quelquefois cette propriété à profit pour empêcher la formation du graphite : il ne s'agit que de saisir le moment où le carbure est uniformément répandu dans la masse, et de maintenir cette disposition des molécules par un refroidissement subit. Lorsque la fonte sort du fourneau, on l'étend de manière à exposer le plus de surface possible à l'air, on hâte le refroidissement par tous les moyens convenables. Il se forme de suite une croûte extérieure qui décide de la forme et des dimensions de la gueuse ; les molécules resserrées entre cette croûte, et se refroidissant elles-mêmes, sont forcées d'occuper l'espace qu'elles occupaient étant liquides ou rouges ; il en résulte une compression inégale, par conséquent une tension considérable ; le carbone qui tend à s'échapper vers la surface, lorsqu'il est refroidi lentement, est ici arrêté dans son essor, la séparation n'a pas le temps de s'opérer, et les molécules de la fonte, contrariées dans leur disposition, n'adhèrent plus entre elles et se laissent facilement diviser.

Cette explication de la formation et de la différence des fontes obtenues dans le haut-fourneau, nous semble toute naturelle ; elle est d'accord avec tous les faits et n'est contraire à aucun principe. Le savant Karsten, pour défendre son opinion sur les élémens de la fonte blanche et de la fonte grise, est obligé de recourir à des explications forcées, qu'il ne peut entrer dans notre sujet de combattre. On peut lire son Mémoire sur la combinaison du fer avec le carbone, dans lequel il nous semble être quelquefois en contradiction directe avec lui-même.

De tout ce qui précède, il résulte qu'il existe cinq espèces de fonte qu'il est très important de distinguer.

1°. La *fonte grise*, ou celle qui provient d'un dosage convenable, d'une conduite régulière du fourneau, et d'un refroidissement lent hors du creuset. Sa couleur est d'un gris plus ou moins foncé, suivant la quantité de graphite qui s'y est formé ; sa texture est grenue ; elle se laisse facilement limer, forer et buriner. A mesure que la couleur foncée diminue, la texture grenue disparaît ; elle passe, par une infinité de nuances, du gris le plus foncé au gris clair, et de l'étoffe grenue à la cassure unie et compacte. Sa pesanteur spécifique est 7,2.

2°. La *fonte blanchie*, obtenue de la même manière que la fonte grise, mais refroidie subitement à la coulée, est blanche, argentine, dure et lamelleuse ; elle donne à l'analyse les mêmes produits que la fonte grise, mais elle est plus propre que celle-ci à l'affinage, en ce que l'état de combinaison simple du carbone a été rendu stable par la congélation.

3°. La *fonte blanche impure*, que la présence du manganèse, ou d'un autre corps, a empêché de prendre la couleur grise, est d'un blanc argentin, à grandes lames brillantes, quelquefois plissée et irrégulièrement ondée ; elle casse assez facilement, et résiste, comme la précédente, à la lime et au burin. Cette fonte, souvent impropre à l'affinage, est d'une excellente qualité pour le traitement de l'acier.

4°. La *fonte truitée* présente une cassure blanche tachetée de grains noirs, ou noire tachetée de grains blancs ; quelquefois les grains de deux couleurs paraissent être en égale quantité. Elle représente le passage de la fonte grise à la fonte blanche, et porte les caractères de la première ou de la seconde, suivant qu'elle s'approche plus ou moins de l'une ou de l'autre. Elle est très propre à l'affinage.

5°. La *fonte blanche* provient d'un manque de carbone. Elle peut être facilement confondue avec la *fonte blanchie* et la *fonte blanche impure*, en ce qu'elle est, comme elles, d'un blanc argentin, d'une contexture rayonnante, lamelleuse, conchoïde ou compacte. Elle passe d'ailleurs du blanc le plus brillant au gris clair, et finit par se confondre avec la fonte légèrement grise. Sa pesanteur spécifique est plus forte que celle-ci, ce qui annonce qu'elle contient moins de carbone. Il est impossible de la limer, forer ou buriner ; elle peut prendre un beau poli ; elle est très fragile et se brise quelquefois pendant son refroidissement.

En général, on ne peut distinguer à l'œil que trois espèces de fonte : la fonte grise, celle truitée et la fonte blanche. Il est donc nécessaire de connaître la nature du minerai qu'on a employé, pour savoir quelle est celle de la fonte obtenue. Sans cette précaution, on courra risque de faire de graves erreurs dans l'usage et le traitement de la fonte.

La fonte blanche est très fusible, mais elle ne se liquéfie qu'avec difficulté ; elle tombe par écaille dans le fourneau, et ne peut être propre aux opérations qui exigent une fusion complète, l'affinage par exemple. La fonte grise est d'une fusibilité moins prompte, mais elle reste long-temps liquide ; elle est conséquemment très propre au moulage qui demande une fusion prolongée. Dans l'affinage elle cause une grande dépense de combustible, et prend beaucoup de temps à l'ouvrier. La fonte truitée, sous ce rapport, est bien plus convenable, mais sa composition peu uniforme doit lui faire préférer, dans certains cas, la fonte blanchie.

Nous donnons ci-après l'analyse de ces différentes fontes :

	FER.	CARBONE.	MANGANÈSE.	TERRES.
Fonte grise de Leufstadt......	96,00	2,00		2,00
— blanchie de Brattefors.	97,50	1,20		1,30
— blanchie impure de Ste.-Hélène.	95,69	1,00	1,54	1,70
— truitée du Périgord.	98,40	0,80		0,80
— blanche du Creusot........	99,70	0,20		

M. Ramus, ancien directeur de l'usine du Creusot, aujourd'hui propriétaire de l'établissement de Beauchamps (Saône-et-Loire), a fait des expériences très remarquables sur la ténacité du fer fondu (1), desquelles il semble résulter que la fonte blanche présente beaucoup moins de résistance que la fonte grise, et que celle-ci est d'autant plus difficile à rompre que sa composition est plus homogène. On peut consulter à ce sujet le bel ouvrage de M. Tredgold, sur la force du fer coulé. (2)

---

(1) *Annales de Chimie*, VII⁰ vol.

(2) Les formules de Tredgold sont exprimées en mesures anglaises. M. d'Aubuisson les a traduites en mesures métriques dans les *Annales des Mines*, t. XIII, p. 239. Voici celles applicables à la résistance de la fonte. Soit f la force de cohésion; e, l'extensibilité $= 0,000830$ mèt.; P, la plus grande charge ; l, longueur de la barre; b, sa largeur ; d, son épaisseur.

F étant égal à 1075 kilog. (poids par centim. carr.) $= 10750000$ kilog. (poids par mèt. carr.), on aura :

Pour une barre rectangulaire, soutenue par ses deux extrémités, et chargée en un point quelconque dont les distances aux appuis sont q et r...

$$P = 1790000\, \frac{b\, d^2\, l}{6\, q\, r}\; ;$$ si la barre est chargée au milieu,

$$P = 7170000\, \frac{b\, d^2}{l}\; ;$$ si elle est chargée uniformément

dans toute sa longueur, $P = 11470000\, \dfrac{b\, d^2}{l}$; lorsqu'une des extrémités est fortement fixée, et que l'autre doit supporter la charge, on obtient,

$P = 1790000\, \dfrac{b\, d^2}{l}$, qui, comme on le voit, n'est que

le quart à peu près de $P = 7170000\, \dfrac{b\, d^2}{l}$, formule obtenue, lorsque le poids est au milieu et que les extrémités sont appuyées.

La fonte grise est légèrement élastique ; la fonte blanche est dépourvue de toute flexibilité. La première jouit d'une sorte de malléabilité qui n'existe point pour la seconde. Les ouvriers reconnaissent quelquefois la qualité de la fonte en frappant dessus avec un marteau ; si elle cède, ils en augurent bien. Le plus ou le moins de résistance qu'elle oppose, lorsqu'elle est grise, dénote le plus ou moins de dureté du carbure.

La fonte provenant des fourneaux à coke est sur-carburée ; elle coule avec une facilité remarquable, mais se fige bien plus vite que la fonte de même couleur obtenue avec le charbon de bois ; cela est sans doute dû au silicium que la première contient assez abondamment, et qui lui donne une disposition à s'oxider plus promptement.

On n'a pas encore trouvé le moyen de réunir deux pièces de fonte, et de les souder ensemble ; cela tient sans doute à la propriété du carbure de fer, de se liquéfier à une température peu élevée, trop voisine de celle à laquelle on pourrait le souder. Un Italien, il signor Jos. Morosi (1), prétend avoir trouvé le moyen de souder deux morceaux de fonte, à l'aide d'une composition

______

(1) *Mémoires de l'Inst. Lombard.-Vénit.*, ann. 1814 et 1815, p. 165. La composition pour la soudure est celle-ci :

9 onces de laiton
3 onces de zinc

fondus et mélangés dans un creuset ; il ajoute de l'alun à la fusion, et remue ensuite jusqu'à ce que tout l'oxide soit monté à la surface. Puis il convertit le mélange en une espèce de grenaille.

particulière de laiton, de zinc et d'alun, qu'il emploie concurremment avec le borax. La réunion des deux pièces ne peut néanmoins avoir lieu qu'en interposant entre elles un morceau plat de fer forgé.

Nous devons à M. Dufaud (2), créateur de l'usine de Fourchambault, près de Nevers, des détails précis sur la manière de scier la fonte de fer; il a remarqué que le métal chauffé se scie avec autant de facilité que le bois sec; qu'il ne faut donner que peu de champ à la scie pour diminuer la résistance; que la fonte doit être chauffée au four à réverbère, pour l'être également sur tous les points, ce qui ne pourrait avoir lieu dans la forge; qu'elle ne doit pas être trop chauffée, parce que la scie s'empâterait, et l'opération marcherait mal, si la surface était trop rapprochée de l'état de fusion; que la scie doit être conduite avec beaucoup de vitesse, parce qu'alors elle s'échauffe moins, fait mieux son passage, et que la section est beaucoup plus juste et plus nette; enfin, que la fonte doit être placée de manière à porter partout d'aplomb, excepté sous le passage de la scie, pour que les deux pièces divisées ne se séparent pas avant la fin de l'opération.

CHAPITRE II.

Affinage.

Le but de l'affinage est d'enlever le carbone à la fonte, de même que le but du traitement au haut-fourneau était d'enlever l'oxigène au mine-

----

(1) *Annales de Chimie*, t. LXXXII.

rai. Ceci explique pourquoi tout le travail chimique du fer consiste en deux opérations : réduire le minerai à l'état de fonte, et réduire la fonte à l'état de fer pur. Lorsqu'on réunit les deux opérations en une seule, c'est-à-dire qu'on obtient du fer immédiatement du minerai, l'affinage s'appelle affinage immédiat ; lorsqu'au contraire on n'agit que sur de la fonte, le traitement porte le nom d'affinage proprement dit. Nous parlerons d'abord de celui-ci.

ARTICLE PREMIER.

Affinage de la Fonte.

On décarbure la fonte, soit en la fondant dans des feux pêle-mêle avec le combustible, soit en pratiquant cette opération dans des fours à réverbère, où le métal est tenu loin des charbons.

Au premier aspect, la décarburation au milieu des charbons ne semble guère possible, et l'on est tenté de donner la préférence à l'affinage par le four à réverbère. En effet, quelle que soit la puissance réductive de l'oxigène, il est bien difficile qu'il ne reste pas du carbone dans la masse affinée, lorsqu'il est mis en contact immédiat avec des substances charbonneuses, dont l'affinité pour le métal ne saurait être mise en doute. Cependant la fonte a besoin, pour être entièrement affinée, d'être tenue quelque temps à l'état liquide, et c'est ce qu'on obtient dans les feux ; tandis que dans un four à réverbère, l'oxidation rapide du métal ne permet pas d'obtenir un bain complet, et ne donne pas aux autres substances nuisibles le temps de se dégager.

Si la fonte ne contenait que du carbone et du

fer, l'affinage consisterait en une simple réduction d'oxide : l'action de l'oxigène suffirait pour l'opérer. Mais la fonte est bien rarement pure et la séparation des matières étrangères exige presque toujours le jeu très compliqué des affinités chimiques. Or l'affinité s'exerce plus facilement sur les corps à l'état liquide, et l'action moléculaire éprouve d'autant plus de modification que la fusion est plus prolongée.

La fonte blanche se convertit en très peu de temps en fer ductile ; elle arrive plus vite au point de fusion que la fonte grise, mais elle coule plus difficilement, s'oxide presque aussitôt et ne peut jouir long-temps de l'état de liquidité. Si elle est pure, l'affinage peut en être complet ; mais si elle contient des substances étrangères, la réduction du carbure est trop prompte pour qu'elles puissent être séparées. A proprement parler, la fonte blanche tombe par écailles dans le foyer d'affinerie ; elle n'est point liquide, s'épaissit et passe presqu'aussitôt à l'état de fer.

La fonte grise, au contraire, fond moins facilement, tombe par gouttes, s'oxide difficilement et peut rester à l'état de bain beaucoup plus long-temps que la fonte blanche. Cette prolongation d'une parfaite liquidité n'est pas, au surplus, sans inconvénient : si elle facilite la combinaison du réactif, et la séparation des corps hétérogènes, elle demande aussi plus de temps pour se réduire et exige un plus fort courant d'air. Ce désavantage nuit nécessairement à l'affinage qu'il retarde, et il est d'autant plus grand que la fonte est plus carburée.

La fonte d'une teinte légèrement grise est donc plus convenable à l'affinage. La formation du graphite n'a pu s'y opérer, mais elle peut être tenue en bain assez long-temps, sans qu'elle offre l'inconvénient de prolonger le travail au-delà des limites raisonnables.

Lorsque la fonte blanche provient d'un refroidissement subit, ou de la présence du manganèse, elle est aussi liquide que certaines fontes grises, mais elle ne se comporte pas également dans tous les cas. La fonte manganésée est propre à donner de l'acier, car la formation du proto-carbure exige que la combinaison du fer et du carbone soit rendue stable par la présence d'un troisième corps. Dans la fonte blanchie, la composition ne varie point ; elle présente des proportions constantes d'élémens, le carbure est également combiné dans toute la masse du fer ; le graphite ne s'oppose point à la réduction. Cette espèce de fonte est donc très avantageuse pour l'affinage, et le travail en est facile et prompt.

Nous allons diviser tout ce que nous avons à dire sur l'affinage de la fonte en deux parties : l'affinage dans des feux de forge, et l'affinage dans les fours de finerie et à réverbère.

ARTICLE II.

De l'Affinage dans les feux de forges.

On donne le nom de feux de forges à des *renardières*, ou creusets parallélogrammatiques, dans lesquels on place la fonte, qu'on affine lorsqu'elle est entourée de charbon. Ce fourneau d'affinage ressemble assez à nos forges de serruriers ; il s'élève au-dessus du sol, est recouvert d'une cheminée A (*Fig.* 22) en hotte, et porte, à l'un de ses côtés, une espèce de chemise ou garde-feu, qui descend de la hotte vers un des jambages de la cheminée.

L'aire du foyer est élevée de 11 à 15 pouces au-dessus du sol; elle a 5 à 6 pieds de long sur 2 à 3 pieds de large. Le massif est bâti en briques, et la partie supérieure est recouverte de plaques de fonte. Dans un des coins de ce massif on forme le creuset, auquel on donne une forme rectangulaire, avec quatre plaques de fonte sur les côtés, et une qui se place au fond. La plaque du côté de la tuyère porte le nom de *varme;* celle qui lui est opposée s'appelle *contrevent;* celle du devant, *chio* ou *laiterol;* et celle du derrière, *haire* ou *rustine.* Le laiterol est percé d'un ou de plusieurs *chios.*

Le feu a des dimensions très variées, et est disposé de manière que le grand côté du parallélogramme s'étend du laiterol à la haire. Les feux allemands ont 2 pieds 7 pouces de long, sur 2 pieds 1 pouce de large; ceux wallons, 2 pieds 6 pouces, sur 2 pieds 4 à 5 pouces.

Les plaques du creuset doivent être fortement assujetties entre elles; le fond doit joindre bien exactement contre la varme et la rustine. On se sert, pour maintenir toutes les pièces, de coins qui les resserrent l'une près de l'autre. Ordinairement les plans de ces plaques sont perpendiculaires à l'horizon; mais dans quelques usines, le contrevent et la rustine sont inclinés en dehors, de manière que le fond est moins large que la partie supérieure du creuset. Cette disposition a pour but de favoriser la sortie de la loupe, et la conversion de la fonte en fer ductile.

Pour éviter que le fond ne s'échauffe au point que le fer s'y attache, on pratique sous le creuset un canal d'irrigation, qui porte une partie des eaux employées dans l'établissement. On fait couler l'eau aussitôt que la loupe est retirée, et l'on doit apporter à ce refroidissement une certaine précaution pour ne pas faire éclater le fond ; lorsqu'il est brisé, il n'est plus possible de continuer le travail, parce que la fonte ne change plus de nature.

Quoique M. Karsten pense qu'on ne doit se servir que d'une buse pour verser l'air dans le foyer, et qu'il appuie cette opinion de raisonnemens qui sont d'un grand poids dans sa bouche, nous croyons qu'avec deux buses le vent est plus uniformément répandu dans le creuset ; que la fusion s'opère sur un plus grand nombre de points à la fois ; que le vent est aussi constant et aussi régulier. Il est bien vrai que le croisement du vent des deux buses ne peut qu'être nuisible dans le fourneau, mais rien n'empêche de se servir de deux tuyères placées à côté l'une de l'autre, et d'opérer ainsi une plus égale répartition de l'air.

Les tuyères sont placées sur la varme, qui s'incline ordinairement vers l'intérieur du foyer ; quelquefois elles sont fixées dans des boîtes ou *chapelles*. Dans tous les cas, elles doivent être solidement établies, et assujetties d'une manière invariable. On leur donne une inclinaison, et on rend le vent plongeant selon la nature de la fonte soumise à l'affinage. Si le carbure est gris, cette inclinaison doit être moindre ; car la fonte grise restant plus long-temps liquide, le vent plongeant tendrait à maintenir cette liquidité, en s'opposant à une haute température : ce qui nuirait, dans ce cas, à la fonte grise, produit un bon effet pour la fonte blanche, qui doit être tenue à l'état de bain le plus long-temps qu'il est possible.

La profondeur du feu dépend presque toujours de l'inclinaison de la tuyère. Avec une bonne fonte blanche on peut relever le fond du creuset, et hâter ainsi l'affinage ; mais alors la tuyère doit plonger fortement pour empêcher la coagulation. Une bonne fonte grise peut s'affiner dans un feu de 6 à 7 pouces de profondeur, et la tuyère doit avoir alors une pente de 3 lignes. Si la fonte donne des fers vicieux, on augmente la profondeur du feu jusqu'à 7 à 8 pouces, et on fait plonger davantage la tuyère. Une fonte médiocre peut être traitée dans le premier feu, mais la tuyère doit être plus inclinée.

Lorsqu'on veut commencer le travail, on répand, sur le fond du creuset, une couche de poussier de charbon que l'on tasse fortement ; on remplit le creuset de charbon en gros morceaux, et l'on fait aller les machines soufflantes. Une fois le feu allumé, on place la fonte, en ayant soin de ne pas écraser le combustible, et on la couvre de nouveaux charbons. On donne plus de force au vent si la fonte est blanche.

Le fondeur arrose de temps en temps la partie supérieure du combustible, afin de concentrer la chaleur dans le creuset, et de diminuer la consommation du charbon ; il veille à ce que les scories qui se forment ne s'accumulent pas, et il les fait écouler. Si la masse devient trop vite pâteuse, il augmente le vent ; si elle reste trop liquide, il l'approche du contrevent. Il amène, par ce travail, la gueuse à l'état de pâte épaisse, et la dispose à se louper.

Ces opérations préliminaires ayant eu lieu, il soulève la masse à plusieurs reprises, met le fer à nu, détache les scories attachées au chio et au contrevent. En exposant à la tuyère le métal coagulé et divisé en gros morceaux, l'affineur a pour but de hâter la décarburation. Les fragmens sont alors ôtés du creuset; on y verse une rasse de charbon, et on les remet sur le combustible, où ils doivent être exposés à l'influence de la température, suivant le degré d'affinage qu'ils ont reçu.

Si le fer conserve trop de crudité, on le soulève de nouveau; mais on ne procède à un troisième soulèvement que lorsque la fonte se refuse obstinément à changer de nature. On jette alors dans le creuset des battitures, dont l'effet est de hâter l'affinage. On doit proscrire sévèrement l'usage du quartz, dont les ouvriers paresseux se servent pour produire une décarburation plus prompte. La silice de ce flux se combine en grande partie avec le fer, le rend aigre; elle augmente aussi la masse des scories, et entraîne dans la vitrification une certaine portion de fer.

Enfin, on procède à la dernière opération qui s'appelle *avaler* la loupe. Elle consiste dans le soulèvement au-dessus de la tuyère : le charbon descend au-dessous et forme un lit sur lequel on assied la masse. On augmente, par tous les moyens, la température de la loupe, on la porte à un état voisin de la liquidité, et on achève l'affinage.

La couleur de la flamme avant le soulèvement indique l'allure du fourneau. Lorsqu'elle est blanche, c'est signe que le travail va bien et que l'affinage est suffisamment avancé. Une flamme bleuâtre montre la nécessité du soulèvement et l'état de crudité du métal. Des scories très liquides qui s'attachent au ringard et se détachent au premier choc, annoncent que le fer n'est pas encore assez affiné.

L'affinage étant terminé, le fondeur ralentit le mouvement des soufflets et achève de faire la loupe. Il rassemble les divers petits fragmens de fer disséminés dans le creuset, les réunit à la masse totale qu'il frappe à coups de pelle ou de crochet, jette des battitures, débarrasse la tuyère et détache la loupe du côté de la varme.

L'affineur soulève la loupe avec son ringard, tandis que le second affineur et le *goujat*, la saisissent avec le crochet et la tirent hors du foyer. Elle est ensuite frappée à grands coups de masse, et entraînée près du marteau.

Le travail que nous venons de décrire est celui le plus généralement usité en France, dans les grosses forges, c'est-à-dire celles dans lesquelles la fonte est affinée en une seule opération. Dans les grosses forges de la Franche-Comté, on fait la loupe et on la chauffe, pour l'étirage, dans le même foyer. La dépense, pour obtenir 1000 kilogr. de fer, est de

> Fonte......... 1450 à 1500 kilog.
> Charbon ..... 12 à 13 mètres cubes.

Dans le Berry, la loupe est faite dans un foyer d'affinerie, et l'*encrenée* est réchauffée dans une chaufferie particulière. 1000 kilogr. de fer exigent :

> Fonte.......... 1470 kilog.
> Charbon .... 13 à 14 mètres cubes.

Dans ce calcul, nous comprenons le combustible nécessaire pour l'étirage et le déchet produit par le forgeage au marteau. Le combustible dépensé peut être regardé comme étant :

$\frac{17}{24}$ pour l'affinage.
$\frac{7}{24}$ pour l'étirage.

Une bonne fonte grise exige, dans le feu d'affinerie, 130 à 140 pieds cubes d'air atmosphérique; la fonte blanche demande 140 à 160 pieds cubes.

Les méthodes d'affinage en usage en France, se divisent en deux classes : la méthode wallone et la méthode allemande. La première est usitée dans le Berry; la seconde est employée dans la Franche-Comté.

Les feux à la wallone sont généralement plus grands que ceux à l'allemande. Dans ceux-ci, le masseau est affiné et chauffé dans le même foyer, tandis que dans la forge wallone, on fait le *masseau* ou *encrené* dans un feu d'affinerie, et on le chauffe dans un autre foyer. Par ce dernier procédé, on prétend que le fer est plus doux; par l'autre, le travail présente plus d'économie.

ARTICLE III.

Affinage à la Houille.

L'affinage à la houille est le complément nécessaire du fondage des hauts-fourneaux au coke. Il est aujourd'hui le seul employé en Angleterre; il ne tardera pas à l'être généralement en France, où le sol secondaire embrasse une immense étendue et présente un sein vierge encore aux spéculateurs.

L'affinage à l'anglaise est un affinage à double fusion, dans lequel il est avantageux de traiter la fonte grise ou truitée, parce que, dès le premier feu, on refroidit subitement le métal, en le coulant en plaques minces. L'opération s'achève dans un four à réverbère, où l'emploi du combustible brut présente beaucoup d'économie. Le feu où s'opère la première fusion, porte le nom de *finerie* (*finery*), ou *mazerie*. Là, comme dans la plupart des affineries, le métal et le combustible se trouvent en contact et pêle-mêle dans le creuset. Le fourneau où la seconde fusion a lieu, est un four à réverbère que les Anglais appellent *puddling furnace*, fourneau à pudler, du mot *puddle* qui signifie brasser, remuer, patrouiller, par allusion au travail du pudleur.

Nous diviserons l'affinage anglais en deux parties distinctes : la *finerie* et la *pudlerie ;* nous suivrons avec détail ces deux opérations, et indiquerons les résultats que l'expérience et la théorie présentent comme étant les plus avantageux.

§. I.

De la Finerie.

Le feu ou creuset de finerie ressemble assez aux feux d'affinage que nous avons précédemment décrits ; c'est une renardière peu élevée au-dessus du sol, composée, comme eux, de quatre plaques de fonte formant un rectangle, et recouverte d'une cheminée en hotte qui reçoit la fumée. Nous croyons devoir, au risque de nous répéter, donner les détails de la construction d'un feu anglais, dans lequel nous avons vu obtenir 9000 kilog. par jour de métal affiné (*fine metal*).

Après avoir assis solidement les fondemens en maçonnerie, on forme, avec quatre pilastres de fonte, de 7 à 8 pieds de haut, un rectangle de 4 pieds sur 5, à peu près; on assujettit fortement la base de ces pilastres, et l'on place sur la partie supérieure, quatre plaques en fonte maintenues par des tenons. A quelques pouces au-dessus du sol, on commence le creuset (*Fig.* 23).

Le laiterol est une plaque de fonte de 3 pouces d'épaisseur; il est placé sur le grand côté du rectangle. On forme la varme avec une auge en fonte ayant 4 pouces d'épaisseur du côté du foyer; elle est destinée à recevoir l'eau qui sort des tuyères et qu'elle laisse échapper par un trou de trop plein. Cette auge a 3 pieds et 2 à 3 pouces de long. La rustine est représentée par une cuve de la forme de la varme, recevant comme elle l'eau qui circule continuellement. Le contrevent, formé, comme le laiterol, par une plaque de 3 pouces d'épaisseur, porte, à la partie supérieure, une ouverture pour l'écoulement du laitier. Ces quatre plaques, assujetties par une maçonnerie en briques, forment un parallélogramme intérieur de 3 pieds 2 pouces du laiterol à la rustine, et 2 pieds 5 pouces de la varme au contrevent.

Le fond du creuset se fait en sable très réfractaire, fortement battu avec une demoiselle de fonte; il a 20 à 22 pouces de profondeur près du chio; il est légèrement incliné vers cette ouverture, pour favoriser la sortie du métal.

Les cuves de la rustine et de la varme ont des couvercles en fonte. On doit avoir soin de les tenir fermées, afin d'éviter que la cendre, en s'y introduisant, ne finisse pas obstruer les ouvertures d'écoulement de l'eau.

Pour empêcher les cendres et le combustible de tomber dans l'atelier, on place sur les côtés de la rustine, du contrevent et du laiterol, des plaques de fonte horizontales de la largeur de 18 pouces à 2 pieds, avec un rebord de 1 ou 2 pouces ; elles sont soutenues du côté du foyer par des mortaises ou entailles faites dans les plaques du creuset, et du côté extérieur par de légers muraillemens de briques. Ces muraillemens doivent laisser les plaques en contact avec l'air ; on peut y suppléer par des supports en fer. La plaque à rebord qui couvre la rustine doit être appuyée sur une maçonnerie solide, parce que c'est de ce côté que se fait la charge du fourneau.

Lorsque le creuset est fini, on place au-dessus de la varme la plaque qui doit recevoir les deux ou trois tuyères, et puis la cloison supérieure. Les ouvertures destinées aux tuyères ont 4 pouces de diamètre : cette cloison est assujettie aux pilastres à l'aide de boulons.

Après avoir formé le creuset et la cloison des tuyères, on s'occupe de faire le *lit* dans lequel doit s'opérer la coulée.

Il doit avoir de 16 à 18 pieds de long sur 2 pieds de large. On le forme avec cinq ou six pièces de fonte, réunies par des boulons et auxquelles on donne une position bien horizontale. L'extrémité supérieure est à la hauteur du sol, qui, dans certaines usines, est un parquet de fonte. De légers tuyaux, partant du trop plein de la rustine et de la varme, conduisent l'eau sous le lit de fonte et aident ainsi au refroidissement du métal.

On s'occupe ensuite de la cheminée qu'on élève au-dessus des plaques de fonte supportées par les pilastres. On lui donne la forme d'une hotte et on la fait sortir de quelques pieds au-dessus du toit.

Il est convenable que tout l'atelier du fineur (*finer*) soit recouvert et mis à l'abri de la pluie.

La combustion est alimentée par un soufflet quelconque, lequel doit fournir un vent continu. La machine qui le fait mouvoir, fait aussi circuler l'eau dans les tuyères et les auges.

Le porte-vent est tellement construit, qu'au moyen d'une clef, on peut arrêter de suite le fluide élastique. L'air s'échappe alors par une soupape ménagée sur les tuyaux de conduite, et, pour en favoriser la sortie, le fineur a soin de l'ouvrir de toute sa grandeur et de l'assujettir dans cette position.

Le vent de ces soufflets doit être animé d'une plus grande vitesse que celui employé dans les affinages dont nous avons parlé : 15 à 17000 décimètres cubes d'air (4 à 500 pieds cubes), par minute parcourant 121 à 122 mètres (375 pieds) par seconde, sont la quantité ordinairement donnée dans un feu de finerie qui consomme du coke.

La buse ressemble aux buses ordinaires d'affinage ; les tuyères sont aussi en fer battu et faites de manière à recevoir, dans leur intérieur, de l'eau qu'elles rendent à la varme ; elles sont inclinées de 15 à 20 degrés, et plongent de 2 pouces dans le creuset.

Il est avantageux de se servir de plusieurs

tuyères, en ce que la répartition du vent a lieu plus uniformément et frappe le bain de fonte sur une plus grande surface.

Le feu d'affinerie ci-dessus décrit fond de 900 à 1000 kilogr. de fonte. Il consomme, pour 1000 kilog. de *fine metal* obtenu,

> Coke.................. 3 hectolitres.
> Air atmosphérique.. ... 85300 pieds cubes.
> Fonte................. 1065 kilog.

Avant de charger son fourneau, l'ouvrier fineur allume un léger feu de bois ou de charbon dans le fond du creuset, et ouvre le trou du chio pour accélérer la combustion ; il jette ensuite sur ce foyer les gueuses qu'il doit affiner et recouvre le tout de combustible.

Lorsque le fourneau a déjà été en feu et qu'on veut le charger de nouveau, les soufflets étant arrêtés, l'ouvrier fait descendre au fond du creuset ce qui reste de combustible et place ensuite les pièces de fonte de manière à ce que quelques unes traversent le creuset et empêchent le reste d'écraser le charbon ; ensuite, il verse sur les fontes 6 à 7 rasses de coke et ouvre le porte-vent Les restes de combustible incandescent allument celui récemment jeté, et le feu est bientôt porté à une haute intensité.

Une fois le creuset de finerie chargé convenablement et les soufflets mis en train avec les précautions usitées, le fineur n'a plus qu'à surveiller l'opération et jeter quelques paniers de coke, à fur et mesure que la masse s'affaisse dans le creuset. Il recouvre le tout de scories pauvres qui s'écoulent par l'ouverture du contrevent, et jette quelques seaux d'eau pour activer la séparation chimique des matières hétérogènes. Cette eau dégagée en vapeurs entraîne avec elle des gaz acide carbonique, hydrochlorique, sulfureux, et des combinaisons d'hydrogène ; elle provoque la séparation de la silice, ainsi que nous l'avons remarqué déjà.

Le fineur doit avoir soin de dégager de temps en temps, avec un ringard mince, l'orifice de la buse et l'intérieur de la tuyère, auxquels s'attachent des portions de fonte que le refroidissement plus grand en cette partie y rassemble assez souvent. Par là, il donne un passage plus direct au vent des soufflets. Une chaleur moins intense et un bruit moins fort dans le creuset indiquent presque toujours que la buse est obstruée.

La surveillance de l'ouvrier doit surtout s'étendre sur ce qui se passe dans l'intérieur du creuset. C'est à cette fin qu'il doit plonger dans le bain un râble de fer rond, aplati et recourbé vers l'extrémité, et, en le remuant dans tous les sens, rendre le métal liquide plus uniformément exposé à l'action du vent et de la chaleur.

Une barre ronde d'un pouce de diamètre à peu près lui sert à s'assurer de la marche de l'opération. Il reconnaît à la liquidité et à la couleur de la fonte qui s'attache à ce plongeur à quel degré est parvenu l'affinage.

La fonte la meilleure pour le finage est celle dite *truitée*, en ce qu'elle contient assez de carbone pour entrer en complète fusion et pour que le bain soit ainsi maintenu pendant quelque temps, et parce qu'elle n'en contient pas assez pour que l'affinage soit long et dispendieux. La fonte blanche ne donnerait pas le temps d'opérer les réactions chimiques, et la fonte grise en demanderait trop. Dans le Nivernais, où l'on fine quelquefois des fontes noires très carburées, on est souvent obligé de couler deux fois la même gueuse, c'est-à-dire de la soumettre à deux finages successifs. A défaut de fonte truitée, un mélange bien entendu de fonte blanche et de fonte grise convient assez bien à l'affinage.

L'inclinaison des tuyères doit varier avec la qualité de la fonte employée : une fonte très carburée demande un vent plus ou moins horizontal; la fonte blanche, au contraire, un vent plus plongeant.

La forme de la gueuse n'est pas non plus indifférente; lorsqu'elle présente des angles très aigus et saillans, la portion triangulaire se fond plus vite que le centre et se décarbure plus promptement. L'opération chimique n'est donc point uniforme, et le mélange du métal décarburé avec celui qui ne fait qu'entrer en fusion ne produit qu'un affinage imparfait. Le pudleur, obligé d'achever l'affinage dans le four à réverbère, trouve ce métal trop liquide (*too thin*) et met plus de temps à obtenir la loupe, parce qu'il est susceptible d'une fusion prolongée sur la sole.

Cette semi-opération d'affinage a toujours lieu dans le commencement de la fusion, parce qu'il est impossible de se procurer des gueuses qui n'aient pas d'angles saillans. Si, vers le milieu du finage, on arrêtait les soufflets et qu'on coulât par le chio, le métal obtenu présenterait une pâte irrégulièrement colorée, où il serait facile de distinguer le mélange de la fonte carburée et du métal affiné. C'est ce que j'ai observé à la Basse-Indre, où le fineur ayant été obligé d'arrêter subitement, faute d'eau à la machine à vapeur, laissa échapper son métal et ne l'obtint qu'à l'état d'affinage incomplet. Ce produit, dont je possède des échantillons, était absolument semblable à la fonte truitée des fourneaux de Bretagne.

Dans l'opération du finage, la proportion du carbone diminue continuellement et se sépare à l'état d'acide carbonique ; le bain s'épaissit en même temps et le métal finirait par se coaguler dans le creuset, si le fineur ne débouchait le chio et n'opérait la coulée dans le moule de fonte.

Lorsque le métal a commencé à sortir du fourneau, il arrête les soufflets, élargit le chio et favorise de toutes les manières l'entière évacuation du creuset. Ensuite il recommence une nouvelle charge, ouvre le porte-vent, et bouche avec de la terre réfractaire, légèrement humectée et frappée avec le crochet du râble, le trou du chio sur lequel il jette encore quelques scories froides.

Pour favoriser le blanchîment du métal, il a soin de jeter, avant le refroidissement, de l'eau fraîche sur la pièce coulée. Il attend qu'elle soit refroidie et l'enlève avec le *diable*.

Le métal reste 2 heures 20 minutes dans le creuset ; la coulée demande 45 à 50 secondes ; la charge 8 à 10 minutes : l'opération totale dure à peu près 2 heures 30 minutes.

La journée du fineur est de 12 heures complètes ; il produit 5 coulées dans ce temps, ce qui fait terme moyen 4750 kilog., ou 9500 kilog. en 24 heures. Il reçoit 3 fr. à 3 fr. 50 c. par mille kilogrammes ; mais cette paie exagérée, que l'ignorance seule des directeurs de forges a pu autoriser, doit subir, avec le temps, une réduction assez forte.

Le *fine metal* est presque entièrement décarburé ; cependant il est extrêmement fragile et très dur, par cela seul qu'il contient une grande quantité de silice combinée avec le fer, soit que la fonte contînt du silicium en forte dose, soit que le coke employé lui en ait fourni pendant la combustion. Ce qui est certain, c'est que l'opération chimique dans le creuset n'a pas été parfaite et que la seule fusion n'est pas suffisante pour ramener le fer à son état le plus pur

Cette considération a d'autant plus de force qu'il est facile de se passer du finage et d'y suppléer par une simple addition au travail du haut-fourneau. C'est ce qui se fait dans les fourneaux du Berry qui fournissent à Fourchambault la fonte dont cette usine a besoin (1) : à mesure que le creuset reçoit le carbone liquide, on incline vers le bain une des deux tuyères et on fait plonger le vent de manière à commencer l'affinage. L'autre tuyère conserve pendant ce temps sa position ordinaire, de sorte que le fondage n'est pas suspendu et que les charges continuent à descendre pendant que la décarburation a lieu dans le creuset. Ce moyen économique ne peut donner du fer de première qualité ; le finage lui est bien préférable, lorsque surtout la fonte provient de minerais peu chargés de silice.

La silice présente de grandes difficultés dans le feu de finerie : elle ne peut être séparée du fer que dans le moment de la fusion complète ; mais

____

(1) *Annales des Mines*, t. XI, p. 309.

cette fusion seule ne suffit pas pour cela ; il faut employer un réactif qui ait plus d'affinité pour la silice que le silicium pour le fer. Le métallurgiste Roger recommandait aux maîtres de forges du pays de Galles de faire usage d'un flux composé d'eau de mer, dans lequel la soude domine. Les élémens de ce flux étaient :

Chaux..................	20
Silice	14
Alumine...............	12
Oxide de fer...........	8
Soude.................	46
	100

On en employait 6 pour cent dans le finage. L'alcali s'emparait fortement de la silice et en opérait la séparation complète. Nous ignorons si ce flux remplissait exactement le but : nous parlerons au paragraphe suivant des essais faits avec le sel marin dans les fours à réverbère.

Quoi qu'il en soit, outre la difficulté de se procurer le flux de Roger, il n'est guère probable que la soude, dont la volatilité est fort grande à une haute température, puisse produire l'effet qu'on en attend. La chaux bien pure, jetée dans le fourneau pendant la fusion, donnerait sans aucun doute un résultat plus certain : en s'emparant de la silice, elle séparerait encore le soufre et le phosphore qui peuvent se trouver dans le fer; elle aurait en outre sur l'alcali l'avantage de se trouver facilement et de se volatiliser avec plus de difficulté. Karsten a proposé d'en employer 2 à 5 pour cent dans l'affinage. J'en ai fait mettre un pour cent seulement dans un feu de finerie, et j'en ai obtenu de bons effets.

§. II.

De la Pudlerie.

Le fin métal n'ayant reçu qu'un affinage imparfait et n'étant point propre à la forge ni à la soudure, il devient nécessaire de le soumettre à un second affinage dans des fours à réverbère appelés *fours à pudler (puddling furnaces)*.

Les fours à pudler ordinaires ressemblent assez aux fours à réverbère pour la refonte du fer cru. Nous allons donner la manière de les construire.

On fait dans le sol une saignée de $2\frac{1}{2}$ à 3 pieds de profondeur sur $4\frac{1}{2}$ pieds de large ; on nivelle bien ce trou et on y commence, à droite et à gauche, les fondations du fourneau. L'espace vide compris entre ces fondations porte le nom de cendrier ; il est destiné à donner cours à l'air affluant et doit, pour cette raison, être aussi grand que possible. Un léger escalier y descend et sert à l'ouvrier pour enlever les *escarbilles* ou résidus de la combustion, ainsi que les scories d'affinage.

Autant qu'on le peut, on fait bien de diriger la saignée du sud au nord, afin de recevoir l'air plus condensé de cette dernière partie des points cardinaux.

Les fondations se font en briques ordinaires, bien cuites ; elles ont 10 à 12 pouces d'épaisseur ; on les élève jusqu'à 18 pouces au-dessus du sol, après quoi on les arrête par deux plaques de fonte de $1\frac{1}{2}$ à 2 pouces d'épaisseur, placées horizontalement et destinées, l'une à fermer la partie antérieure et septentrionale du four , l'autre à supporter le pont. On donne à la première 4 à 5 pouces de large, à la seconde 8 à 9 pouces ; elles sont éloignées de 2 pieds 2 pouces l'une de l'autre et reposent solidement sur les murs de fondations.

Entre ces deux pièces de fonte on dispose parallèlement trois barres de même métal , à quelques pouces plus bas que la plaque qui ferme le fourneau. Ces barres , de 4 pouces d'épaisseur, soutiennent les pièces qui doivent former la grille.

On élève ensuite le mur de briques de chaque côté ; mais cette fois en briques très réfractaires, et l'on s'occupe, lorsqu'on est parvenu à 36 pouces du sol , de placer la *sole*, ou le fond sur lequel doit s'opérer l'affinage.

C'est une méthode vicieuse que celle de faire le fond du fourneau en sable : c'est rendre au fer , en cas de fusion , une partie de la silice de la sole. Nous l'établirons donc en plaques de fonte tellement disposées que celle qui avoisine la cheminée soit plus élevée d'un pouce que les autres et légèrement inclinée vers l'extrémité sud du fourneau appelée *rampant*. Cette attention est nécessaire pour l'écoulement du laitier. L'usage des fonds de fer cru commence à se répandre en France ; il est généralement adopté en Angleterre.

Cette disposition de la sole en fonte a le grand avantage de permettre de continuer le vide du cendrier jusqu'auprès de la cheminée et de produire ainsi un plus grand espace pour le refroidissement des escarbilles , refroidissement très important pour faciliter l'aspiration de l'air à travers la grille et éviter une dilatation préalable.

I.   29

On dispose à l'extrémité méridionale du fourneau un trou pour l'écoulement du laitier.

Aussitôt ces pièces posées, on continue la maçonnerie sur les côtés et au-devant du fourneau;
on élève en même temps le *pont*, dont la desti-
nation est d'empêcher le métal d'être en contact
avec le combustible. Ce pont doit avoir 7 à 8
pouces de hauteur. On forme la voûte en lui
donnant 2 pieds 2 pouces d'élévation au centre
du laboratoire, et on réunit le rampant à la
cheminée.

La surface de la grille doit avoir alors 3 pieds
de large sur 2 pieds, et la section du rampant
(*valvetry*), à la partie la plus basse, égale 140
à 150 pouces carrés.

Le fourneau est enveloppé extérieurement de
plaques en fonte d'un pouce d'épaisseur, maintenues, à la partie inférieure, sous le sol, par un
appui de briques, et à la partie supérieure par
des tirans ou des boulons d'écartement.

Deux ouvertures sont laissées au fourneau à
pudler : le *stockhole*, ou porte du foyer, pour le
combustible, le *charging door*, ou porte de
charge, pour le métal. Cette dernière est mobile
et se soulève à l'aide d'un levier suspendu. On
donne à l'ouverture de charge 15 pouces sur
chaque côté, tandis que le stockhole ne doit
avoir que 8 pouces sur chaque face. On ménage
dans la porte de charge une ouverture de 5 à 6
pouces de côtés, pour introduire les ringards, etc.,
sans être obligé d'ouvrir et conséquemment d'a-
baisser la température intérieure. Lorsque le travail cesse, cette ouverture est fermée par une
plaque de fonte, qui ne laisse plus qu'un trou

d'un pouce de diamètre, pour observer la marche du fourneau.

La largeur des barreaux pour le foyer est de 18 lignes à peu près ; ils sont tellement disposés qu'il ne reste de passage, entre eux, que le $\frac{1}{6}$ de la surface de la grille, ce qui se réduit encore à $\frac{1}{20}$ ou $\frac{1}{24}$, lorsque la houille est placée sur le foyer. (1)

Il est très important de répartir uniformément le charbon sur la grille, afin de perdre le moins d'effet possible. C'est ce dont un ouvrier ne s'occupe guère ordinairement, et c'est cependant ce qui doit exciter l'attention du chef intelligent et économe ; le combustible mal disposé ne brûle qu'en partie, produit de l'oxide de carbone dont l'effet est de retarder la marche progressive de la température, et laisse, sur les autres portions de la grille, un passage à l'air froid, qui s'y précipite en abondance.

Les Anglais, qui substituent à tout des machines plus ou moins ingénieuses, se servent d'une trémie placée à la partie supérieure du foyer, et projettent, à l'aide de deux cylindres cannelés, la houille sur la grille, qui reçoit un mouvement circulaire. Cet appareil, qui est em-

---

(1) Gill a imaginé de se servir de barreaux en fonte, ou mieux en fer forgé, creusés d'une gorge longitudinale à leur partie supérieure ; la cendre remplit cette cavité et s'oppose à la communication directe de la chaleur ; il a soin en outre d'amincir la partie inférieure, afin qu'une plus grande surface du barreau soit frappée par l'air extérieur et moins susceptible de s'échauffer. (*Voyez le Technical repository*, août 1825.)

ployé dans les fourneaux fumivores de Manches-
ter, procure une économie d'un cinquième sur
le combustible.

Le combustible doit avoir 2 pouces d'épaisseur
sur la grille ; ainsi, $864 \times 2 = 1728$ pouces cubes, ou 1 pied cube que cette grille reçoit, c'est-
à-dire 0,54 hectolitres ($\frac{1}{3}$ à peu près). Dans un
four à pudler bien construit, et où le feu est bien
dirigé, on brûle 4 hectolitres de houille par
heure (320 kilogr.), 5,333 kilogr. par minute.

Si nous supposons que la houille employée
dans le four contient moyennement 80 pour 100
de carbone pur, il sera facile de reconnaître la
quantité d'air nécessaire pour convertir ces 80
en acide carbonique (1) ; mais il faudra prendre
garde qu'une certaine portion de l'air passe sur
le combustible sans se brûler, et que, dans certaines circonstances, il se forme de l'oxide de
carbone, ainsi que nous l'avons déjà dit : il sera
en conséquence convenable d'employer le double de l'air nécessaire pour la combustion théo-

------

(1) 5,333 kilog. de houille par minute $= 4,266$ kilog.
carbone, qui exigent d'oxigène ($27 : 72 : : 4,266 : x$)
$= 11,376.$ Ensemble........ 15,642 kil.
L'azote nécessaire pour 11,376 d'oxigène.   37,447
                                                53,089

Si, dans la pratique, on fournit le double
    d'air atmosphérique, on aura en outre,
    oxigène.................................... 11,376
Azote 37,447
                                              48,823

Poids de l'air après la combustion de
    5,333 kil. de houille.................... 101,912 kil.

rique. C'est ce que l'expérience enseigne, et ce qui résulte des analyses que l'on a faites de l'air brûlé dans les fourneaux ordinaires. Dans les fours à réverbère, il ne faut guère tenir compte que d'un tiers d'air non brûlé sur la grille; mais le stockhole et la porte de charge en introduisent abondamment, et le résultat est toujours le même dans la plupart des fourneaux.

La température du laboratoire du four à pudler peut raisonnablement être considérée comme celle nécessaire à la fusion de la fonte; or, la fonte, en se liquéfiant, fond 2,61 kilogrammes de glace dans le calorimètre, et pour fondre un kilogr. de glace, il faut que 75 kilogr. d'eau s'abaissent d'un degré; si donc nous prenons cette donnée pour unité de mesure (calorie de M. Clément), nous aurons, pour le nombre de calories de la fonte, $2,61 \times 75 = 196$. La chaleur spécifique du fer cru, comparée à celle de l'eau, $= 0,120$; donc la température développée pour la fusion de la fonte est $\frac{196}{0,120} = 1633°$ centésimaux. (1)

L'air entré dans le four à pudler recevra donc une dilatation due à la température qu'il acquiert dans le foyer (2), et la capacité du laboratoire

---

(1) L'opinion générale, admise sans trop d'examen, est que la fonte n'entre en fusion qu'à 17 ou 18000° de Fahrenheit (9700 à 10000° cent.); c'est celle de M. Karsten. L'expérience ayant été faite avec des pyromètres, l'erreur provient de la réduction en degrés thermométriques. Nous l'avons déjà signalée, p. 41.

(2) Que deviendra à $t°$, un volume d'air V, dont la dilatation cubique $= \Delta$? $V' = V (1 + \Delta t)$. M. Gay-Lussac a trouvé que tous les fluides élastiques se dila-

devra être telle, qu'il puisse recevoir le volume dilaté, et le garder pendant le temps nécessaire pour que la chaleur produise son maximum d'effet. L'élévation de la voûte, la largeur et la longueur de la sole doivent être calculées d'après ce principe ; une voûte trop élevée concentrerait mal le calorique ; un laboratoire trop court serait trop rapidement traversé par l'air brûlé et la flamme. Il faut que la section du rampant soit calculée d'après la dilatation de l'air et sa vitesse ; étroite, elle nuit au tirage, et empêche les gaz produits par la combustion de s'échapper avec la vitesse nécessaire ; large, elle rend la dilatation imparfaite, et met obstacle à la production d'une haute température (1). Entre ces deux ex-

---

taient constamment d'une manière proportionnelle à la température, toutefois que la pression restait la même ; il a prouvé, par expérience, que tous les gaz se dilatent de 0,00375 de leur volume pour chaque degré de température. Ainsi dans l'exemple ci-dessus $\Delta = 0,00375$, $t = 1633°$, et l'on a $V' = 2263,284$ pi. cubes $(1 + 1633° \times 0,00375) = 37,7216 (1 + 1633 \times 0,00375)$ par seconde $= 268,7192$ pieds cubes. Quant à la différence de densité $D - d$, elle se trouvera facilement en prenant pour base 108,588 poids de l'air extérieur introduit par minute.

(1) Soit V le volume d'air extérieur à 0° ; $V (1 + \Delta t)$, celui de l'air intérieur à $t°$; D, la densité de l'air, dont la moitié de l'oxigène est employée à former de l'acide carbonique ($= 1349$, poids en grammes d'un mètre cube) ; la densité à $t°$ sera

$$V (1 + \Delta t) : V :: D : x = \frac{VD}{V (1 + \Delta t)}$$ et le rapport des

densités de l'air pur à 0° ; à l'air brûlé à $t°$, devient

trêmes, il existe un terme moyen qui dépend de la nature du combustible employé, de l'air nécessaire pour la combustion, de la température intérieure, et enfin de la surface libre de la grille du foyer. Le bois, par exemple, demande une moindre masse d'air, une grille moins large, et un rampant plus étroit. Les dimensions du foyer suivent la même règle, car là où il s'introduit moins d'air en un temps donné, la dilatation est moins forte, l'espace occupé plus étroit.

La chaleur n'a pas une égale intensité dans toutes les parties du fourneau ; elle est d'autant plus grande qu'elle est plus voisine du foyer. A partir du pont, la température va en diminuant jusqu'à la cheminée, où se trouve le minimum d'effet. Si donc on veut mettre à profit tout le calorique développé dans la combustion, il convient de rapprocher le métal de la chauffe ; si, au contraire, on veut le maintenir à un degré voisin de la fusion avant de donner un coup de feu, il

(A étant le poids en grammes d'un mètre cube d'air)

$$A : \frac{V\,D}{V(1 + \Delta t)} :: D' : d \text{ (densité cherchée)} = \frac{\dfrac{V\,D\,D'}{V(1 + \Delta t)}}{A}$$

Si H est la hauteur de la cheminée, on aura pour équivalent de la colonne intérieure $D' : d :: H : x = P$, pression génératrice de la vitesse, ou différence des pressions. La vitesse due à cette différence

$$= \sqrt{2gP}, \text{ d'où } \frac{V'}{\sqrt{2gP}} \text{ section du rampant, en divi-}$$

sant la masse d'air (par seconde) par la vitesse $\sqrt{2gP}$.

convient de l'éloigner plus ou moins du pont.

Un autre moyen de varier la température du four à réverbère, consiste dans l'emploi de registres (dampers), placés immédiatement à l'entrée de la cheminée près du rampant, ou au-dessus de cette cheminée. Lorsqu'on veut refroidir l'intérieur du fourneau, on ferme le registre ; l'air intérieur s'arrête, la combustion n'a plus lieu. Du plus ou moins d'ouverture du registre dépend le plus ou moins de chaleur du foyer. Un bon ouvrier doit avoir tous ces moyens à sa disposition, et en user avec intelligence et modération.

Lorsqu'on se sert pour la première fois d'un fond en fonte, on rencontre une difficulté qu'il faut vaincre, le fer à pudler se prend à la sole et y adhère. Pour éviter cet inconvénient, il faut couvrir le fond d'une poussière de scories de réchaufferie pilées, qu'on répand uniformément dans tout le fourneau. Quelques personnes se servent des battitures de laminage ou de poussier de charbon de bois ; elles arrosent ce fond artificiel, qui demande quelque précaution pendant les premières chauffes, mais qu'il devient inutile de renouveler lorsque le fourneau est bien en feu.

Le foyer doit être allumé quelque temps avant de placer le métal sur la sole. Lorsque le laboratoire est à la température nécessaire, le pudleur s'occupe de mettre une charge de *fine metal*, laquelle est de 175 ou 200 kilogr. Il se sert, pour cela, d'une longue pelle en fer, à manche de bois, sur laquelle il place les morceaux de métal cassé ; pendant qu'il en dispose trois ou quatre sur sa pelle, il a soin de tenir la porte de charge fermée, pour éviter des pertes de chaleur ; lorsqu'il veut les introduire dans le four, l'aide ouvre la porte ; il la referme sitôt que les morceaux sont placés. Le même manége continue jusqu'à ce que toute la charge soit sur la sole.

Alors le pudleur, à l'aide d'un ringard, dispose les pièces de métal en créneaux, de manière à présenter le plus de surface possible à la chaleur ; l'aide jette du charbon dens le foyer, et, avec quelques pellerées de houille, il bouche entièrement l'ouverture du stockhole. La porte du travail est aussitôt assujettie avec des coins de fer et plâtrée avec de l'argile ; le pudleur place la petite porte de fonte, et attend, pour commencer son ouvrage, que la fusion soit sur le point de s'opérer.

Une demi-heure, ou trois quarts d'heure après, la fonte va devenir liquide, et le travail de l'ouvrier commence.

Le fine metal a, de même que quelques autres métaux, la propriété de se granuler lorsque la force de cohésion est diminuée au point qu'il va entrer en fusion. Le pudleur doit saisir ce moment, et, lorsqu'il arrive, il arrête doucement le feu par le moyen des registres, ouvre la chauffe, et, à mesure que le fer se liquéfie, il l'étend sur la sole, l'approche ou l'éloigne du pont, en expose toutes les parties à l'air, qui entre abondamment ; en fait ainsi oxider une partie, épaissir le tout, et, redoublant d'activité, il voit bientôt la matière se granuler et s'étendre comme une espèce de sable.

Voilà ce qu'on appelle *sécher le métal* (to dry the metal), et ce qui exige de la part de l'ouvrier beaucoup d'adresse, de promptitude et d'expérience.

On conçoit, d'après cet exposé, combien la qualité du fine metal influe sur le travail du fourneau; si la fonte n'est pas assez décarburée (1), la liquidité qu'elle acquiert se prolongeant, le pudlage est long et pénible; si la matière est trop *sèche* (too dry), le travail est plus facile, mais le produit est d'une qualité inférieure.

On remédie au premier défaut en approchant le métal du pont, donnant un violent coup de feu, et jetant sur la masse des battitures d'étirage; on évite le second, en l'éloignant et l'arrosant avec de l'eau. La décomposition de cette dernière substance favorise l'oxidation, sépare une grande partie de la silice, et détermine l'affinage.

Pour achever de sécher le métal, l'ouvrier le remue continuellement avec un ringard, de la même manière qu'un maçon délaie de la chaux; il retourne la matière le plus qu'il peut avant qu'elle se refroidisse, et la rapproche peu à peu de la chauffe. C'est alors qu'il ouvre les registres, fait boucher le stockhole, et rend au métal sa première température, pour recommencer encore à l'étendre et à le remuer.

Dès la troisième opération, le fer bouillonne avec bruit, les gaz se dégagent violemment, le laitier coule vers l'extrémité de la sole, et la masse présente beaucoup plus de résistance au

____

(1) *When the metal is too thin.*

ringard. Il est temps de commencer la loupe. (1)

Le pudleur réunit une partie de la matière, à l'aide du croard ; puis, avec une masse appelée *doli*, il la frappe dans un sens, la fait tourner dans un autre, frappe encore, retourne et frappe dans tous les sens ; il ajoute à ce premier noyau un peu de matière, recommence à frapper et à retourner jusqu'à ce que la loupe ait acquis une grosseur de 3 à 4 pouces. Il prépare de cette manière autant de loupes qu'il peut en former.

Ensuite, il donne à l'une d'elles, par le même travail, l'épaisseur de 6 à 8 pouces, l'expose à la chaleur du pont, et la livre à son aide, qui la saisit avec des tenailles à cingler, et la porte sous les laminoirs. Pendant que les machines de compression font suinter cette première loupe, il en prépare une seconde, et ainsi de suite, jusqu'à ce que le fourneau soit entièrement évacué.

Lorsque le dernier loppin est livré au lamineur, l'affineur enlève, avec un *prick*, le fer qui a pu s'attacher à la sole, et qui n'est pas entré dans la composition de la dernière loupe. Pendant cette opération, l'aide prépare et délaie du sable réfractaire, et le maître pudleur s'occupe de réparer les dégâts occasionnés dans le fourneau ; il jette avec une pelle un peu d'argile préparée, vers les angles du laboratoire, et la consolide à l'aide du croard. Il recommence alors une nouvelle charge.

L'opération complète dure deux heures quinze minutes ; chaque charge de 200 kilog. de métal doit rendre 175 kilog. de fer pudlé (*billets*),

____

(1) *To wrapp up into balls.*

cela fait 1150 kilog. de métal pour 1000 kilog. de fer ébauché, 10 à 15 hect. (800 à 1200 kil.) de houille suffisent pour ces 1150 kilog. de métal. (1)

En Angleterre, à Pensica-Works par exemple, 1000 kilog. de billets exigent 1105 kilog. de métal et 750 à 800 kilog. de houille; si l'ouvrier dépense plus de houille, il paie 4 pence par cent pounds de plus; s'il dépense moins, il reçoit 3 pence sur la même quantité.

Cette utile retenue commence à s'introduire en France : déjà à la Basse-Indre le pudleur qui ne rend pas 175 kilog. pour 200, paie la différence à raison de 35 centimes le kilogramme.

Un pudleur reçoit de 5 à 7 shill. par ton (1015 kilog.) en Angleterre : en France, on le paie 10 à 12 fr., sur lesquels il doit payer son aide, ce qui réduit son salaire à 8 ou 10 fr. par 1000 kilog.

« Tels sont les principes du pudlage : une

(1) A la Basse-Indre, on fait 1000 kilog. de fer pudlé avec 1105 kilog. de fine metal et 9 hectolitres de houille; dans les fours à pudler de la Bourgogne et du Charolais, à Gueugnon, par exemple, on emploie 1040, 1050, 1060, 1080, 1100 kilog. de fonte pour obtenir 1000 kilog. de fer en loppins; à Fourchambault, s'il faut s'en rapporter à M. Héron de Villefosse, qui a publié des documens qu'il a reçus des maîtres de forges et qui ne s'est pas assez prémuni contre les renseignemens erroués et intéressés, on dépense 17 hectol. de houille, ce qui paraît du reste être assez généralement la consommation de ces fours à pudler en France. La grande économie obtenue par la Basse Indre dépend en grande partie de la construction de ses fourneaux appelés *Dandies.*

« partie du fer est oxidée, et cet oxide décom-
« pose par une double affinité le proto-carbure
« resté dans le métal ; le carbone se dégage à
« l'état d'acide carbonique ; une portion de
« l'oxide de fer est reproduite. L'eau vaporisée
« cède son oxigène au fer et au silicium, mais
« cette oxidation n'agit que sur la superficie de
« la masse granulée ; le reste demeure dans l'état
« où était le métal auparavant ; c'est toujours
« une combinaison de fer et de carbone, et
« cette combinaison sera la même tant qu'on
« n'emploiera qu'une affinité simple pour la dé-
« truire ; car c'est ainsi qu'on doit considérer la
« décomposition de l'eau, qui ne produit, au
« demeurant, autre chose qu'une oxidation. A
« la vérité, le carbone et le soufre sont assez
« exactement séparés dans le pudlage, mais le
« métal restant n'est pas encore à l'état de pu-
« reté, par cette raison qu'il est impossible
« d'oxider le silicium dans l'intérieur de la
« masse. Sa couleur, son brillant, sa texture,
« tout indique qu'il y a là autre chose que du fer
« et du carbone ; et quelle est cette autre chose,
« si ce n'est le silicium ?

« Le pudlage est un procédé oiseux et dont il
« est facile de se passer : le peu d'avantage qu'il
« procure peut fort bien être obtenu dans le feu
« de *finerie*, sans qu'il soit pour cela nécessaire
« de faire refroidir la fonte. Si l'on ne se délivre
« pas du silicium pendant que le métal est li-
« quide dans le creuset, on n'y parviendra ja-
« mais après ; et si on obtient cette séparation
« dans la *finerie*, un léger travail de plus suffira
« pour réduire le fer à l'état de fer affiné.

« Veut-on admettre après cela que le fer re

« tiendra une certaine dose de carbone ; il en
« résultera que, quoi qu'il arrive, le fer ne pourra
« jamais être rouverain (red-short).

   « Il me paraît évident qu'on perd beaucoup
« de temps en faisant refroidir le fine metal
« avant de l'affiner entièrement : que demande-t-
« on en effet ? la séparation des oxides métal-
« liques et du carbone. Et pourquoi ne pas l'opé-
« rer pendant qu'il y a fusion complète ? N'est-il
« pas plus naturel de le faire dans la finerie que
« d'avoir recours à un autre procédé ? Lorsqu'on
« peut accomplir la réaction dans le creuset, et
« obtenir le fer pur avec quelques traces de car-
« bone seulement, pourquoi refroidir le métal
« et perdre, dans une nouvelle opération, du
« temps, du combustible, du fer et de la main
« d'œuvre ? » (1)

   Ces réflexions de Roger sur l'inutilité du pudlage sont applicables à l'affinage de la fonte obtenue au coke, laquelle contient toujours une
portion notable de silicium ; elles portent, ainsi
que nous l'avons vu, sur deux points également
importans : 1°. L'imperfection de l'affinage ;
2°. la perte qui résulte du refroidissement du
fine metal.

   On a essayé d'éviter le premier inconvénient,
en jetant une certaine quantité de sel marin
(chlorure de sodium) sur le métal granulé dans
le laboratoire du four à réverbère (2). Nous
avons suivi nous-même, dans l'ouest de la
France, une opération de cette nature sans en

----

(1) *The elementary treatise of Roger, lett.* 29th.
(2) 7 liv. de sel marin pulvérisé pour 150 liv. de
fonte. (*London Journal of Arts,* nov. 1825.)

voir obtenir aucun résultat, et nous nous y attendions bien. Plus récemment, dans un puddling furnace de la Bourgogne, on a tenté, sur notre invitation et avec les précautions que nous avions indiquées, un essai semblable, non sur du fine metal, mais sur de la fonte très carburée. Grâce à la liquidité qu'on a donnée au carbure, la réaction a été sinon complète, du moins très sensible, et le fer est devenu supérieur à celui obtenu dans la contre-épreuve.

Ces faits s'expliquent facilement : la soude possède une puissance d'affinité très grande pour l'oxide de silicium; elle dispose ce métal à l'oxidation, avec d'autant plus de facilité qu'il s'empare plus avidement de l'oxigène que ne le fait le fer dans cette circonstance. Il se forme donc de la silice aux dépens de l'oxide de fer, et cette silice, au moment de sa formation, s'unit à la soude et entre avec elle en fusion. Ici la décomposition a lieu par le moyen des affinités doubles, mais elle exige une fusion complète, sans laquelle d'ailleurs il n'y a point d'opération chimique.

On conçoit, d'après cela, à quoi tenait la réussite des deux essais que nous avons cités : dans l'un, la matière était granulée, le réactif ne pouvait opérer qu'à la superficie et sur un corps qui avait conservé une certaine cohésion; dans l'autre, la fusion était complète, le jeu des affinités ne rencontrait aucun obstacle; le succès n'était pas douteux, avec ces circonstances favorables.

Chaque fois donc, ainsi qu'on le fait en Champagne, en Bourgogne, en Franche-Comté, etc., qu'on voudra pudler de la fonte provenant d'hydroxides ou d'hydro-silicides, on devra la choisir très carburée, afin d'obtenir une fusion dans le four à réverbère; car si on se servait de fonte blanche ou de fonte à petite teneur en carbone, comme quelques carbures de la Champagne, le métal se granulerait seulement, et on n'obtiendrait qu'un fer mal affiné contenant encore de la silice. Notons, en passant, que la fonte contient d'autant moins de silicium que la dose de carbone y est plus forte, et que, sous ce rapport, la fonte grise doit toujours donner de meilleur fer, quel que soit d'ailleurs le mode d'affinage employé.

Quant au second inconvénient, il a été fait d'heureux essais qui y remédient en partie. La figure 24 montre un des perfectionnemens les plus remarquables : la finerie C, au lieu de laisser échapper sa flamme librement dans l'air, la force à se détourner et à chauffer le fer sur la sole d'un four à réverbère D, qui est réuni dans le même massif au creuset d'affinerie. Une porte ferme la finerie qui se trouve alimentée par une ou deux tuyères; une autre porte sert au fourneau D. A la plaine de Grenelle, on a employé, dès 1822, un double fourneau assez semblable à celui-ci, mais comme il était ouvert de toutes parts, on perdait une quantité notable de chaleur, et le fourneau supérieur ne pouvait être considéré que comme un four de réchaufferie.

Des perfectionnemens non moins importans, et qui ont été suivis de succès beaucoup mieux constatés, ont été apportés dans la construction même des fours à pudler, et dans l'emploi de la flamme perdue par la cheminée : nous devons à M. *Dufaud*, qui le premier a introduit en

France les *puddling furnaces*, un fourneau double dans lequel la flamme, après avoir chauffé le fer sur la sole inférieure, s'échappait par deux ouvertures latérales, et venait sur la sole d'un nouveau fourneau placé au-dessus du premier, réchauffer le métal corroyé ; elle traversait tout le laboratoire supérieur, puis s'élevait dans une cheminée de 11 à 12 mètres de haut, et se dissipait dans l'air.

Après lui, M. Rees Davis éleva la petite forge de la Cunette, située à la plaine de Grenelle, et perfectionna le fourneau de M. Dufaud : il fit communiquer la sole supérieure A (*Fig.* 25) avec le laboratoire inférieur B, à l'aide d'une ouverture C qu'on fermait à volonté. Le métal froid était placé en A, le registre de la cheminée étant ouvert ; le pudleur travaillait en B, tandis qu'un aide pudleur monté sur la plate-forme, par l'escalier, exposait les morceaux de métal, en A, à la flamme, qui, ne pouvant s'échapper par l'ouverture C fermée, se dirigeait par le canal H vers le fourneau supérieur. Aussitôt que le pudleur avait formé ses loupes, on ouvrait le canal de communication C, et on faisait descendre la masse préparée en A ; puis l'aide introduisait, par la porte G, de nouvelles charges de métal, et fermait l'ouverture du milieu.

L'économie d'un pareil procédé est incontestable. Peut-être objectera-t-on que les frais de construction sont beaucoup trop élevés, et, nous l'avouerons, il reste peu de chose à répliquer. Néanmoins, nous avons dû signaler cet heureux perfectionnement, avec d'autant plus de raison qu'il a passé inaperçu, et paraît aujourd'hui abandonné.

A Pensica en Angleterre, et à la Basse-Indre en France, on se sert d'un fourneau à double laboratoire, lequel ne semble pas valoir celui de la Cunette sous plusieurs rapports, mais dont la construction est d'une grande facilité. Il porte le nom de *Dandy*, sans doute à cause de l'élégance des plaques de fonte qui en formaient l'enveloppe dans l'origine.

Ce nouveau fourneau est de 24 à 28 pouces plus long que les puddling furnaces ordinaires; les autres proportions sont modifiées en conséquence. Deux portes de charge existent sur la longueur du laboratoire; l'une, rapprochée de la chauffe, sert au travail du pudleur et porte le nom de porte de travail (*working door*); l'autre, plus proche de la cheminée, est destinée à recevoir les charges de métal, et s'appelle *charging door*. Sitôt que la sole est évacuée, le pudleur y ramène la masse qui est placée vis-à-vis la porte de charge, et recommence une nouvelle opération pendant laquelle de nouvelles charges sont encore placées sur la partie postérieure du bassin.

L'avantage de ce fourneau consiste dans la facilité de charger avant de retirer les loupes du laboratoire. Par là, on économise le combustible, et le pudleur donne dix chauffes en douze heures, au lieu de cinq dans le fourneau ordinaire.

8 à 9 hectolitres de houille suffisent pour 1000 kilogr. de fer pudlé; nous n'avons pas été à même de trouver une différence notable dans la quantité de métal nécessaire, quoique nous ayons suivi ce procédé, pendant plusieurs années, avec un soin particulier et une attention de tous les jours.

Tout combustible susceptible de donner de la flamme est propre au pudlage : la houille a cependant un très grand avantage sur les autres ; aussi l'emploie-t-on partout où l'on peut se la procurer à un prix raisonnable. On a fait des essais au bois, mais nous ne sachions pas qu'aucune usine s'en serve habituellement, ainsi que de son charbon.

Il n'y a en Allemagne que deux fours à pudler ; tous deux sont situés sur les bords du Rhin. L'an dernier, on a fait à Lauchamer, près Dresde, dans les usines du premier ministre du roi de Saxe, des essais dans le but de reconnaître si la tourbe donnerait assez de chaleur pour opérer l'affinage de la fonte ; on a complétement réussi : la fonte provenait d'un minerai hydraté (hydro-silicide) ; elle ne fut pas *finée*, et fut placée à l'état de carbure sur la sole ; chaque charge de 200 livres donna 170 livres de loppins, qui produisirent 125 livres de fer en barres. On employa 30 pieds cubes français de tourbe (10,28 hectolitres). On fut obligé d'agrandir la grille, de surbaisser la voûte et d'augmenter le tirage en élevant la cheminée. D'après M. Alex, ingénieur des mines de Saxe, on doit pratiquer en ce moment le pudlage à la tourbe, à Lauchamer, sur une grande échelle. (1)

CHAPITRE III.

Affinage immédiat.

Dans les opérations que nous avons décrites, on désoxide le minerai de fer en combinant le

---

(1) Lettre à M. Berthier, du 25 décembre 1826.

régule avec le carbone, puis on dégage ce réactif afin d'obtenir le métal à son état de pureté absolue. Ce procédé, conforme aux lois des affinités chimiques, est le seul qui puisse réussir partout où l'on emploie un combustible charbonneux; il est néanmoins susceptible d'une simplification que nous allons indiquer, à laquelle on donne le nom d'*affinage immédiat*.

On a pour but, dans l'affinage immédiat, d'obtenir, par une seule fusion et dans un même fourneau, ou du fer propre à être pudlé suivant la méthode anglaise, ou du fer assez pur pour être immédiatement étiré sous les machines de compression. Le premier procédé s'appelle *distilliren*, et a lieu dans le haut-fourneau même; le second se nomme *catalan*, et est employé dans des bas-fourneaux d'une forme particulière, assez semblables à nos feux d'affinerie.

ARTICLE PREMIER.

Du Distilliren.

Le procédé du distilliren paraît avoir pris naissance dans l'Eiffel. Il n'est guère suivi que dans cette contrée et dans quelques fourneaux du Berry. L'avantage qu'il présente consiste dans la facilité d'obtenir du fine metal dans le haut-fourneau même, et d'éviter par là la construction d'une fineric *ad hoc*.

Les minerais traités dans le distilliren sont des hydroxides de fer, à gangue calcaire ou argileuse. Les fourneaux généralement employés à ce traitement ont de 19 à 22 pieds de haut; ils sont à une ou deux tuyères.

Dans l'Eiffel, on laisse descendre le fer carburé dans le creuset, jusqu'à ce que la superficie du bain ne soit plus qu'à deux pouces au-dessous de la tuyère ; alors le maître fondeur forme au-dessus de la tuyère un *nez* artificiel avec de l'argile ou des scories molles ; il donne à ce nez environ deux pouces de longueur, et dirige par ce moyen le vent des soufflets sur la surface de la fonte, qu'il a soin de débarrasser, avec le *forms-techer*, des laitiers qui surnagent. Ces laitiers sont dirigés vers la tympe, afin d'y former un barrage et d'empêcher l'air de s'échapper. Pendant que le vent plonge ainsi sur le métal liquide, l'opération de la fusion des matières dans la cuve du fourneau est suspendue, la flamme du gueulard diminue d'intensité. Cet état dure deux, trois et même quatre heures.

Lorsque la fonte, qui était, avant le distilli-ren, d'un rouge foncé, devient claire et lance une multitude de petites étincelles, l'opération du finage est terminée, et l'on fait couler le métal affiné (*weisseisen*) dans un lit composé de sable battu et de scories pilées. Le fine metal ainsi obtenu est d'un blanc d'argent lorsqu'il est refroidi ; la cassure en est blanc, la surface poreuse.

Après la coulée, on remet le fourneau en train, en lui donnant le vent peu à peu et avec précaution, jusqu'à son terme ordinaire.

Un fourneau de l'Eiffel, de 19 pieds de haut, donne par semaine 1300 livres de weisseisen. 100 livres de ce fine metal exigent :

> 5 pieds cubes de minerai.
> 15 ½ pieds cubes de charbon de bois.

Les minerais sont fondus sans addition ; on se

contente de les mêler entre eux, et quelquefois on y ajoute une certaine quantité de minerai sablonneux, réfractaire, dans la vue de diminuer la fusibilité du mélange des autres. Ils rendent de 20 à 3o pour 1oo.

Les avantages de la méthode de l'Eiffel sont évidens : elle procure une économie de charbon égale à la dépense qui aurait été faite pour l'affinage de la fonte ; elle augmente la rapidité de l'affinage et par conséquent de la production de fer ; elle diminue enfin le déchet dans la fabrication.

Mais elle n'est pas sans inconvéniens, et l'on ne doit pas considérer comme un des moindres celui de la marche irrégulière du fourneau et du refroidissement périodique de l'ouvrage.

Dans les fourneaux à deux tuyères du Berry (tels sont ceux qui travaillent pour l'usine de Fourchambault), on incline une des tuyères vers le bain de fonte, tandis que l'autre reste dans sa position ordinaire ; de manière que le fondage continue à marcher et les charges à descendre, pendant que la fonte se décarbure dans le creuset. Il n'y a donc aucune suspension dans le travail ; le refroidissement est moins sensible dans l'ouvrage, et l'intermittence ne peut produire aucun mauvais effet.

Il est à remarquer cependant que le fer obtenu du weisseisen, soumis à l'opération du pudlage, est d'une qualité inférieure. Lorsqu'on veut obtenir, à Fourchambault, du fer de première qualité, on est obligé de le finir dans un feu à part, semblable à celui que nous avons décrit à l'article de la finerie.

ARTICLE II.

De la méthode catalane.

Nous rangeons sous le nom de méthode catalane toutes les méthodes qui ont pour but d'affiner le minerai dans des bas-fourneaux semblables aux forges ordinaires, sans obtenir préalablement de la fonte. On distingue quatre espèces
de traitement à la catalane : 1°. La méthode catalane proprement dite, telle qu'elle est usitée
dans les Pyrénées ; 2°. la méthode navarroise ;
3°. la méthode biscayenne ; 4°. celle en usage en
Corse, et qu'on appelle méthode italienne.

Le fourneau catalan (*Fig.* 26) est parallélo-
grammatique ; il est placé sur une aire en briques
de deux toises carrées environ. Quelquefois le
dessous de cette aire est voûté ; le plus souvent
on se contente d'y ménager des ventouses pour
le dégagement de l'humidité. Elles sont toujours
placées derrière le *fousinal*, ou mur de la
tuyère, pour ne pas gêner le service, et disposées de manière qu'on puisse les ouvrir et les
fermer à volonté.

Le fond du creuset est fait d'une seule pierre ;
on préfère, pour cet usage, le grès réfractaire.
Cette pierre remplit toute la capacité du fond
du creuset, et doit être légèrement concave.

Les proportions du fourneau varient suivant
la force de la machine soufflante et la qualité du
combustible. Une grande masse de vent exige un
creuset plus grand ; dans un petit fourneau, elle
nuirait à l'uniformité du mélange de la mine et
du charbon ; elle éleverait celui-ci et précipite-
rait l'autre. Un vent trop faible pour un grand

creuset rendrait la fusion lente et pénible. De même, l'expérience a appris que des charbons légers, provenant de bois tendres, demandaient à être brûlés dans un creuset d'une plus grande capacité que celui qui est nécessaire pour les charbons de bois durs.

Dans les fourneaux des Pyrénées, le côté du creuset où se trouve ordináirement le chio porte le nom de *laiterol;* le contrevent est appelé *ore;* la rustine se nomme *cave* ou *tête du feu*, et le côté de la tuyère est désigné sous le nom de *porges.* Le laiterol, l'ore et les porges sont garnis de plaques de fonte ou de fer; la rustine est formée de grès comme le fond du creuset : car le vent dirigeant constamment son action vers ce côté, la doublure en fer ne résisterait pas long-temps.

Les quatre côtés du creuset ne s'élèvent point perpendiculairement : le laiterol et les porges seuls sont d'aplomb. L'inclinaison des deux autres parties est variable; dans les feux de Vic Dessos, le côté du contrevent est renversé, en dehors, de 6 pouces sur la perpendiculaire; celui de la rustine l'est de moitié moins.

Le creuset des forges catalanes de Gingla a 0^m,43 (15,89 pouces) de largeur, 0^m,59 (21,80 pouces) de longueur, 0^m,81 (29,92 pouces) de profondeur; les dimensions des creusets de Sahorre construits par M. Bernadac, l'un des plus habiles et des plus infatigables maîtres de forges de France, sont un peu plus grandes que celles de Gingla et que les fourneaux catalans ordinaires : la largeur au fond du creuset est de 0^m,54 (19,95 pouces), la longueur à cette même partie 0^m,60 (22,16 pouces); la largeur au niveau de l'aire est de 0,70 (25,86 pouces) et la profondeur du creuset 0,87 (32,14 pouces).

Une des considérations les plus importantes dans un feu catalan est celle qui a rapport à la position de la tuyère. Elle doit porter directement le vent dans le feu et doit le distribuer avec égalité. Il faut donc avoir égard tout à la fois, à sa direction, à son inclinaison, sa saillie, son élévation et sa déclinaison.

La meilleure direction à donner à la tuyère est sans contredit la ligne droite. Tous les coudes ou angles que les ouvriers font faire à l'axe de cette tuyère tendent à diminuer l'effet du vent et à le faire rentrer dans la caisse des trompes ou des soufflets, ou à le disperser par les coutures ou les jointures du porte-vent. La tuyère n'est jamais placée horizontalement ; elle plonge vers le creuset, ainsi qu'on le voit dans la (*Fig.* 22). Cette inclinaison semble arbitraire : elle est de 55° à Vic-Dessos, de 38 à 39° à Sahorre, et de 30° à Gingla. Elle doit être telle que l'angle interne qu'elle forme avec la varme soit aigu, et celui formé avec le contrevent obtus : cette disposition rend le vent plongeant et le répartit avec plus d'égalité à travers le combustible. La saillie ou *entrée* de la tuyère dans le creuset dépend des dimensions de celui-ci : plus grand, la saillie doit être plus considérable ; plus petit, elle doit être moindre. La qualité du combustible fait d'ailleurs varier cette entrée, qui diminue lorsque le charbon de bois est plus léger, et augmente avec le charbon dur. Cette saillie ne varie guère entre 0,14 et 0,16 mètre (4,17 pouces à 5,90). Les dimensions précédentes donnent la mesure de l'élévation de la tuyère ; il reste donc à fixer sa déclinaison.

On a soin d'arrondir les angles du creuset de manière à ce que le fond prenne une forme légèrement elliptique ; il devient alors nécessaire pour obtenir une égale répartition du vent, non pas de le faire frapper directement vers le chio, ce que les ouvriers appellent frapper du côté de la *main*, mais de lui donner une direction oblique et de tourner un peu la tuyère du côté de la rustine : c'est là ce qu'on appelle la déclinaison. On a observé que lorsque la tuyère est neuve, elle porte le vent plus juste contre l'*ore*, et qu'elle l'éparpille lorsqu'elle est usée. C'est sans doute pour cette raison qu'on donne un peu plus de saillie à une vieille tuyère qu'à une neuve. Au reste, la déclinaison de la tuyère ne paraît pas être aussi essentielle que son inclinaison : à Gingla, cette déclinaison est nulle ; la tuyère est placée de manière à diviser le foyer en deux parties égales, et sa direction est parallèle aux faces du chio et de la rustine.

Chaque forge catalane est servie par huit hommes. Le premier se nomme le *foyer*. C'est le chef des ouvriers : il est plus spécialement chargé de tout ce qui concerne le feu et la direction matérielle de l'affinage. Il préside à la construction et aux réparations du creuset et des machines soufflantes, et règle la position et la direction de la tuyère. Le *maillet* est le maître-forgeur ; il dirige le cinglage de la loupe ou *massé*. Les deux *escolas* sont les fondeurs, ils sont aidés par deux *miaillous* ou valets qui leur apportent la mine et le charbon, et servent à charger et entretenir le feu. Deux *pique-mines* sont spécialement attachés au bocard et servent encore à partager les *massoques*, emmancher ou étirer la queue des *massouquettes*, et former la première verge qu'on nomme *cabessade*.

Les minerais traités à la catalane sont des fers spathiques (sidéro-carbo-protoxide), des mines douces (sidéro-hydro-silicide), des hématides (sidéro-peroxide). Ils sont d'abord grillés, puis cassés à la main par un pique-mine. Un valet d'escola les crible ensuite avec une corbeille et en forme deux tas ; l'un, composé de grosse mine dont les morceaux sont de la grosseur de noix ; l'autre, de mine menue et de poussière, à laquelle on donne le nom de *greillade*.

Quand on veut charger le fourneau, on place le charbon du côté de la tuyère sur d'autre charbon déjà allumé ; on brasque le fond du creuset et on dispose le minerai près du contrevent de manière à former un mur en dos d'âne, incliné vers le laiterol. Le côté du contrevent est chargé en minerai, celui de la tuyère l'est en charbon. Le minerai est recouvert de charbon par-dessus lequel on place du poussier, de la greillade et des scories humides ; tout cela forme une voûte sous laquelle la flamme est concentrée et qu'on a soin d'entretenir de greillade humide chaque fois que le feu tente de se faire jour. Une fois le chargement fait, on donne le vent avec précaution, et on ne lui laisse acquérir sa plus grande intensité qu'une heure environ après le commencement de l'opération.

Pour empêcher l'éboulement du minerai dans le feu, l'escola a grand soin de remplacer par du charbon frais celui qui est consumé devant la tuyère ; car il ne s'agit pas, au commencement

du massé, d'obtenir un fondage, mais bien d'é-
chauffer la matière et de l'agglutiner.

Au bout d'une heure et demie ou deux heures
on débouche le trou du chio pour faire écouler
les scories, puis on fait avancer le minerai du
côté de la tuyère en enfonçant la *palenque* (ringard) entre le contrevent et la mine. L'ouverture
du chio a lieu chaque fois que la flamme perd de
son activité.

Dans le commencement de l'opération on verse
de la greillade humide en abondance; elle donne
au laitier plus de consistance, et les ouvriers
appellent cela *engraisser le feu*. Si cependant le
laitier épaissit trop, on diminue la dose de greillade et même on la supprime tout-à-fait jusqu'à
ce qu'il ait acquis sa fluidité première. Avec des
charbons forts on doit naturellement en augmenter la proportion.

Lorsque l'opération est avancée, l'escola
cherche avec sa palenque les morceaux de minerais qui ne sont pas entièrement fondus;
il les présente tour à tour devant la tuyère. Il
faut qu'il ait soin de ne point épuiser totalement
le laitier à chaque percée du chio, et d'en laisser
une certaine quantité pour aider à liquéfier les
parties métalliques les plus difficiles à fondre.

Un instant avant la fin du fondage, il *balège* le
massé, abat toutes les aspérités dont il est hérissé
et donne le coup de feu qui doit achever la fusion.

Cela fait, il arrête le vent, enlève les charbons et découvre la loupe. Tous les ouvriers se
réunissent; l'un d'eux enfonce un ringard par
le trou du chio, au-dessous du massé, et un
autre, monté sur le foyer, l'aide à la soulever
au moyen d'un autre ringard ou d'un crochet

appelé *piquot ;* un troisième ouvrier la saisit avec des tenailles, et, quand elle est retirée du foyer, la traîne sur le sol de la forge et la place sous le *mail* ou marteau où elle reçoit une forme à peu près carrée. On la divise ensuite en deux parties ou *massoques ;* on en couvre une de charbons ardens sur le sol même de la forge, pour s'opposer au refroidissement pendant le cinglage de l'autre.

Aussitôt que le massé est enlevé, le foyer s'occupe de nettoyer le creuset (*desenroula le foc*) et recommence un nouveau fondage, pendant lequel on réchauffe la pièce refroidie en la plaçant du côté de la tuyère. Cette massoque est divisée de nouveau en deux *massoquettes* ou *massouquettes* et achevée sous le marteau.

Chaque opération dure de 5 à 6 heures ; le massé obtenu durant ce temps pèse de 70 à 150 kilogrammes. La charge du fourneau est de 210 à 450 kilogrammes de minerai, dont 140 à 300 de mine concassée et 70 à 150 de greillade. La consommation en charbon est à peu près égale en poids à la charge de minerai. Ainsi, pour obtenir 100 kilog. de massé, on consomme

> 300 kilog. de minerai concassé et en poussière.
> 300 kilog. de charbon de bois.

Il résulte de là que le minerai ne rend pas au-delà de 33 pour cent.

Si l'on considère que le minerai employé dans la fabrication à la catalane contient de 40 à 60 pour cent de fer, on sera étonné d'un pareil résultat, et peut-être sera-t-on tenté de rejeter ce déchet sur le vice du procédé de fabrication.

La Peyrouse (1), Muthuon (2) et Tronçon-Ducoudray (3) ne balancent pas cependant à préférer la méthode catalane à toutes celles qui sont en usage ailleurs. Ils donnent comme preuve de leur assertion l'excellente qualité du fer obtenu et l'économie de combustible. Karsten fait observer, sur le premier objet, que les minerais traités par les méthodes dites catalanes sont tous très purs, et que, réduits dans les hauts-fourneaux, ils ne pourraient manquer de produire un très bon fer. Quant au second, il ne paraît pas bien prouvé que l'avantage soit en faveur des forges des Pyrénées. Nous avons aujourd'hui beaucoup de grosses forges qui ne consomment que 300 kilogrammes de charbon pour fondre le minerai et affiner le fer cru, tandis qu'il n'existe que peu de feux catalans qui n'emploient que cette quantité de combustible pour la réduction du minerai en *bidons*.

Les méthodes d'affinage dites navarroise et biscayenne ne diffèrent point de la méthode catalane ; les fourneaux seuls varient pour les dimensions. M. Muthuon nous a fait connaître les proportions de ces fourneaux ; nous nous empressons de les lui emprunter.

---

(1) *Traité sur les mines de fer et les forges du comté de Foix*, 1786.
(2) *Mémoire sur les Forges Catalanes*, 1775.
(3) *Traité des Forges dites Catalanes*, 1808.

| | FOYERS. | | |
	Catalan.	Navarrois.	Biscayen.
	centim.	centim.	centim.
Profondeur..............	$0,43\frac{1}{4}$	0,69	0,72
Longueur du laiterol à la rustine, au fond du creuset	0,50	0,64	0,90
Idem à la surface.....	0,58	0,96	0,128
Largeur de la varme au contrevent, au fond.	0,47	0,53	$0,81\frac{1}{2}$
Idem à la surface.....	0,61	0,72	$0,84\frac{1}{2}$
Inclinaison de la tuyère sur 0,16 de saillie...	0,095	0,04	0,04

La méthode italienne diffère peu de celle catalane. Dans celle-ci, le minerai est grillé d'abord, et la réduction et l'affinage forment une opération à part ; dans les forges italiennes, la liquation et la fusion sont séparées, et les morceaux grillés et agglutinés sont retirés du foyer pour les refondre plus tard ; il résulte de cette division du travail une perte de temps et de combustible très considérable.

Les foyers italiens sont demi-circulaires, ils ont 0,18 centimètres de profondeur et 39 de rayon ; ils sont généralement recouverts d'une cheminée, et la tuyère est placée au centre. Sa distance au fond est de 11 centim. à peu près.

Le bassin garni de fraisil détrempé reçoit d'abord un mur demi-circulaire de gros charbons, derrière lequel on place des couches de minerai brut et de minerai grillé séparés par un mur de fraisil. On jette dans le foyer des charbons allumés, on remplit avec le combustible et l'on donne le vent. Au bout de trois ou quatre heures, on renverse le mur extérieur, on bocarde les minerais grillés pour les affiner le lendemain, on retire les charbons qu'on éteint dans l'eau et l'on nettoie le creuset.

C'est alors qu'on procède à la seconde opération, c'est-à-dire à la fusion et à l'affinage. Le foyer est rempli de charbons sur lesquels on verse le minerai préparé, et on fait jouer la machine soufflante. A mesure que le combustible s'affaisse, on charge de charbons qu'on recouvre de minerais et ainsi de suite jusqu'à ce que le $\frac{1}{4}$ de la provision faite la veille soit consommé. On fait écouler le laitier et on forme au fond du creuset une masse appelée *massello*, qui forme la loupe. Le vent est arrêté, la pièce est retirée et cinglée ; on la réduit en une petite pièce destinée à être étirée pendant la fusion suivante.

450 kilog. de minerai donnent en 24 heures 200 kilog. de fer d'excellente qualité. On sent facilement que ce déchet est considérable, puisque les fers ainsi réduits sont tous des minerais de l'île d'Elbe, dont la teneur en fer va jusqu'à 65 pour cent. Quant à la dépense de combustible, elle est de 900 à 1000 kilogrammes de charbon.

On a fait depuis peu quelques essais dans les forges catalanes, pour la substitution de la houille au charbon de bois. Quoique les expériences entreprises laissent l'espoir de succès, elles ne sont cependant pas assez positives pour que nous puissions les prendre pour règles. Il faudra attendre le résultat de ces perfectionnemens.

CHAPITRE IV.

Affinage de la ferraille.

Les rognures de tôle et d'autres objets en fer, les débris d'ustensiles en fonte et en fer, le vieux fer, la limaille, le carcas et autres résidus de la fonderie peuvent être affinés avec un certain avantage et ne doivent pas être négligés par le maître de forges.

On affine la ferraille ou dans des feux de forge ou dans des fours à réverbère.

Lorsque l'affinage a lieu dans des feux de forge et par une complète fusion, on ajoute au vieux fer des laitiers riches ou des morceaux de fonte, tels que des marmites cassées appelées potin, ou de la limaille provenant de l'alésage des cylindres ou des canons. Cette addition a pour but de protéger la ferraille contre l'action de l'air, en formant un bain liquide qui l'enveloppe.

Le feu doit être profond et le vent rasant. On remplit d'abord le creuset de charbon, puis on place au milieu la fonte qui n'est guère que le dixième ou le douzième de la ferraille qu'il s'agit d'affiner. On donne le vent fort, si la fonte est blanche, et faible si elle est grise, de telle sorte qu'elle soit décarburée en tombant dans le creuset. Aussitôt que la fonte est entrée en fusion, on ajoute encore du combustible, puis on place au-dessus du charbon la moitié de la ferraille qu'il s'agit d'affiner; on la comprime avec le marteau aussitôt qu'elle est rouge de feu et l'on y ajoute de suite l'autre moitié.

On augmente autant qu'on le peut la fusion en ouvrant, à l'aide du ringard, un passage au vent dans toutes les directions; car l'affinage n'a lieu que pendant la chute de la ferraille dans le creuset, et l'on doit éviter que pendant la descente le métal ne se carbure en traversant les charbons.

100 kilog. de fer affiné, suivant cette méthode, exigent communément

110 à 112 kilog. de ferraille,
140 à 150 kilog. de charbon de bois.

Dans les fours à réverbère, on affine la ferraille soit en la plaçant en paquets immédiatement sur la sole, soit en la renfermant dans des pots d'argile réfractaire. La première méthode donne un déchet plus considérable, mais la seconde est plus dispendieuse et exige plus de soin.

Assez ordinairement on jette la ferraille, le potin ou le carcas pendant l'affinage de la fonte ou du fine metal. Il est assez difficile alors de calculer le déchet produit par les débris de fer. L'expérience a seulement prouvé qu'en général une pareille addition donne de la qualité au fer pudlé.

Lorsque les résidus sont affinés séparément, on peut facilement en connaître le résultat. Voici celui qui résulte de nos propres observations pendant plusieurs années.

100 kilog. de fer pudlé peuvent être produits par

107,40 de ferraille oxidée,
107,20 de ferraille nouvelle,
110   de vieilles marmites en fonte,
125   de carcas.

La limaille et les résidus du forage et du tour ne s'affinent jamais séparément. On a fait cependant à la Basse-Indre quelques essais qui méritent d'être remarqués et qui ne laissent pas que d'être ingénieux.

Le directeur des travaux ayant éprouvé quelque difficulté à affiner la limaille dans la finerie, parce que le vent des soufflets la dispersait promptement, s'imagina de la réunir entre des pièces de fer, de l'exposer ainsi à l'humidité, et de l'agglutiner en l'oxidant. On disposa, à cet effet, sur le sol, des gueuses de fonte à quelques pouces d'intervalle entre elles ; puis on remplit les vides avec de la même limaille qu'on eut soin de tasser et de battre ; on la laissa exposée à l'air et à la pluie six semaines à deux mois. Au bout de ce temps on retira les gueuses qui servaient de moule, et les résidus furent trouvés assez fortement collés par l'oxide pour être transportés dans le feu d'affinage. Ce procédé a depuis été continué avec succès, chaque fois que le tour a produit assez de limaille pour former quelques unes de ces masses.

CHAPITRE V.

Des Scories d'affinage.

Il existe deux espèces de scories d'affinage : celles qui s'écoulent par le chio des fourneaux et qu'on nomme *laitiers clairs*, et celles qui s'attachent au fond des creusets et qu'on est obligé d'enlever avec le ringard. Celles-ci sont appelés *sornes*.

Toutes les espèces d'affinage usitées en France se réduisent à trois : 1°. les affineries ordinaires, 2°. les forges à la catalane, 3°. et l'affinage à l'anglaise. M. Berthier, qui a examiné tour-à-tour les scories provenant de ces trois modes d'opération, a trouvé leur composition chimique identique ; il a prouvé par des analyses faites avec l'exactitude qu'on lui connaît, que ces résidus sont essentiellement composés de silice et de protoxide de fer. C'est ainsi qu'il est parvenu aux résultats suivans :

Scories anciennes obtenues avant l'invention des hauts-fourneaux.

Silice....................	26,23
Chaux.................	1,16
Alumine	4,73
Protoxide de manganèse.	1,46
Protoxide de fer........	65,66
	99,24

Scories des forges catalanes.

Silice.................	34,05
Chaux:...............	4,33
Magnésie..............	2,11
Alumine	2,76
Protoxide de manganèse.	9,18
Protoxide de fer........	41,30
	93,73

Scories des grosses forges.

Silice...................... 14,98
Chaux...................... 2,60
Magnésie 0,25
Alumine 1,47
Protoxide de manganèse. 1,62
Protoxide de fer....... 79,00
                          ———
                          99,92

Scories de finerie anglaise.

Silice...................... 27,60
Protoxide de fer....... 61,20
Alumine................... 4,00
Acide phosphorique.... 7,20
                          ———
                          100,00

Scories de pudlage anglaise.

Silice...................... 36,80
Protoxide de fer....... 61,00
Alumine................... 1,50
                          ———
                          99,30

Scories de réchaufferie anglaise.

Silice...................... 42,40
Protoxide de fer....... 52,00
Alumine................... 3,30
                          ———
                          97,70

La première observation à faire sur ces analyses, c'est que les scories ne contiennent point de soufre ; mais ce qui est surtout remarquable c'est la présence d'une énorme quantité d'acide phosphorique dans les scories de finerie. L'analyse que nous avons citée a été faite sur des scories de finerie de *Dudley* en Angleterre. Ces scories étaient noires, boursouflées, un peu métalloïdes et présentant des indices de cristallisation dans les cavités. M. Sefström de Fahlun (1), dans un Mémoire qu'il a publié sur le traitement des scories au haut-fourneau, avance qu'elles ne peuvent dans aucun cas renfermer d'acide phosphorique, et il fonde cette opinion purement théorique sur ce que cet acide est décomposé par le charbon et qu'il passe à l'état d'acide phosphoreux ou de phosphore : si cela était ainsi, nul doute que le premier ne dût se volatiliser et le second se combiner avec le fer affiné; mais ce raisonnement n'est établi que par analogie avec ce qui se passe lorsque l'acide sulfurique est mis en contact avec le charbon. La décomposition de l'acide phosphorique par le combustible a lieu à l'état libre aussi-bien que celle de l'acide sulfurique; mais ils ne se comportent pas de la même manière dans leur état de combinaison avec une base. On peut lire au surplus l'excellent Mémoire de M. Berthier à cet égard (2), et quelles que soient les théories sur lesquelles M. Sefström appuie son opinion, il n'en demeurera pas moins certain que les scories contiennent souvent une très grande quantité d'acide phosphorique.

L'action réductive du charbon et celle oxidante de l'air produisent dans les affineries de toutes espèces des anomalies remarquables et que la théorie n'explique pas toujours d'une manière suffisante. Tenons-nous en donc à des faits qu'il est impossible de contredire, et n'allons pas

---

(1) *Arch. mét. de Karsten*, t. VII, p. 274.
(2) *Annales des Mines*, t. IX, p. 795.

chercher dans la science du cabinet des analogies qui n'existent pas.

Dans l'affinage du fer, en brûlant le carbone, le silicium, etc., on oxide une partie du fer et l'on produit ainsi le protoxide qu'on remarque dans les scories et qu'il est impossible d'éviter. L'action réductive du fer ne prédomine donc pas toujours, et quoique les scories soient sans cesse au milieu des charbons, elles n'en entraînent pas moins une forte dose d'oxide de fer.

La richesse des résidus est en raison inverse de la quantité de silice ; dans les scories pauvres, l'oxigène de la silice peut être à l'oxigène des bases :: 3 : 2 ; dans celles très riches le rapport inverse a généralement lieu. Si la sole du fourneau à réverbère (puddling or reheating furnace) est composée de sable quartzeux, les scories se chargent de silice et perdent de leur richesse en fer. Dans le résidu de la chaufferie de Dowlais (pays de Galle), la silice est de 42,40, et le protoxide de fer de 52 pour cent seulement. Les *scories blanches* de la forge catalane de Puisot (Isère) contiennent :

Silice	49,60
Chaux.	1,80
Magnésie.	2,00
Protoxide de manganèse.	4,00
Protoxide de fer.	43,00
	100,40

Cette énorme quantité de silice dans une forge où l'on ne traite que des minerais de fer spathique et des mines douces, rend le travail très difficile et diminue le produit en fer. Une pareille circonstance n'étonne pas quand on considère que la gangue des minerais de Pinsot est du quartz ; que pour acquérir la fluidité nécessaire, les scories doivent nécessairement se charger d'une forte proportion d'oxide de fer, et que cette absorption, jointe à la pauvreté du minerai, doit influer sur la production du métal affiné. L'usine de Pinsot ne rend que 20 à 22 pour cent de fer, et la fonte obtenue à l'essai des scories s'élève à 34 pour cent.

Cette observation est tellement vraie que, lorsque le travail à Pinsot va mieux et que les scories sont plus fusibles, la proportion de protoxide augmente et l'on obtient le résultat suivant :

Silice	33,30
Magnésie	2,40
Alumine	3,00
Protoxide de manganèse	3,30
Protoxide de fer	56,70
	98,70

Et enfin, lorsque le travail va bien,

Silice	23,80
Chaux	1,00
Magnésie	1,60
Alumine	7,40
Protoxide de manganèse	3,20
Protoxide de fer	30,00
Fer métallique	31,00
	98,00

Les scories sont le plus souvent mélangées d'une certaine quantité de fer métallique ; les sornes surtout en contiennent en fortes proportions : une scorie de la forge de Messarges (Allier) en a donné 36 pour cent avant l'essai. Le métal pur y est sous la forme de particules assez fines et seulement à l'état de mélange. Pour le séparer, il suffit de piler les résidus dans un mortier et de passer la poussière au tamis : le fer s'aplatit sous le pilon et reste dans le tamis. S'il en passe quelques petits grains avec la poussière, on les enlève à l'aide du barreau aimanté.

De nombreux essais ont été faits sur le produit des scories en fonte. Le savant M. Berthier est celui qui a jeté le plus de lumière sur ces résidus, d'autant plus dignes d'intérêt qu'ils contiennent souvent plus de métal que les plus riches minerais, et n'en paraissent pas moins abandonnés par beaucoup de maîtres de forges, quoique leurs usines s'en trouvent encombrées.

Voici le résultat en fer carburé qui a été obtenu dans les expériences par la voie sèche.

100 kilog. de scories ont donné, savoir :

Forges catalanes.	Scories de Vic-Dessos (Arriège)	31,05 k.
	— de Pinsot (Isère)	42,12
Scories anciennes.	Scories de Saint-Amand (Nièvre)	45,00
	— de Colmery (*idem.*)	36,80
	— du Fayard (Isère)	47,80
	— de Poulaouen (Finistère)	50,00
	— de Saint-Martial (Dordogne)	47,50
	— des environs de Rouen.	57,40
Grosses forges...	Laitier clair de Fréteval (Loir-et-Cher)	61,0
	— de Guérigny (Nièvre).	64,40
	— de Perrecy (Saône et Loire)	60,00
	— de Framond (Vosges).	61,00
	— de Messarges (Allier).	57,00
	Sorne de Messarges (*id.*).	50,00

Grosses forges...	Laitier clair d'affinerie de Bigny (Cher)..........	53,50 k.
	— de chaufferie	50,00
	Sorne de la même forge.	60,00
Petites forges....	Scorie de maréage de Gué-d'Heuillon (Nièvre)...	40,00
	— de Vendenesse (*Idem*).	49,70
	— de Sauvigny (*Idem*)..	57,00
	Laitier clair de Gué-d'Heuillon....	60,00
	— de Vendenesse......	51,00
	— de Bigny (Cher).....	47,00
	— de Lépeaux (Nièvre)..	47,00
	Sorne clair de Gué-d'Heuillon................	70,00
Forges anglaises..	Scorie de finerie de Dudley.................	50,50
	— de la Basse-Indre (Loire inférieure).	48,00
	— de pudlage de Dowlais.	47,00
	— de Charenton (Seine).	46,00
	— de Fourchambault (Nièvre).............	40,60
	— de la Basse-Indre (Loire inférieure).........	44,00
	Scories de chaufferie de Dowlais.............	41,00
	— de Fourchambault...	55,60
	— de Forge-Neuve (Nièvre)................	45 80
	— de la Basse-Indre....	43,00

Plus la fonte qu'on affine est blanche, plus les scories sont riches en métal. Le contraire arrive avec les fontes grises, et les résidus sont d'autant plus crus que l'opération est moins avancée.

Ce n'est que depuis peu que les métallurgistes se sont avisés de réduire les scories d'affinage pour en obtenir du fer. C'est là une des conquêtes de la chimie, et ce n'est pas le seul service que l'art des analyses ait rendu aux manufactures. Mais si la science a porté son flambeau dans les routes obscures de la sidérurgie, c'est en conquérant qu'elle s'est avancée, et elle a dû renverser pour y parvenir toutes les barrières que lui ont opposées les préjugés et l'ignorance de certains maîtres de forges, qui prétendent que tous les essais et les analyses sont des opérations oiseuses indignes de les occuper. M. Berthier remarque à ce sujet, que si l'art de traiter le fer est celui de tous qui a le moins emprunté de secours aux sciences, c'est sans contredit aussi celui qui, depuis long-temps, a fait le moins de progrès.

Quoi qu'il en soit, les chimistes éveillèrent les premiers l'attention des métallurgistes sur ces masses énormes de scories qui s'accumulaient sans cesse dans les forges et pour lesquelles ils payaient des ouvriers afin de les en débarrasser. Ils s'endormaient cependant sur des trésors; et, tandis qu'ils tourmentaient de toutes parts le sol pour en tirer des richesses incertaines, une matière, souvent plus importante que l'objet de leurs recherches, était négligée et n'obtenait que la stérile attention du mépris.

On commença par réduire les scories dans des feux de forge, où l'on affinait à demi une loupe qui était refondue ensuite dans des creusets brasqués, où elle perdait encore 30 pour cent. Cette méthode employée d'abord à Uslar, fut bientôt perfectionnée en Suède, où l'on traite aujourd'hui les résidus dans des fourneaux à cuve de 1,88 mètre de haut, 0,26 à 0,31 d'ouverture au gueulard, et 0,47 de largeur à la base. Le creuset, garni de brasque, est construit de manière que la loupe puisse en être retirée comme des stuckofen. A Soedersfors, on fait trois loupes de 100 kilog. en 24 heures. Les scories donnent 15 à 19 pour cent (1) de fer demi-affiné.

Dans des fourneaux aussi bas, les scories se liquéfient facilement et échappent trop vite à l'action du carbone et de la chaleur. On est donc obligé de les traiter dans des foyers plus larges où la faiblesse du vent en permet la réduction. Aussi n'est-il pas étonnant que les scories qui, par la méthode suédoise, n'ont donné à Jetlitz (Silésie supérieure) que 19 pour cent de fer mal affiné, ont produit, dans les hauts-fourneaux du même pays, 36 pour cent de fonte, ou 26 pour cent de fer forgé.

M. Berthier, dans son excellent Mémoire déjà cité, n'a laissé aucun doute sur la possibilité de traiter les scories d'affinage dans le haut-fourneau. Des essais faits, sur ses indications, dans des usines de la Nièvre et de Saône-et-Loire, ont été très satisfaisans et cependant les scories étaient mêlées aux minerais. La consommation de mine est à peu près de 6 pipes pour 1000 kilog. de fer, et la pipe coûtant, terme moyen, 10 francs, l'emploi des scories donnerait aux maîtres de forges un surcroît de bénéfice de 12 francs pour 1000 k., si l'on suppose, avec assez de probabilité, que la fonte cède aux scories 0,2 de son poids en fer. Ce surcroît de bénéfice serait, pour une usine qui affinerait annuellement 1 million métrique, d'environ 12,000 fr.

La valeur totale et annuelle du minerai con—

---

(1) *Journal für Fabriken, Manufacturen, Handlung, und Mode,* mars 1805.

sommé en France est de 5 à 6 millions. Si l'on employait dans les hauts-fourneaux les scories d'affinage de toutes sortes, cette consommation diminuerait d'un cinquième. Le coût du traitement des scories serait moindre que celui de la réduction des minerais, puisque celles-là sont beaucoup plus riches que ceux-ci ; que le produit moyen des minerais en France n'est que de 30 à 33 pour cent, et que les scories pourraient rendre 55 de fonte.

Plusieurs scories de forges catalanes et celles qui proviennent de fontes très manganésées, peuvent être traitées au haut-fourneau sans addition ; mais en général les scories auxquelles on n'ajoute point de fondant donnent des laitiers trop peu fusibles. La nature de ces fondans dépend de la composition des résidus qu'on doit traiter, et il faut se rappeler ici ce que nous avons dit, à l'article des flux, sur la composition du laitier.

Les analyses que nous avons citées montrent que la silice est la terre dominante dans les scories ; que l'alumine, la magnésie et l'oxide de manganèse s'y trouvent en proportion trop faible par rapport à la silice, et qu'enfin il n'y existe presque pas de chaux. D'après cela, les fondans devraient contenir beaucoup de chaux, puis de l'alumine, de la magnésie et de l'oxide de manganèse, mais en moindre quantité. 5 à 6 pour cent de chaux suffiraient pour les scories riches ; 8 à 15 pour les scories pauvres ; la proportion du reste est facile à établir.

FIN DU TOME PREMIER.

TABLE DES MATIÈRES.

TROISIÈME PARTIE.

FIN DE LA TABLE DU PREMIER VOLUME.

DE L'IMPRIMERIE DE CRAPELET,
rue de Vaugirard, n° 9.